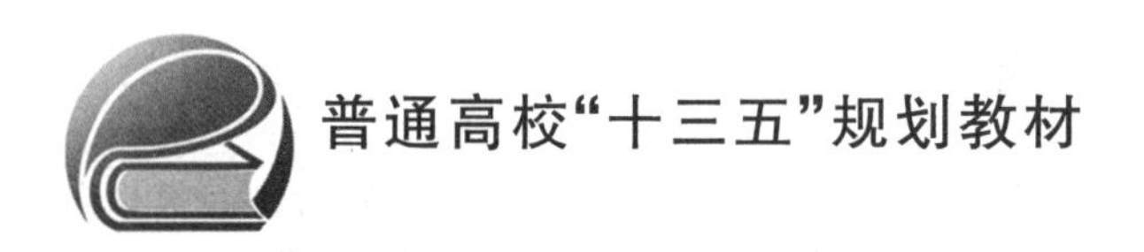

EDA技术与应用

(第2版)

谢海霞　孙志雄　编著

北京航空航天大学出版社

内容简介

随着EDA技术的发展和应用领域的扩大，EDA技术在电子信息、通信、自动控制及计算机应用等领域的重要性日益突出，EDA已成为当今世界上先进的电子电路设计技术。本书理论与实践相结合，由浅入深地介绍了可编程逻辑器件、EDA及其应用设计技术。其主要内容包括EDA技术概述、EDA工具软件、可编程逻辑器件、VHDL语言、EDA技术应用、EDA技术实验和Verilog HDL语言。

本书可作为高等院校电子类、通信与信息类、自动化类、计算机类专业"EDA技术与应用"课程的教材，也可作为广大工程技术人员的参考书。

图书在版编目(CIP)数据

EDA技术与应用 / 谢海霞，孙志雄编著. --2版. --北京：北京航空航天大学出版社，2019.3

ISBN 978-7-5124-2962-8

Ⅰ. ①E… Ⅱ. ①谢… ②孙… Ⅲ. ①电子电路－电路设计－计算机辅助设计－高等职业教育－教材 Ⅳ. ①TN702.2

中国版本图书馆CIP数据核字(2019)第051889号

EDA技术与应用(第2版)

谢海霞　孙志雄　编著

责任编辑　王慕冰

*

北京航空航天大学出版社出版发行

北京市海淀区学院路37号(邮编100191)　http://www.buaapress.com.cn

发行部电话：(010)82317024　传真：(010)82328026

读者信箱：emsbook@buaacm.com.cn　邮购电话：(010)82316936

涿州市新华印刷有限公司印装　各地书店经销

*

开本：710×1 000　1/16　印张：15.75　字数：336千字

2019年3月第2版　2019年3月第1次印刷　印数：3 000册

ISBN 978-7-5124-2962-8　定价：49.00元

若本书有倒页、脱页、缺页等印装质量问题，请与本社发行部联系调换。联系电话：(010)82317024

前 言

EDA是电子设计自动化(Electronic Design Automation)的英文缩写，是20世纪90年代初发展起来的计算机软件、硬件和微电子交叉的现代电子学科，是现代电子工程领域的一门新技术。它是以可编程逻辑器件(PLD)为物质基础，以计算机为工作平台，以EDA工具软件为开发环境，以硬件描述语言(HDL)作为电子系统功能描述的主要方式，以电子系统设计为应用方向的电子产品自动化设计过程。

随着电子技术的飞速发展，现代电子产品几乎渗透到了社会的各个领域。现代电子产品的性能进一步提高，产品更新换代的节奏也越来越快，而且现代电子产品还正朝着功能多样化、体积小型化、功耗最低化的方向迅速发展。所有这些，都离不开EDA技术的有力支持。已有专家指出，现代电子设计技术的发展，主要体现在EDA工程领域。EDA是电子产品开发研制的动力源和加速器，是现代电子设计的核心。

《EDA技术与应用》第1版教材是在作者多年从事EDA教学的基础上编写的，也是校级精品课程“EDA技术与应用”教学改革的成果，其内容已经在多门课程中得到了实践。《EDA技术与应用》第2版是课题组在第1版的基础上，在近年的教学改革中，以加强工程实践教育，提高教育质量，培养具有实践能力和创新能力的人才为宗旨而补充、修改并完善的。

本书共7章。第1章为EDA技术概述，介绍了EDA技术及发展，EDA的工程设计流程等。

第2章为EDA工具软件，介绍了EDA工具软件Quartus II的使用方法。

第3章为可编程逻辑器件，详细介绍了PLD的发展过程、PLD的种类及分类方法，典型大规模可编程逻辑器件的基本结构及编程与配置。

第4章为VHDL语言，介绍了VHDL程序的基本结构，语言要素，各种顺序语句、并行语句，子程序，库和程序包以及描述风格，并以最基础、最常用的数字逻辑电路作为VHDL工程设计的基础。

第5章为EDA技术应用，通过VHDL设计实例，进一步介绍EDA技术在组合逻辑、时序逻辑电路设计及数字系统的综合应用。

第 6 章为 EDA 技术实验,介绍了 EDA 技术有关的实验内容,包含 EDA 基础实验、EDA 综合实验和 EDA 设计实验。

第 7 章为 Verilog HDL 语言,介绍了 Verilog HDL 设计模块的基本结构,词法、语句和不同抽象级别的 Verilog HDL 模型。

各章都安排了相应的习题和有较强针对性的设计实例。

本书为海南热带海洋学院 2018 年校级教材基金项目研究成果(课题编号:RHYJC2018-09)。本书由谢海霞主编,对全书进行整理和统稿,并编写第 1、3、4 和 7 章。第 2、5、6 章由孙志雄编写。作者在编写过程中,参考了许多学者和专家的著作及研究成果,在此谨向他们表示诚挚的谢意。

由于作者水平有限,书中难免存在错漏和不足之处,敬请读者批评指正。

编　者

2018 年 9 月

目 录

第1章

EDA技术概述

本章概括地阐述了EDA技术的概念、EDA技术的发展、EDA硬件描述语言、EDA设计流程及开发工具。

1.1 EDA技术及发展

EDA是电子设计自动化(Electronic Design Automation)的英文缩写。它是一门正在高速发展的新技术,是以大规模可编程逻辑器件为设计载体、以硬件描述语言为系统逻辑描述的主要表达方式,以计算机、大规模可编程逻辑器件的开发软件及实验开发系统为设计工具,通过有关的开发软件,自动完成硬件系统的一门新技术。可以实现逻辑编译、逻辑化简、逻辑分割、逻辑综合及优化,逻辑布局布线、逻辑仿真,完成对于特定目标芯片的适配编译、逻辑映射、编程下载等工作,最终形成集成电子系统或专用集成芯片。

EDA是在20世纪90年代初从CAD(计算机辅助设计)、CAM(计算机辅助制造)、CAT(计算机辅助测试)、CAE(计算机辅助工程)的概念发展而来的。一般把EDA技术的发展分为CAD、CAE、EDA这三个阶段。

20世纪70年代的CAD阶段,人们主要利用计算机取代手工劳动。但当时的计算机硬件受限,软件功能还比较弱,在这个阶段,主要是辅助进行电路原理图编辑、PCB布线,使设计师从传统高度重复繁杂的手工绘图劳动中解脱出来。

20世纪80年代的CAE阶段,是在CAD的基础上发展起来的,这一阶段主要是以逻辑模拟、定时分析、故障仿真、自动布局布线为核心,重点解决电路设计的功能检测等问题,使设计能在产品制作之前预知产品的功能与性能。

20世纪90年代的EDA阶段,是以高级描述语言、系统仿真和综合技术为特点,采用“自顶向下”的设计理念,将设计前期的许多高层次设计由EDA工具来完成。该工具可以在电子产品的整个设计流程阶段发挥作用,使设计更复杂的电路和系统成为可能。在原理图设计阶段,使用EDA工具可以论证设计的正确性;在芯片设计阶段,可以设计制作芯片的版图。在电路板设计阶段,可以设计多层电路板;在系统级芯片设计与制造阶段,用硬件描述语言将数字系统的行为描述正确,就可以进行该数字系统的芯片设计与制造。

今天,EDA 技术已经成为当今电子设计技术的最新发展方向,如果没有 EDA 工具的支持,无论是设计芯片还是设计系统,都难以完成。

1.2 硬件描述语言

硬件描述语言(HDL)是一种用形式化方法描述数字电子系统的语言。利用这种语言,数字电子系统的设计可以按自顶向下(从抽象到具体)逐层描述设计思想,用一系列分层模块来表示极其复杂的数字系统。常用的硬件描述语言有 VHDL 语言和 Verilog HDL 语言。

1. VDHL

VHDL(Very High Speed Haredware Description Language)语言是在美国国防部支持下于 1985 年正式推出的超高速集成电路硬件描述语言。经过 30 多年的发展、应用和完善,以其规范的程序结构、强大的语言描述能力、灵活的表达风格和完善的仿真测试手段,在电子界受到普遍的认可和支持,现成为 EDA 设计的首选硬件描述语言。

2. Verilog DHL

Verilog HDL 语言具有 C 语言的风格,也是目前应用最为广泛的硬件描述语言。它是在 1983 年末首创,在 1985 年得到推广应用。VHDL 的逻辑综合较 Verilog HDL 要出色一些。所以,Verilog HDL 着重强调集成电路的综合,而 VHDL 强调组合逻辑的综合。

1.3 可编程逻辑器件

可编程逻辑器件 PLD(Programmable Logic Device)是作为一种通用集成电路产生的,其逻辑功能按照用户对器件编程来确定。设计人员可以自行编程把一个数字系统“集成”在一片 PLD 上,而不必请芯片制造厂商设计和制作专用的集成电路芯片了。

逻辑器件可分为两大类:固定逻辑器件和可编程逻辑器件。顾名思义,固定逻辑器件中的电路是永久性的,它们完成一种或一组功能,一旦制造完成,就无法改变。而可编程逻辑器件(PLD)是能够为客户提供范围广泛的多种逻辑能力、特性、速度和电压特性的标准成品部件,在设计阶段中,客户可根据需要修改电路,直到对设计工作感到满意为止。这是因为 PLD 基于可重写的存储器技术,要改变设计,只需要简单地对器件进行重新编程。一旦设计完成,客户可立即投入生产,只要利用最终软件设计文件简单地编程所需数量的 PLD 即可。

1.4　EDA设计流程及其工具

电路的设计利用EDA工具来操作，大部分工作是在EDA软件工作平台上进行的，EDA设计流程如图1-1所示。EDA设计流程包括设计输入、综合、适配和编程下载4个步骤，以及相应的时序功能仿真和器件测试等验证过程，每个步骤都有相应的EDA工具来完成。EDA工具在利用计算机完成电路设计时是必不可少的，因此它在EDA技术中占据极其重要的位置。EDA工具一般的看法是包含编辑器、综合器、适配器、仿真器和下载器5个部件。

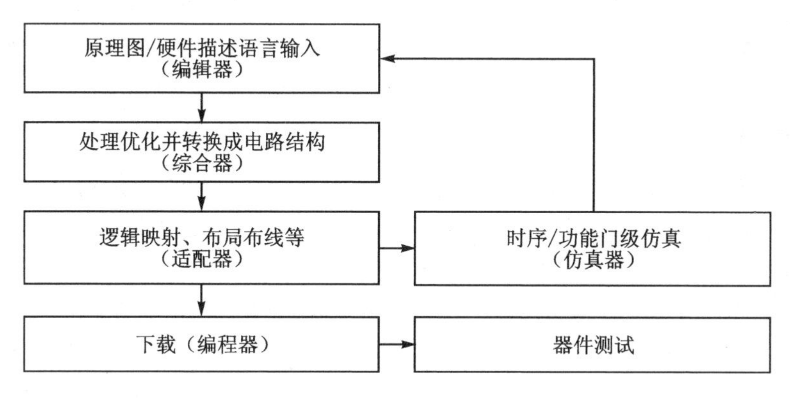

图1-1　EDA设计流程

1. 原理图/硬件描述语言输入

原理图/硬件描述语言输入由编辑器来支持完成。原理图输入方式与Protel作图一样，设计过程直观，适合初学者学习或方便教学演示，但也有兼容性差、不便于电路模块移植等缺点。而HDL可克服原理图输入方式存在的弊端，可移植，使用方便，但不如原理图效率高。通常在较复杂的设计开发中，HDL和原理图输入两者结合使用。

2. 综　合

硬件描述语言或原理图在综合器中进行综合，就是把设计输入翻译成最基本的"与""或""非"门的连接关系，即与可编程逻辑器件基本结构相映射的网表文件(.edf文件)，这是将软件转换为硬件电路的关键步骤，是文字描述与硬件实现的一座桥梁。专业的逻辑综合软件有Synplify/Synplify Pro和FPGAexpress。Synplify/Synplify Pro是Synplify公司出品的有限状态机、VHDL/Verilog综合软件，其特点是具有很好的从行为级描述综合得到门级网表的能力；FPGAexpress是Synopsys公司出品的VHDL/Verilog综合软件，是Altera架构的OEM版本，目前已停止发展，而转到了FPGA Compiler II平台。

3. 适　配

适配器也称结构综合器,其功能是将由综合器产生的网表文件配置于指定的目标器件中,然后进行逻辑映射操作,其中包括底层器件配置、逻辑分割、逻辑优化、逻辑布局布线操作,使之产生最终的下载文件,适配所选定的目标器件必须属于原综合器指定的目标器件系列。

4. 仿　真

在编程下载前,必须利用 EDA 工具对适配生成的结果进行模拟测试,即仿真。接近真实器件运行特性的仿真,仿真文件中已包含了器件硬件特性参数,仿真精度高,这种仿真为时序仿真;直接对 HDL、原理图描述形式等的逻辑功能进行测试模拟,以了解其实现的功能是否满足原设计的要求的过程,仿真过程不涉及任何具体器件的硬件特性,这种仿真为功能仿真。

5. 编程下载

编程下载是将适配产生的编程数据文件下载到具体的可编程逻辑器件中去。对 CPLD 器件来说,是将 JED 文件下载(Down Load)到 CPLD 器件中去;对 FPGA 来说,是将位流数据 BG 文件配置到 FPGA 中去。

器件编程需要满足一定的条件,如编程电压、编程时序和编程算法等。普通的 CPLD 器件和一次性编程的 FPGA 需要专用的编程器完成器件的编程工作。基于 SRAM 的 FPGA 可以由 EPROM 或其他存储体进行配置。在系统可编程器件(ISP-PLD)中,则不需要专门的编程器,只要一根与计算机互连的下载编程电缆即可。

6. 器件测试

编程下载完毕之后,设计验证可以在 EDA 硬件开发平台上进行。EDA 硬件开发平台的核心部件是一片可编程逻辑器件,再附加一些输入/输出设备,如按键、数码显示器、指示灯和喇叭等,还提供时序电路需要的脉冲源。将设计电路编程下载到器件中,根据 EDA 硬件开发平台的操作模式要求,进行相应的输入操作,然后检查输出结果,验证设计电路。

习　题

1.1 EDA 技术的特点是什么?

1.2 阐述 EDA 技术的发展历程。

1.3 硬件描述语言有几种? 主要特点是什么?

1.4 简述 EDA 设计流程。

1.5 EDA 开发工具有哪些?

第2章 EDA工具软件

本章以Altera公司的Quartus II为主，介绍EDA工具软件的使用方法。读者在具有数字逻辑电路知识的基础上，通过本章的学习，即可通过Quartus II软件的原理图输入法，初步掌握EDA软件的使用方法，实现电路设计。

2.1 Quartus II简介

Altera公司的Quartus II软件主要用于开发该公司的FPGA和CPLD器件，是Altera公司近几年推出的新一代功能强大的可编程逻辑器件设计环境，它提供逻辑设计、综合、布局和布线、仿真验证、对器件编程等功能，可以替代该公司早期的MAX+plus II软件。Quartus II支持Altera公司最新器件，如ACEX1K、APEX20KC、APEX20KE、APEX II、FLEX6000、FLEX10K、FLEX10KC、FLEX10KE、Cyclone、Cyclone II、MAX3000A、MAX7000AE、MAX7000B、MAX7000S、MAX II、Stratix、Stratix GX和Stratix II等器件。

Quartus II支持多种编辑输入法，包括原理图编辑输入法，VHDL、Verilog HDL和AHDL的文本编辑输入法，符号编辑输入法，以及内存编辑输入法。下面通过实例介绍Quartus II的使用方法。

2.2 Quartus II的原理图输入设计法

用Quartus II的原理图输入设计法进行数字系统设计时，不需要任何硬件描述语言知识，在具有数字逻辑电路基本知识的基础上，就可以使用Quartus II提供的EDA平台设计数字电路。在Quartus II平台上，使用原理图输入设计法实现数字电路系统设计的操作流程如图2-1所示，包括编辑原理图、编译设计文件、功能仿真、引脚锁定、编程下载和硬件调试等基本过程。

下面以1位全加器的设计为例，介绍用Quartus II的原理图输入设计法设计电路的流程。

用Quartus II图形编辑方式生成的图形文件的扩展名为“.bdf”。为了方便电路设计，设计者首先应当在计算机中建立自己的工程目录，例如用\myeda\mybdf\文件

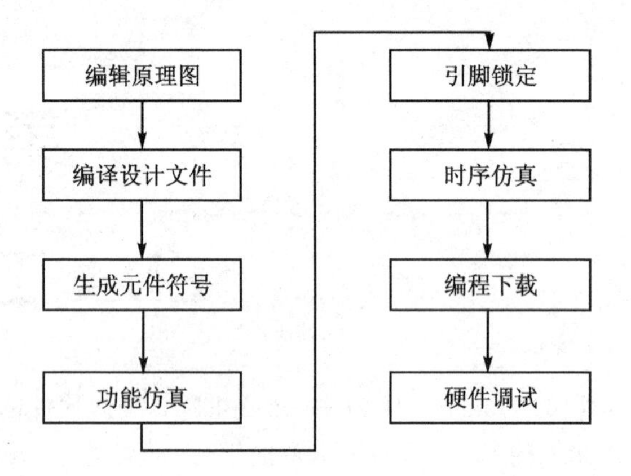

图 2-1　原理图输入设计法的基本操作流程示意图

夹存放设计.bdf 文件。

2.2.1　建立设计工程

启动 Quartus II 软件后,出现如图 2-2 所示的 Quartus II 主窗口。窗口结构与一般 Windows 中应用程序的窗口类似,主要由标题栏、主菜单栏、图标便捷工具栏、窗口主体以及底部的辅助信息提示栏组成。在窗口主体中,左边的是项目管理器窗口(Project Navigator)、编译状态窗口(Status),右边的是设计源文件输入窗口,底部是信息窗口(Message)。在设计的不同阶段,窗口会发生相应的变化,使用主菜单 View 下的 Utility Windows 命令可以查看不同的窗口。

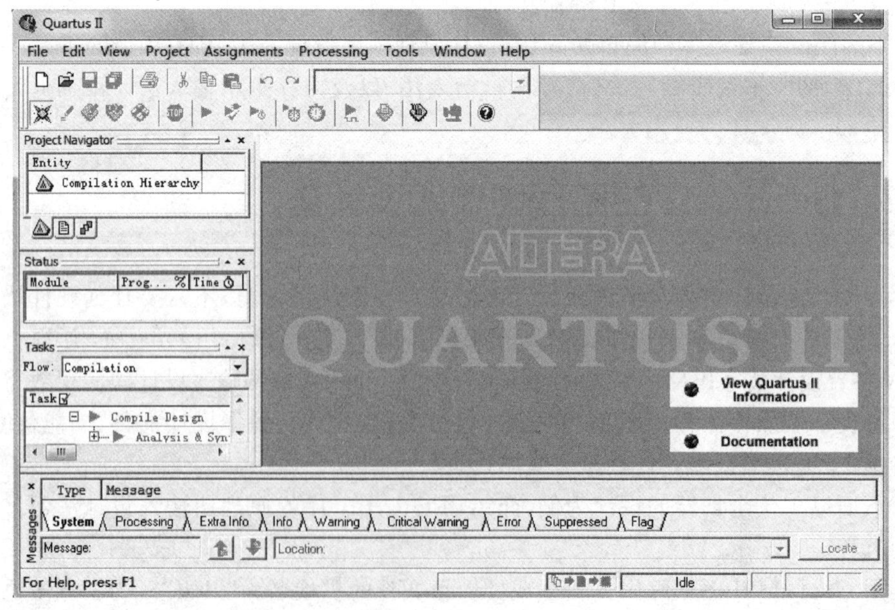

图 2-2　Quartus II 主窗口

在使用 Quartus II 设计电路系统之前，需要先建立设计项目。例如，用图形编辑输入法设计 1 位全加器 adder 时，需要先建立 adder 的设计项目。在 Quartus II 主窗口，从 File 菜单下选择“New Project Wizard…”，出现如图 2-3 所示的建立新设计项目的对话框。在对话框的第一栏中输入设计项目所在的文件夹名；在第二栏中输入新的设计项目名；在第三栏中输入设计系统的顶层文件实体名。设计项目名和顶层文件实体名可以同名，一般在多层次系统设计中，以与设计项目同名的设计实体作为顶层文件名。

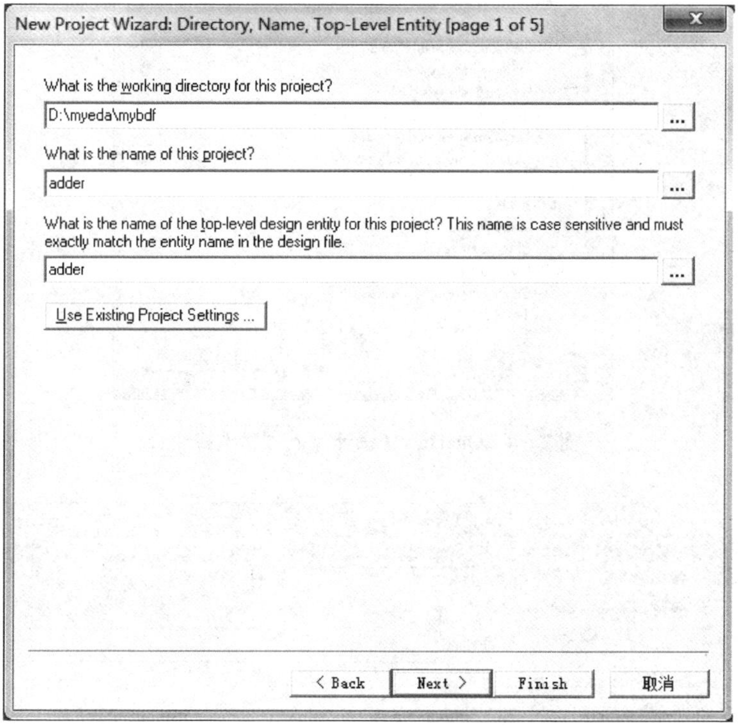

图 2-3　建立新设计的项目对话框

新的设计项目建立后，便可以进行电路系统设计了。在 Quartus II 主窗口，选择 File 主菜单下的“New…”命令，出现如图 2-4 所示的输入方式选择窗口，选择 Block Diagram/Schematic(模块/原理图文件)输入方式后，进入图形编辑窗口，其界面如图 2-5 所示，这时便可以输入设计电路了。在原理图编辑窗口中的任何位置双击将弹出一个元件选择对话框，如图 2-6 所示，或者右击，将弹出一个选择对话框，选择此框中 Insert 的“Symbol as Block…”项，也可以弹出输入元件选择对话框。

在图 2-6 所示的元件选择对话框中，Quartus II 列出了存放在/altera/91/quartus/libraries/文件夹中的各种元件库。其中 megafunctions 是参数可设置的强函数元件库；others 是 MAX+plus II 老式宏函数元件库，包括加法器、编码器、译码器、

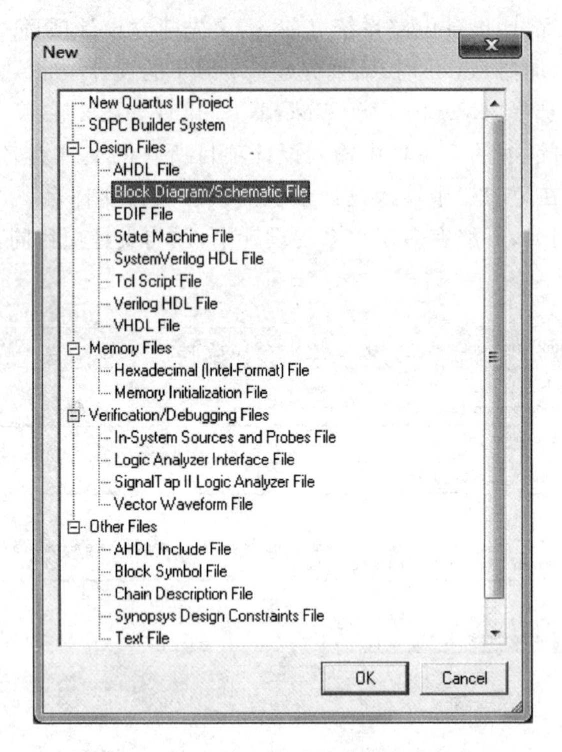

图 2-4　Quartus II 设计输入方式选择窗口

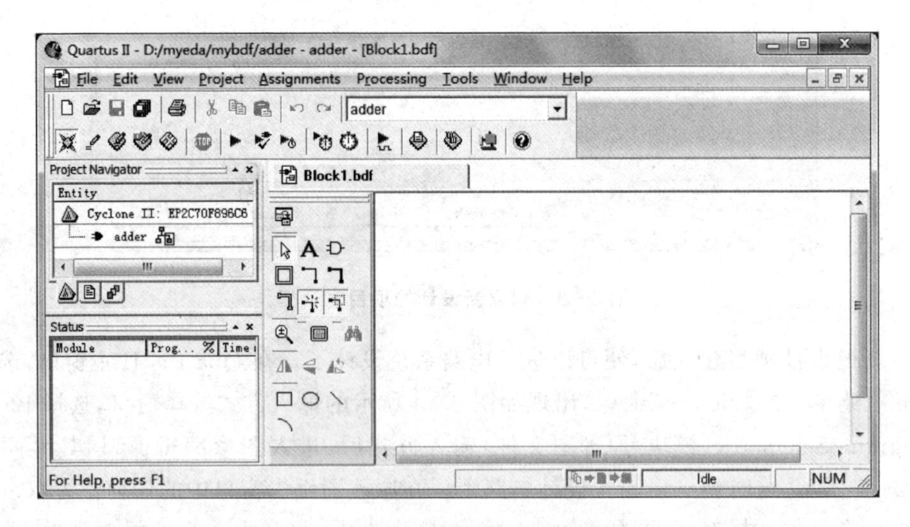

图 2-5　Quartus II 图形编辑界面

计数器和移位寄存器等 74 系列器件;primitives 是基本逻辑元件库,包括缓冲器和基本逻辑门,如门电路、触发器、电源、输入和输出等。

在元件选择窗口的符号库 Libraries 栏目中,用鼠标单击基本逻辑元件库(primi-

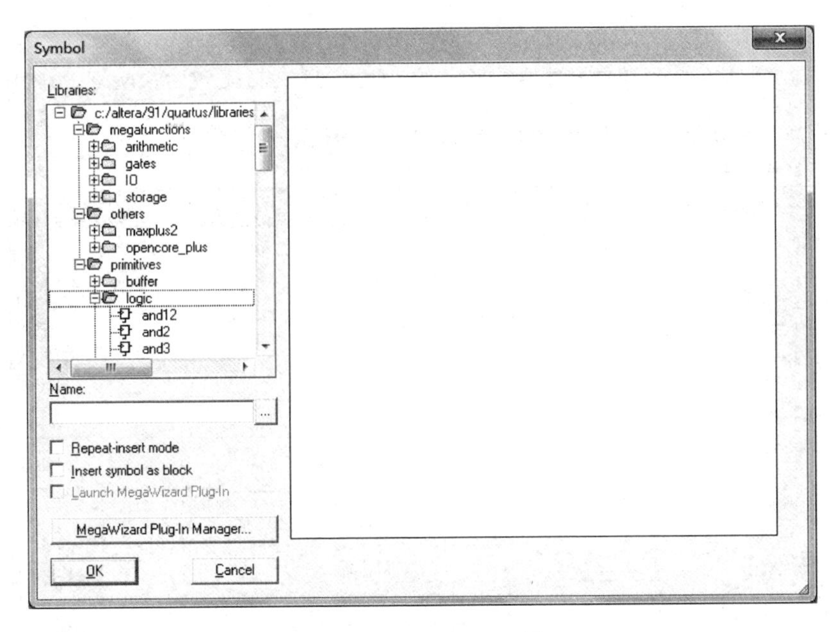

图 2-6　元件选择对话框

tives)文件夹中的逻辑库(logic)后,该库的基本元件的元件名将出现在 Libraries 栏目中。例如 and2(二输入端的“与”门),xor(“异或”门)、vcc(电源)、gnd(地)、input(输入)和 output(输出)等。在元件选择对话框的 Name 栏目内直接输入元件名,或者在 Libraries 栏目中,用鼠标单击元件名,可得到相应的元件符号。元件选中后,单击 OK 按钮。

在 1 位全加器 adder 的设计中,用上述方法将电路设计所需要的两个“异或”门(xor)、三个二输入“与非”门(nand2)及输入端(input)和输出端(output)的元件符号调入图形编辑框中。按 1 位全加器的电路结构,用鼠标完成电路内部的连接及输入/输出元件的连接,并将相应的输入元件符号分别更名为被加数 a、加数 b、低位来的进位 cin,把输出元件的名称分别更名为和 sum 和向高位的进位 cout,如图 2-7 所示。电路设计完成后,以 adder. bdf 为文件名存在工程目录\myeda\mybdf 内。

2.2.2　设计项目的编译

Quartus II 编译器主要完成设计项目的检查和逻辑综合,将项目的最终设计结果生成器件的下载文件,并为模拟和编程产生输出文件。

在编译设计文件前,应先选择下载的目标芯片,否则系统将以默认的目标芯片为基础完成设计文件的编译。在 Quartus II 主窗口,执行 Assignments 菜单下的 Device 命令,出现如图 2-8 所示的器件选择对话框。在“Family:”栏目中选择目标芯片系列名,如 Cyclone II,然后在“Available devices:”栏目中用鼠标点黑选择目标芯片的型号,如 EP2C70F896C6,选择结束单击 OK 按钮。

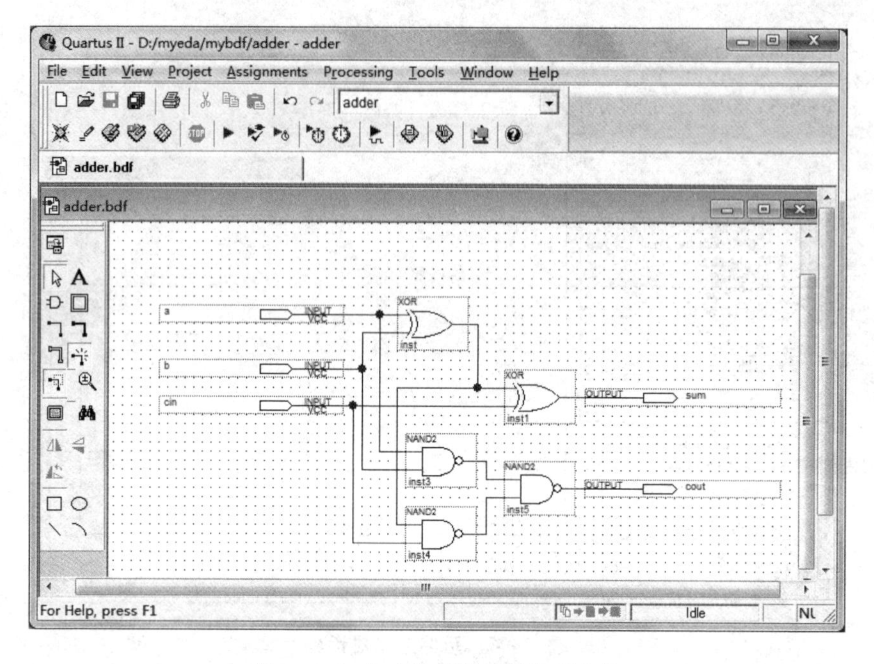

图 2-7　1 位全加器的图形编辑文件

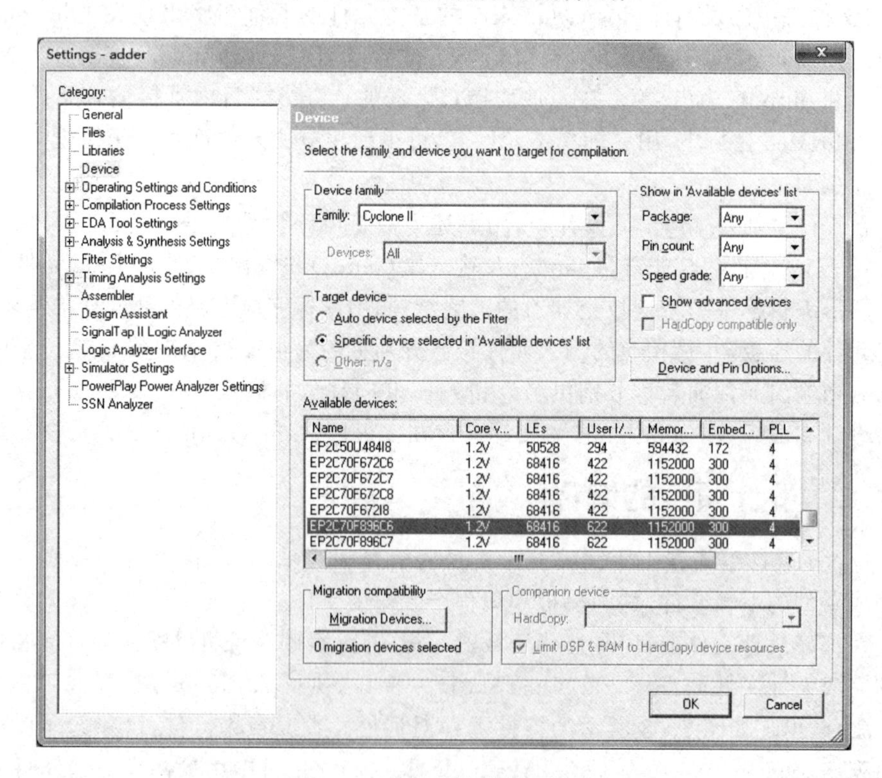

图 2-8　目标芯片选择对话框

目标芯片选定后，执行 Quartus II 主窗口 Processing 菜单下的 Compiler Tools 命令，出现如图 2-9 所示的 Quartus II 的编译器窗口，单击 Quartus II 编译器窗口左下角的 Start 按钮。或选择主菜单 Processing 下的 Start Compilation 命令，即可对 adder. bdf 文件进行编译。

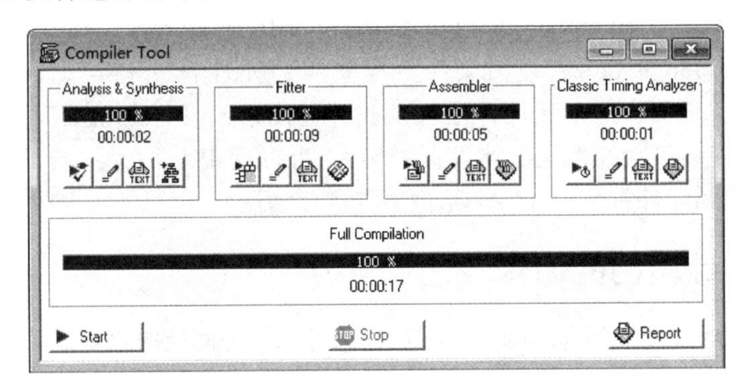

图 2-9　Quartus II 的编译器窗口

Quartus II 的编译器窗口包含了对设计文件处理的全过程。Analysis & Synthesis(分析和综合)模块创建工程项目数据库，对设计文件进行逻辑综合，完成设计逻辑到器件资源的技术映射。Fitter(适配)模块完成布局布线工作。Assembler 模块产生多种形式的器件编程映像文件，包括“. pof”、“. sof”等，可以通过 Quartus II 软件和编程电缆(ByteBlaster 或 USB-Blaster)将“. pof”或“. sof”文件写入到 CPLD 或 FPGA 器件中。Timing Analyzer 模块用于计算设计在给定器件上的延时，将延时信息注释到网表文件中，并完成设计的时序分析和所有逻辑的性能分析。EDA Netlist Writer 模块产生用于第三方 EDA 工具的网表文件及其他输出文件。

在编译过程中，编译状态窗口将显示全编译过程中各个模块和整个编译进程的进度以及所用的时间；信息窗口将显示编译过程中的信息以及设计中出现的错误等。单击图 2-9 Quartus II 的编译器窗口右下角的 Report 按钮，会出现图 2-10 所示的

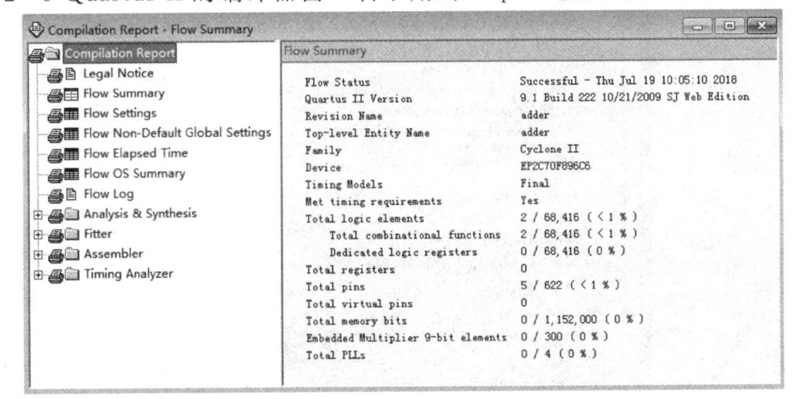

图 2-10　编译报告窗口

编译报告窗口,在左边窗口选择要查看的部分,报告内容会在右边窗口显示出来。

2.2.3 生成元件符号

在 Quartus II 主窗口,执行主菜单 File 下的 Create 命令,然后选择 Create Symbol Files For Current File 选项,即可将当前的 adder. bdf 原理图文件生成对应的元件符号,如图 2-11 所示。这个元件符号可以被其他图形设计文件调用,实现多层次的系统电路设计。例如,可以利用 4 个 1 位全加器的元件符号设计一个 4 位串行进位加法器。

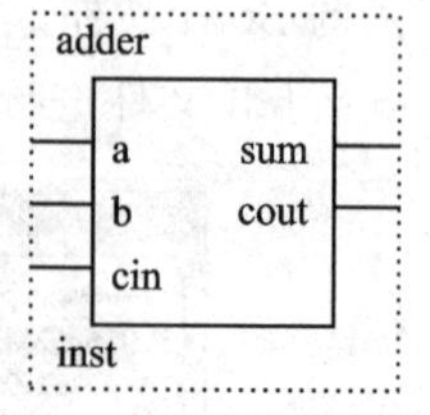

图 2-11 1 位全加器元件符号

2.2.4 设计项目的仿真

仿真,也称为模拟(Simulation),是对电路设计的一种间接的检测方法,根据仿真时是否包含延时信息可分为功能仿真和时序仿真。对电路设计的逻辑行为和功能进行模拟检测,可以获得许多设计错误及改进方面的信息。对于大型系统的设计,能进行可靠、快速、全面的仿真尤为重要。仿真一般需要经过建立波形文件、输入信号节点、设置波形参量、编辑输入信号、波形文件存盘、运行仿真器和分析仿真波形等过程。

1. 建立一个仿真波形文件

在 Quartus II 主窗口,执行 File 菜单下的 New 命令,弹出如图 2-12 所示对话

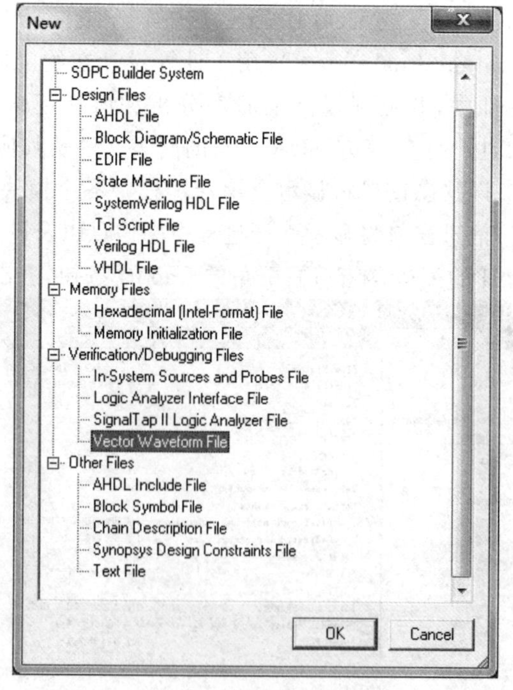

图 2-12 建立仿真波形新文件窗口

框，选择 Vector Waveform File，单击 OK 按钮，则打开一个空的波形编辑器窗口，如图 2－13 所示。

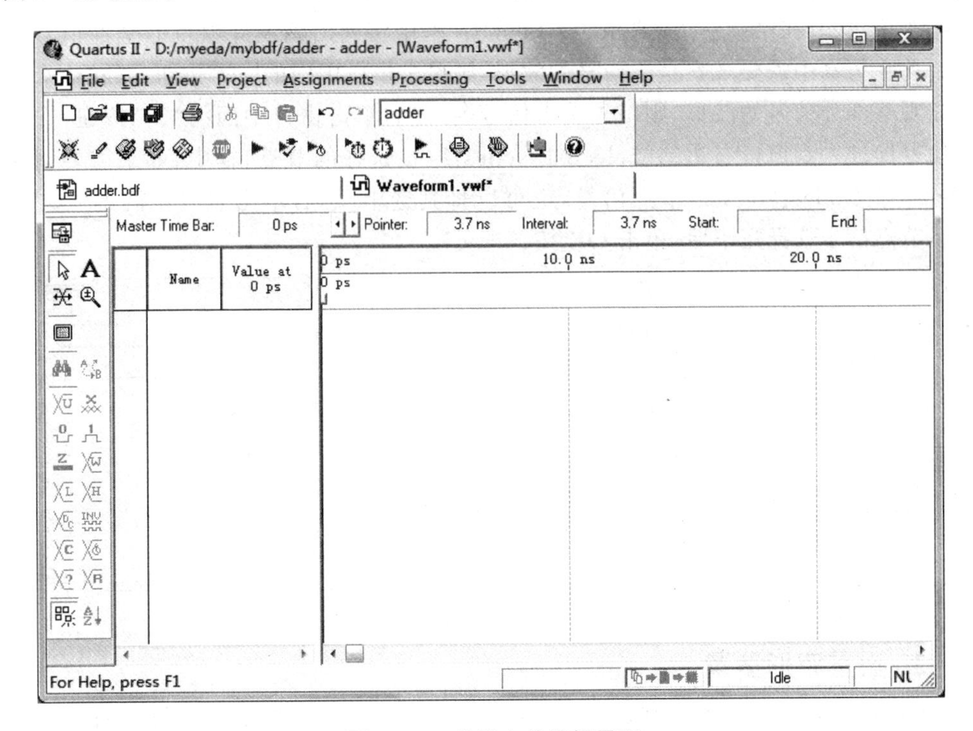

图 2－13　波形文件编辑界面

2. 输入信号节点

在波形编辑方式下，执行 Edit 的“Insert Node or Bus…”命令，或在波形编辑窗口的 Name 栏中右击，在弹出的菜单中选择“Insert Node or Bus…”命令，即可弹出插入信号节点或总线（“Insert Node or Bus…”）对话框，如图 2－14 所示。在“Insert

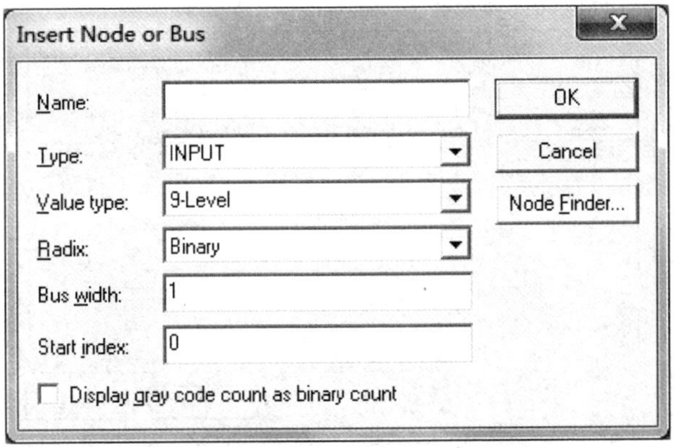

图 2－14　插入信号节点或总线对话框

Node or Bus…”对话框中，首先单击“Node Finder…”按钮，弹出如图 2-15 所示的节点发现者(Node Finder)对话框，在对话框的 Filter 栏目中选择“Pins: all”后，再单击 List 按钮，这时在窗口左边的“Nodes Found:”框中将列出该设计项目的全部信号节点。若在仿真中需要观察全部信号的波形，则单击窗口中间的“≫”按钮；若在仿真中只需观察部分信号的波形，则首先单击信号名，然后单击窗口中间的“＞”按钮，选中的信号即进入到窗口右边的“Selected Nodes:”(被选择的节点)框中，如果需要删除“Selected Nodes:”框中的节点信号，也可以将其选中，然后单击窗口中间的“＜”按钮。节点信号选择完毕后，单击 OK 按钮即可。

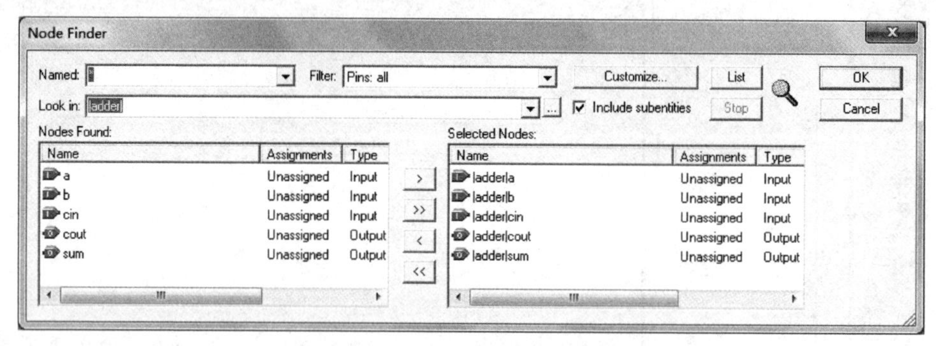

图 2-15　节点发现者对话框

3. 设置波形参量

Quartus II 波形编辑器默认的仿真结束时间是 1 μs，如果需要更长时间观察仿真结果，可执行 Edit 菜单中的“End Time…”命令，在弹出如图 2-16 所示的 End

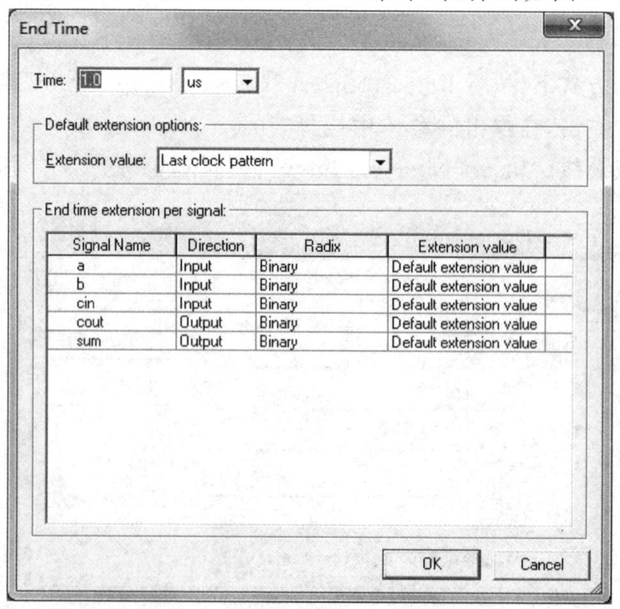

图 2-16　设置仿真时间域对话框

Time对话框中，设置仿真文件的时间长度。选择Edit菜单中的“Grid Size…”命令，可以设置仿真波形编辑器中栅格的大小。**注意**：栅格的时间必须小于仿真文件的时间长度。

4. 编辑输入节点波形

对于任意信号波形的输入方法是：在波形编辑区中，按下鼠标左键并拖动需要编辑的区域，然后直接单击快捷工具栏上相应按钮，完成输入波形的编辑。快捷工具栏各按钮的功能如图2-17所示。

对于周期性信号（如时钟信号）的输入方法是：在输入信号节点上右击，从弹出的右键菜单中选择“Value|Clock…”命令，则弹出时钟设置对话框，直接输入时钟周期、相位以及占空比即可。

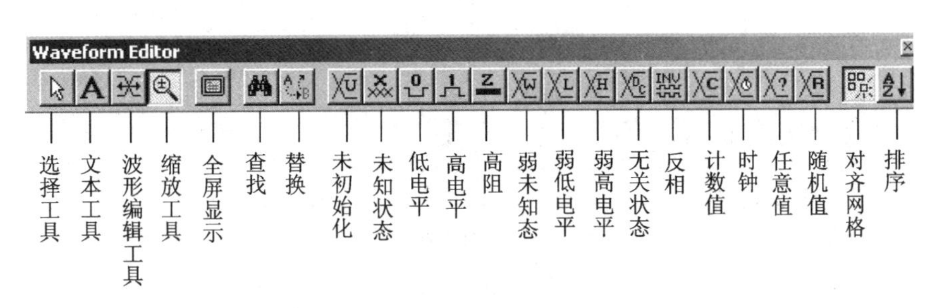

图2-17 波形编辑器快捷工具栏按钮的功能

5. 波形文件存盘

设置好1位全加器输入节点a、b、cin的波形后，界面如图2-18所示。执行File菜单中的Save命令，在弹出的Save as对话框中直接单击OK按钮，即可完成波形文

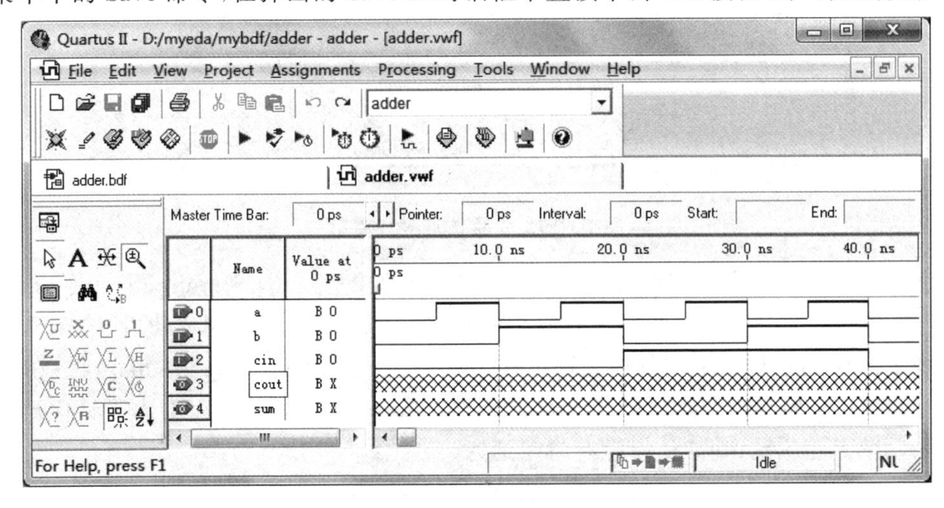

图2-18 设置好全加器输入节点a、b、cin波形的界面

件的存盘。在波形文件存盘操作中,系统自动将波形文件名设置为与设计文件名同名,但文件类型是“.vwf”。例如,1 位全加器设计电路的波形文件名为 adder.vwf。

6. 功能仿真

功能仿真没有延时信息,仅对所设计的电路进行逻辑功能验证。在仿真开始前,需选择 Processing 菜单下的 Generate Functional Simulation Netlist 命令,产生功能仿真网表。然后执行 Tools 菜单下的 Simulator Tool 命令,在弹出的对话框的选项“Simulation mode:”中,选择仿真类型为 Functional,如图 2-19 所示。

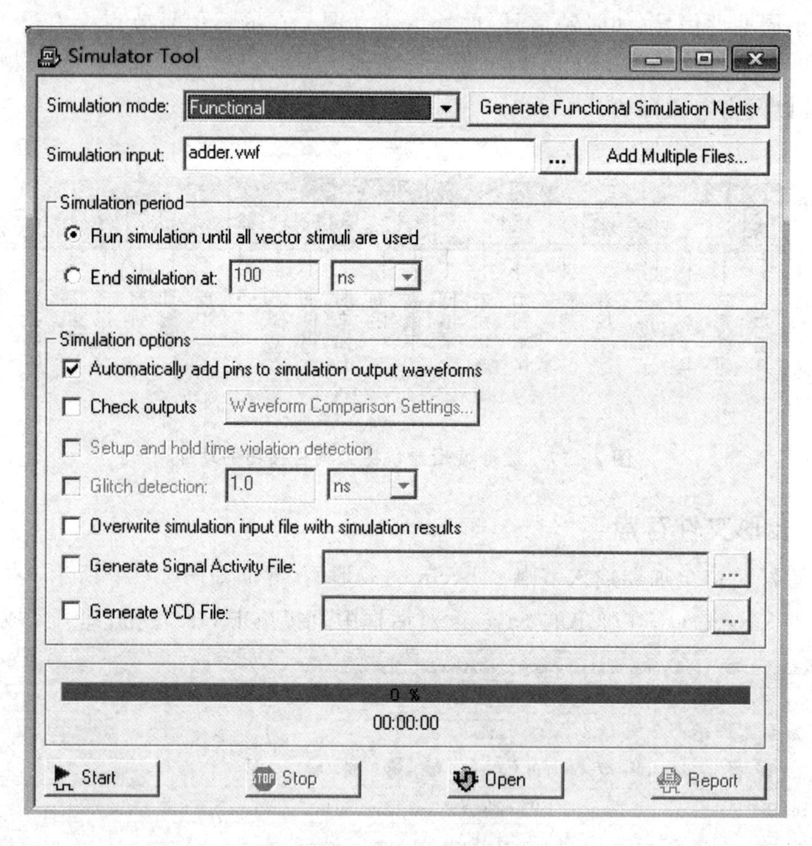

图 2-19 设置仿真类型窗口

设置好功能仿真类型后,执行 Processing 菜单中的 Start Simulation 命令,或选择 Simulator Tool 对话框左下方的按键选项 Start 进行仿真,仿真成功后,选择 Simulator Tool 对话框右下方的按键选项 Report,打开仿真波形窗口 Simulation Waveforms,1 位全加器的功能仿真波形如图 2-20 所示,从波形图可以看出设计电路的逻辑功能是正确的,功能仿真没有时间延迟。

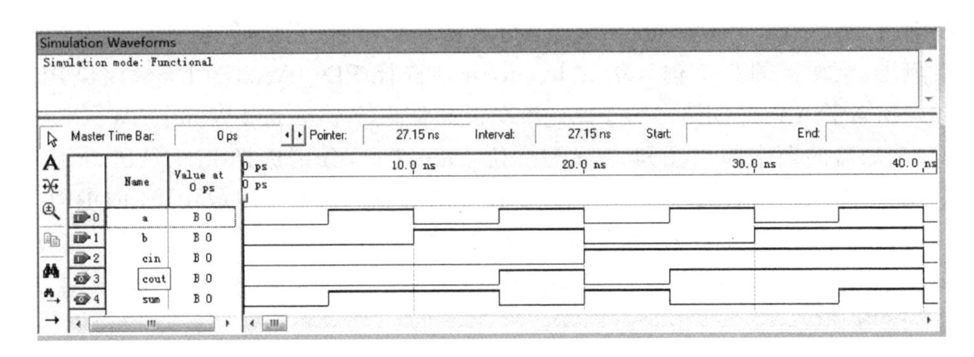

图 2-20 1位全加器的功能仿真波形

2.2.5 编程下载设计文件

编程下载设计文件包括引脚锁定和编程下载两部分。

1. 引脚锁定

在目标芯片确定后，为了把设计电路的编程文件下载到目标芯片 EP2C70F896C6 中，还需要确定引脚的连接，即指定设计电路的输入/输出端口与目标芯片哪一个引脚连接在一起，这个过程称为“引脚锁定”。

在目标芯片引脚锁定前，需要根据使用的 EDA 硬件开发系统的引脚信息(参考附录 A)，确定设计电路的输入和输出端与目标芯片引脚的连接关系，再进行引脚锁定，以便能够对设计电路进行实际测试。

① 执行 Assignments 项中的赋值编辑 Assignments Editor 命令，弹出如图 2-21 所示的赋值编辑对话框，在对话框的 Category 栏目选择 Pin 项。

Assignment Editor

Category: Pin | All | Timing | Logic Options

Edit:

	To	Location	I/O Bank	I/O Standard
1	a	PIN_AA23	6	3.3-V LVTTL
2	b	PIN_AB26	6	3.3-V LVTTL
3	cin	PIN_AB25	6	3.3-V LVTTL
4	cout	PIN_AK5	8	3.3-V LVTTL
5	sum	PIN_AJ6	8	3.3-V LVTTL
6	<<new>>	<<new>>		

图 2-21 赋值编辑对话框

② 双击 To 栏目下的≪new≫，在其下拉框中列出了设计电路的全部输入和输出端口名，例如全加器的 a、b、cin、cout 和 sum 端口等。用鼠标选择其中的一个端口后，再双击 Location 栏目下的≪new≫，在其下拉框中列出了目标芯片全部可使用的

I/O 端口,然后根据 EDA 开发系统的实际引脚信息,用鼠标选择其中的一个 I/O 端口。例如,全加器的三个输入端 a、b、cin,分别选择 PIN_AA23、PIN_AB26、PIN_AB25(相当于 Altera DE2-70 EDA 开发板高低电平输入键 SW[0]、SW[1]、SW[2]);全加器的两个输出端和 sum 与进位 cout 端口,分别选择 PIN_AJ6 和 PIN_AK5(相当于 Altera DE2-70 EDA 开发板上的发光二极管 LEDR[0]、LEDR[1])。赋值编辑操作结束后,完成引脚锁定,如图 2-21 所示,保存并关闭此窗口。完成引脚锁定后,相应的全加器原理图文件 adder. bdf 也增加了引脚信息,如图 2-22 所示。

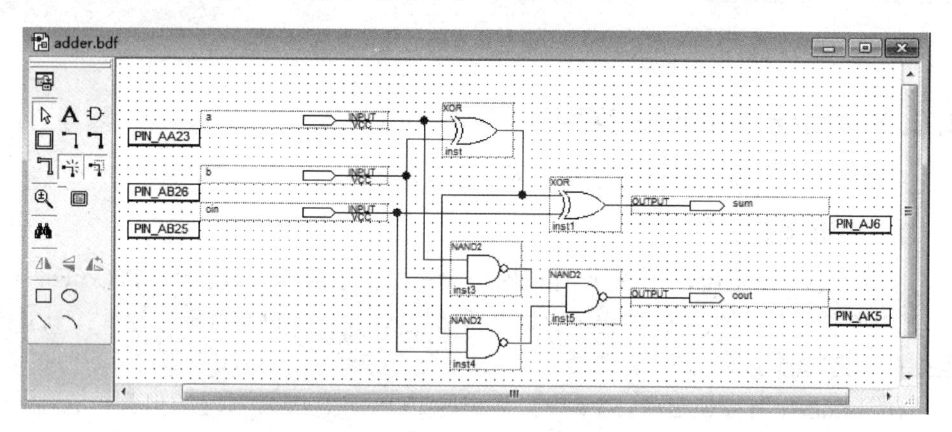

图 2-22　引脚锁定后的全加器原理图

③ 锁定引脚后还需要对设计文件重新编译,即执行主菜单 Processing 下的 Start Compilation 命令,产生设计电路的下载文件。对于 CPLD 器件,编程文件为熔丝图文件(. pof);而对 FPGA 器件,编程文件为位流数据文件(. sof)。

2. 时序仿真

时序仿真使用包含延时信息的编译网表,不仅测试逻辑功能,还测试设计的逻辑在目标器件中最差情况下的时序关系,它和器件的实际情况基本一致,因此对整个设计项目进行时序仿真,分析其时序关系,评估设计的性能是非常重要的。

完成引脚锁定并对设计文件重新编译后,便可以对设计文件进行时序仿真了。进行时序仿真的步骤和功能仿真的步骤基本相同,只是进行时序仿真时应首先在上述图 2-19 所示 Simulator Tool 对话框的选项“Simulation mode:”中,选择仿真类型为 Timing。1 位全加器的时序仿真波形如图 2-23 所示。从时序仿真波形中不仅可以分析设计电路的正确性,还可以观察设计电路的延时。

3. 编程下载设计文件

上述的仿真仅是用来检查设计电路的逻辑功能是否正确,要真正检验设计电路的正确性,必须将设计编程文件下载到实际芯片中进行检验、测试。

在编程下载设计文件之前,需要将硬件测试系统(例如 Altera DE2-70 EDA 开

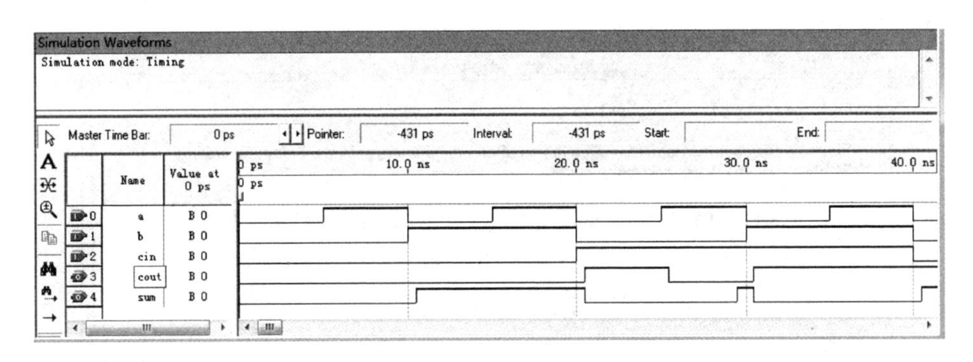

图 2 - 23　1 位全加器的时序仿真波形

发板)，通过计算机的串行口与计算机连接好，打开电源。

首先设定编程方式。选择 Tools 的编程器 Programmer 命令，弹出设置编程方式窗口，如图 2 - 24 所示。

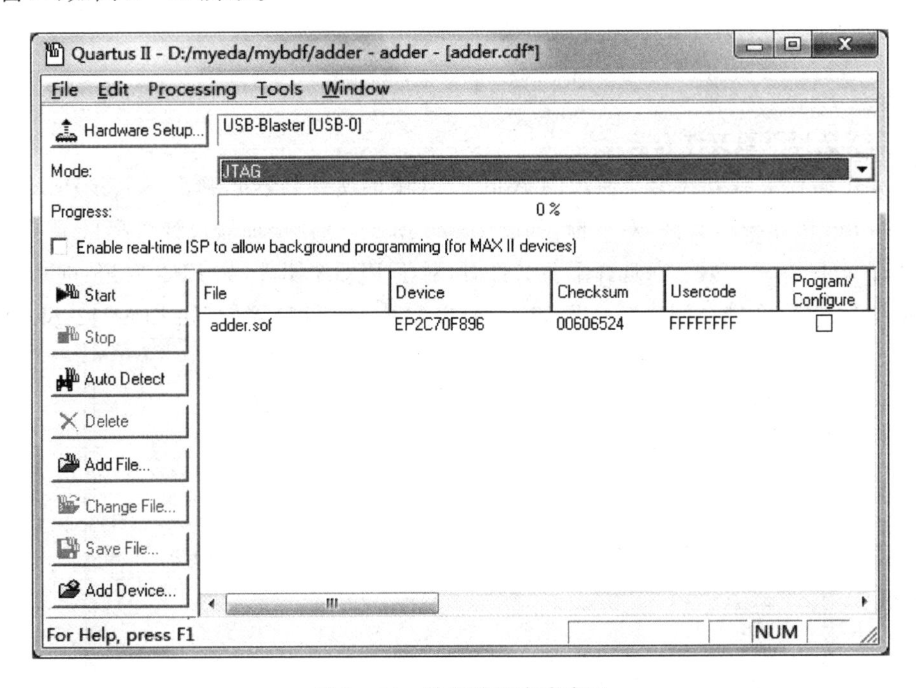

图 2 - 24　设置编程方式窗口

(1) 设置硬件

在设置编程方式窗口中，单击“Hardware Setup...”(硬件设置)按钮，弹出 Hardware Setup(即硬件设置)对话框，如图 2 - 25 所示。在对话框中单击“Add Hardware...”按钮，在弹出的添加硬件对话框中选择 USB - Blaster 编程方式后单击 Close 按钮。

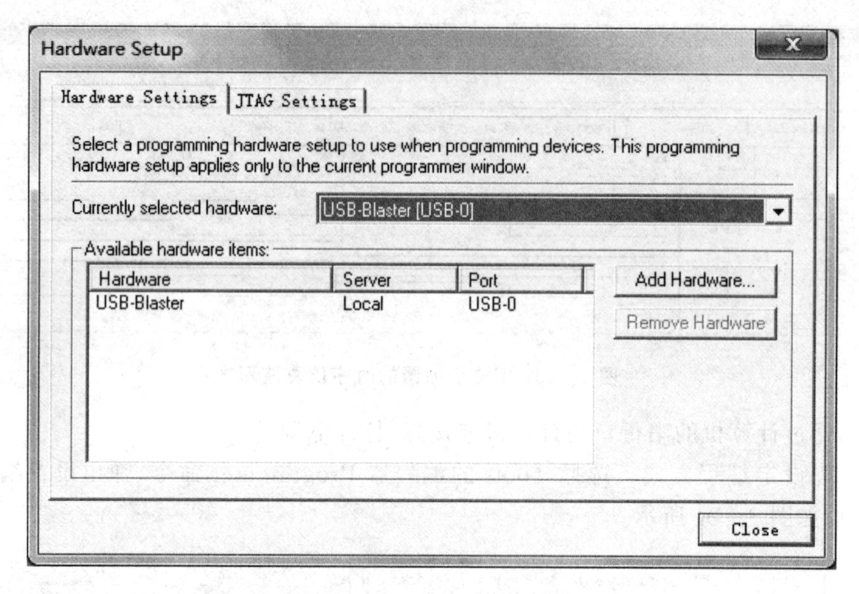

图 2-25 硬件设置对话框

(2) 选择下载文件

单击编程下载方式窗口左边的 Add File(添加文件)按钮,弹出 Select Programming File(选择编程文件)对话框,如图 2-26 所示,选择全加器设计工程目录下的下载文件 adder. sof。(注:在选择下载文件时,对于 FPGA 器件,如 EP2C70F896C6,选择的是配置文件,文件类型为". sof",如 adder. sof;对于 CPLD 器件(如 EPM7128SLC84 -

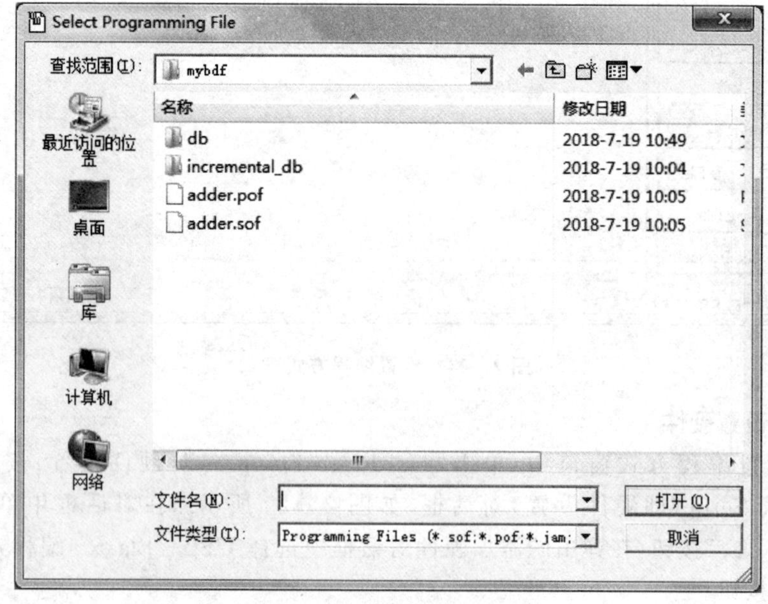

图 2-26 选择下载文件对话框

10)或 FPGA 器件的配置芯片(如 EPC2),选择的是编程文件,文件类型为“.pof”,如 adder.pof。)

(3) 编程下载

在设置编程方式窗口,选中需要编程的 adder.sof 文件对应的 Program/Configure 选项,即选中 Program/Configure 选项下的小方框,如图 2-27 所示,然后单击编程器窗口的 Star 按钮,开始编程,编程结束时有提示信息出现。

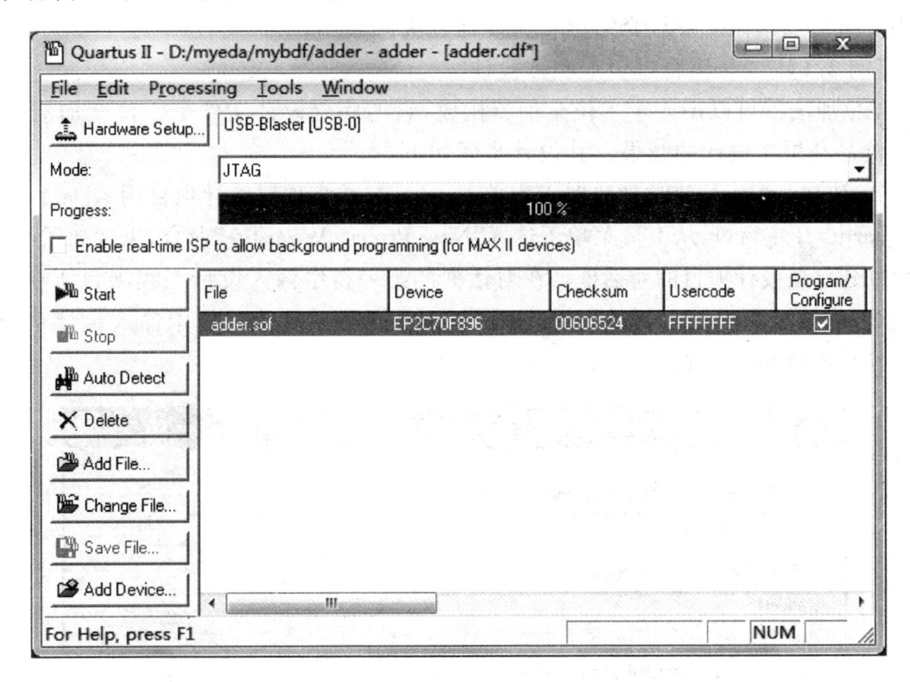

图 2-27 编程下载窗口

2.2.6 设计电路硬件调试

将下载文件 adder.sof 下载到 Altera DE2-70 EDA 开发板的目标芯片 EP1K30QC208-2 后,根据全加器的原理设置开发板上的高低电平输入键 SW[0]、SW[1]、SW[2],得到全加器三个输入端 a、b、cin 的不同组合,然后观察发光二极管 LEDR[0]、LEDR[1],验证全加器的和输出 sum 与进位输出 cout 是否正确。至此,完整的全加器的设计流程结束。

2.3 层次化设计方法

层次化设计也称为“自底向上”的设计方法,即将一个大的设计项目分解为若干个子项目或若干个层次来完成。先从底层的电路设计开始,然后在高层次的设计中逐级调用低层次的设计结果,直至最后系统电路的实现。对于每个层次的设计结果,都经过严格的仿真验证,尽量减少系统设计中的错误。与传统的数字电路设计法相比,在 EDA 设计中,更容易实现层次化设计。其一般步骤是:先利用原理图输入法或硬件描述语言实现底层电路的设计,然后利用原理图输入法,将多个设计元件连接起来,实现多层次系统电路的设计。这种设计方法使得系统设计变得比较直观,而且由于 EDA 设计将传统电路设计过程的电路布线、印制电路板绘制、电路焊接等过程取消,提高了设计效率,降低了设计成本,也减轻了设计者的劳动强度。下面通过 4 位串行进位加法器的设计介绍层次化设计方法。

【例 2.1】 4 位串行进位加法器设计。

4 位加法器可以用 4 个 1 位全加器构成,它的底层设计文件是 1 位全加器,4 位加法器是高层次设计的结果。其设计步骤如下:

① 建立 4 位串行进位加法器工程项目 adder4,并将顶层设计项目用 adder4 表示。在 Quartus II 主窗口,从 File 菜单下选择“New Project Wizard…”命令,出现如图 2-28 所示的建立新设计项目的对话框。在对话框的第一栏中输入设计工程项目所在的文件夹名;在第二栏中输入新的设计工程项目名 adder4;在第三栏中输入设计系统的顶层文件实体名 adder4。

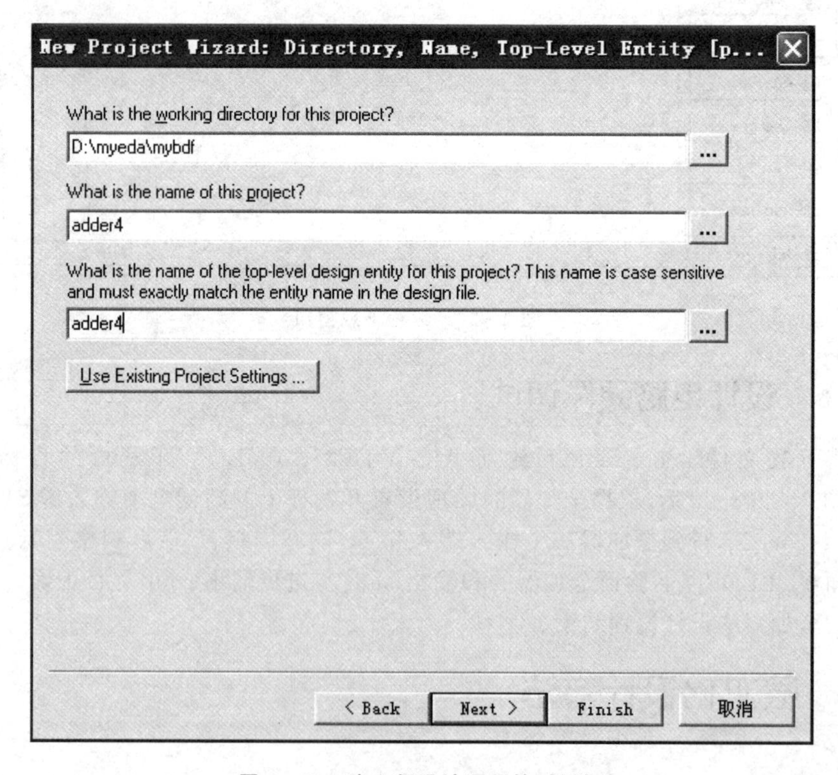

图 2-28 建立新设计项目的对话框

② 用原理图输入法设计 1 位全加器 adder,并为 1 位全加器生成一个元件符号

adder，这可以参考前面的内容。

③ 打开一个新的原理图编辑窗口，在编辑窗口中双击，在弹出的元件选择对话框的用户工程目录中，选择步骤②设计完成的如图 2-11 所示的 1 位全加器元件共 4 个，然后根据 4 位串行进位加法器的原理图，构成如图 2-29 所示的 4 位加法器电路，并以文件名 adder4.bdf 保存在工程目录中。

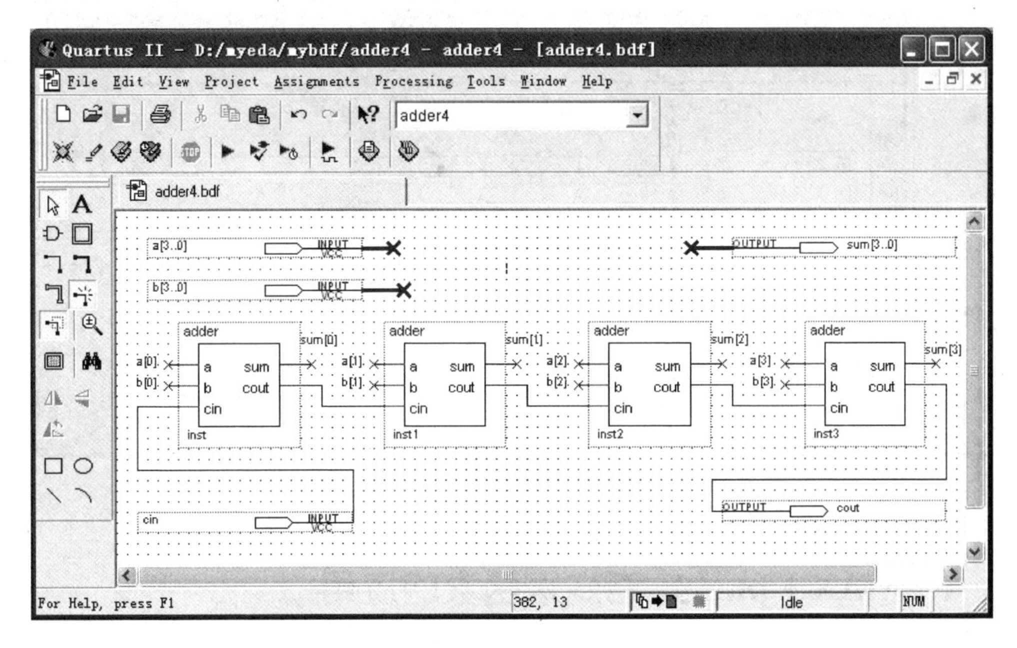

图 2-29　4 位串行进位加法器原理图

在如图 2-29 所示原理图中，4 位加法器输入符号 a[3..0]的右边连接了一条粗的信号线，表示该信号线与有 a[3]～a[0]文字标注的 4 个全加器的 a 输入端连接；b[3..0]输入符号的右边连接了一条粗的信号线，表示该信号线与有 b[3]～b[0]文字标注的 4 个全加器的 b 输入端连接；输出符号 sum[3..0]的左边连接了一条粗的信号线，表示该信号线与有 sum[3]～sum[0]文字标注的 4 个全加器的 sum 输出端连接。

粗线表示由多条信号线组成的总线，而细线表示单信号线。右击信号线，在弹出的对话框中，单击 Bus Line 即可设置总线。需要在信号线上加文字标注时，只要按住鼠标左键将信号线拉长，然后在旁边输入文字标注即可。

完成 4 位加法器原理图编辑后，编译工程项目 adder4，然后建立波形仿真文件，对 4 位加法器设计电路进行验证。功能仿真波形如图 2-30 所示。在图 2-30 所示的仿真波形中，a[3..0]和 b[3..0]表示 4 条输入信号线，分别代表两个 4 位二进制被加数、加数输入，它们相加之和由 sum[3..0]输出，向高位的进位由 cout 输出。从仿真波形可以看出所设计电路的逻辑功能是正确的。

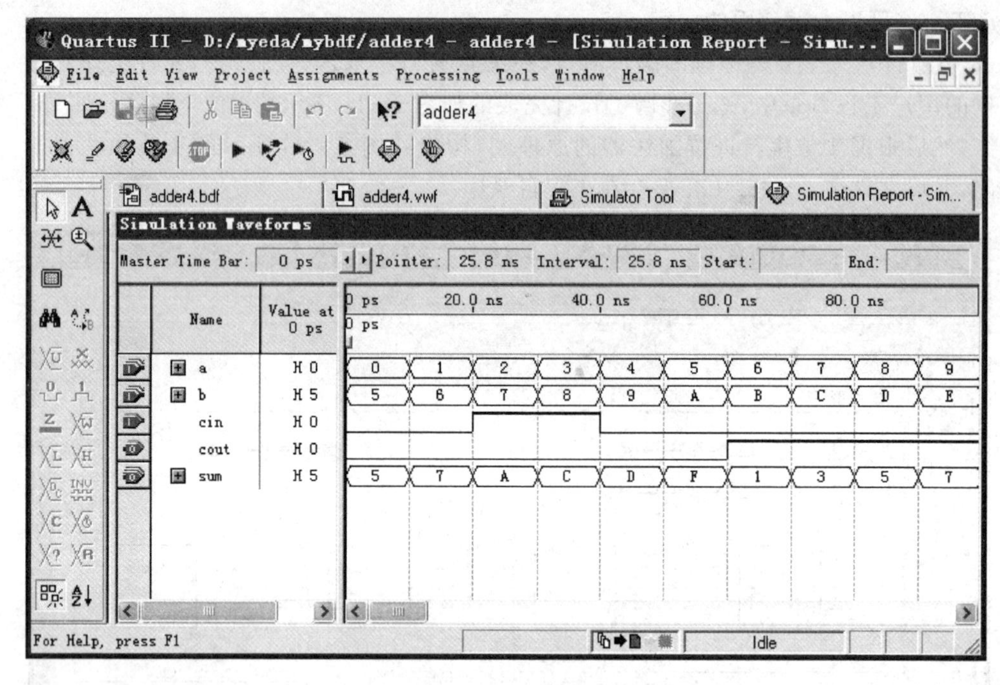

图 2-30　4 位加法器仿真波形图

2.4　MAX+plus II 老式宏函数的应用

MAX+plus II 的老式宏函数是常用数字逻辑电路设计模块的组合,包括门电路、触发器、组合逻辑部件、时序逻辑部件和存储器等电路的设计文件及元件符号。在基于 Quartus II 平台的逻辑电路设计中,用户可以自由地调用这些宏函数的元件符号,实现数字系统的设计。在安装 Quartus II 的过程中,系统自动将这些宏函数存放在/altera/quartus50/libraries/文件夹 others 栏目的 maxplus2 元件库中。下面通过实例介绍宏函数的应用。

【例 2.2】 用 2 片 74160 设计一个 12 翻 1 的十二进制计数器。

在 Quartus II 主窗口,选择 File 主菜单下的“New...”命令,出现输入方式选择窗口,选择 Block Diagram/Schematic(模块/原理图文件)输入方式后,进入原理图编辑窗口。在原理图编辑窗口中的任何位置双击将弹出一个元件选择对话框。在弹出的元件选择对话框 Libraries 栏目中,选择 others 栏目下的 maxplus2 宏函数元件库,从元件库调出 2 片十进制计数器 74160,一片二输入“与非”门,按图 2-31 所示十二进制计数器电路原理图,完成电路连接,其中计数器的个位用 q[3]~q[0]表示,计数器的十位用 q[7]~q[4]表示。

然后对十二进制计数器电路进行编译和功能仿真。十二进制计数器的功能仿真

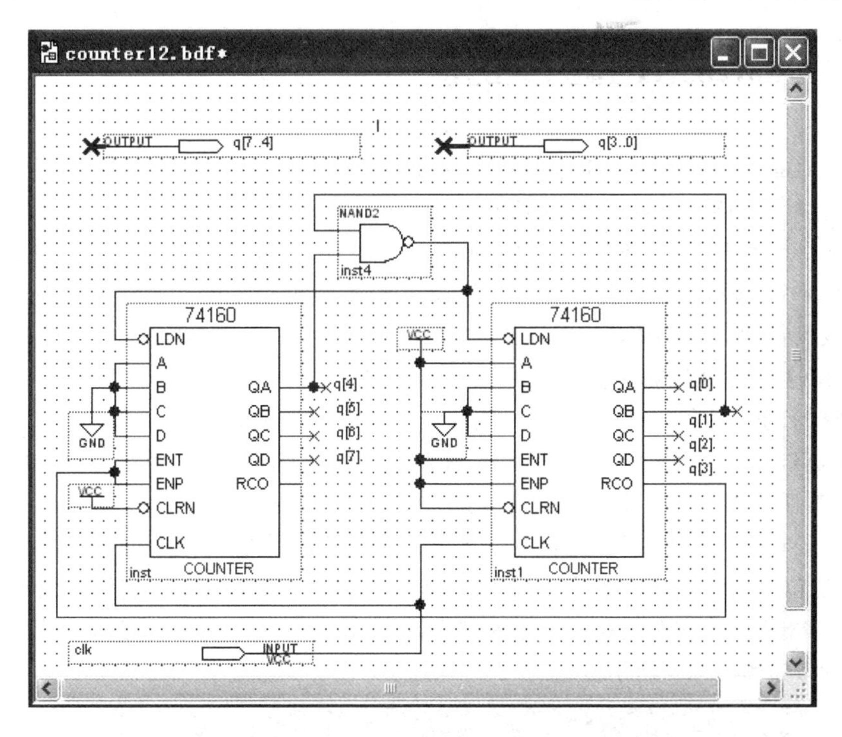

图 2－31　十二进制计数器电路原理图

结果如图 2－32 所示，从仿真波形可以看出计数器的计数规律为 1～12，说明设计电路的逻辑功能是正确的。

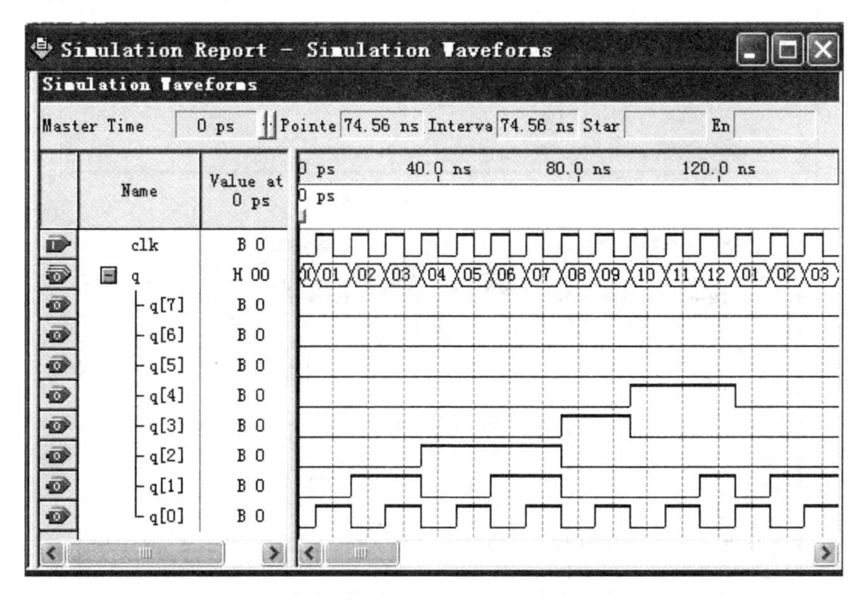

图 2－32　十二进制计数器的仿真波形图

2.5 Quartus II 强函数的应用

Quartus II 的强函数(Megafunctions)是一种复杂的逻辑函数的集合,它包括参数可设置的库函数 LPM,它们可以用在逻辑电路设计中。在安装 Quartus II 的过程中,系统自动将这些强函数存放在/altera//quartus/libraries/文件夹的 megafunctions 栏目中,包括参数设置的"与"门 lpm_and、参数可预置的三态缓冲器 lpm_bustri、参数设置的只读存储器 lpm_rom 等。在利用 Quartus II 进行逻辑设计时,可灵活地使用这些宏功能模块进行设计。

【例 2.3】 用参数设置的锁存器模块 lpm_latch 实现 8 位锁存器。

在 Quartus II 主窗口,进入图形编辑方式。在原理图编辑框中双击,在弹出的元件选择对话框"Symbol Libraries:"中,从 megafunctions 栏目下的 storage 中选择 lpm_latch 宏模块并进行设置,将 lpm_latch 的数据位宽参数设置为 8,将置位输入端 aset 和复位输入端 aclr 设置为可用,并加入相应的输入/输出元件,得到 8 位锁存器,如图 2-33 所示。在对锁存器的输入进行设置后,进行功能仿真,得到 8 位锁存器的仿真波形,如图 2-34 所示。

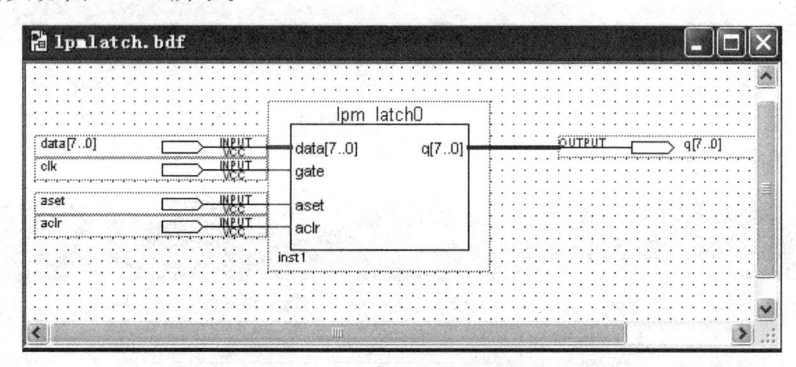

图 2-33 8 位锁存器原理图

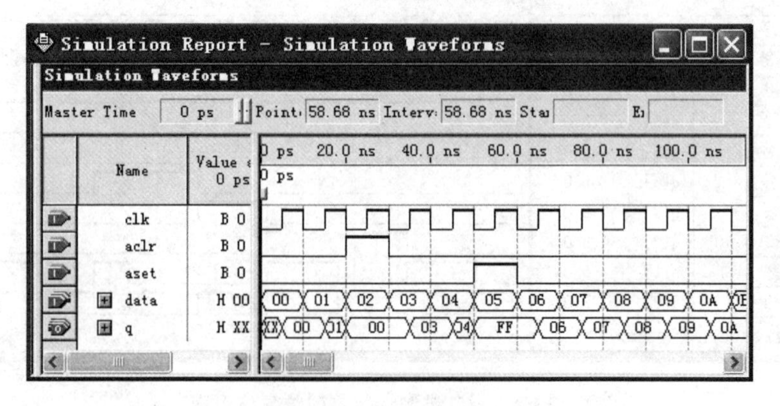

图 2-34 8 位锁存器仿真波形图

【例2.4】 正弦波发生器的设计。

基于波形数据存储的正弦波发生器的原理框图如图2-35所示。计数器在输入计数时钟的触发下输出持续变化的计数信号，该计数信号作为正弦波数据存储器的地址，这样就将保存在存储器的波形信号（如正弦波）的数据取出并送至D/A转换器，经过D/A转换后即可观察到正弦信号波形。下面是实现正弦波发生器的过程。

图2-35 正弦波发生器的原理框图

首先为正弦波发生器建立新的设计项目mydds，如图2-36所示，在新工程项目中增加设计文件mydds.bdf，如图2-37所示，并选择ACEX1K系列的EP1K30QC208-2作为设计项目下载的目标芯片，如图2-38所示。

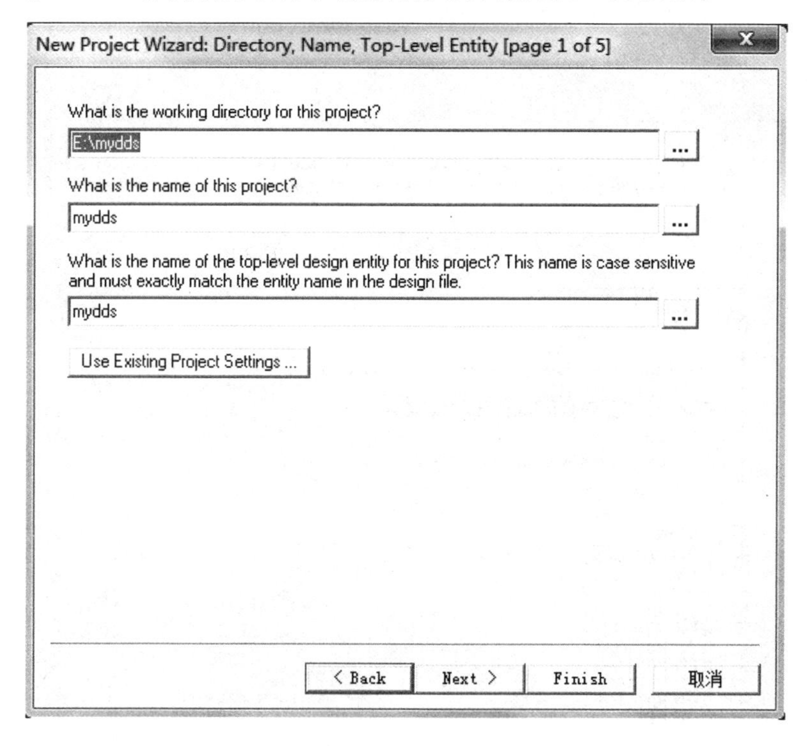

图2-36 新建设计项目mydds对话框

(1) 加入计数器元件

执行File菜单的New命令，打开一个新的Block Diagram/Schematic File编辑窗口，双击原理图编辑窗口，在弹出的元件选择窗口的Libraries栏目中选择arithmetic的lpm_counter（计数器）LPM元件，如图2-39所示，通过对端口的选择与参数的设置，得到需要的计数器元件。

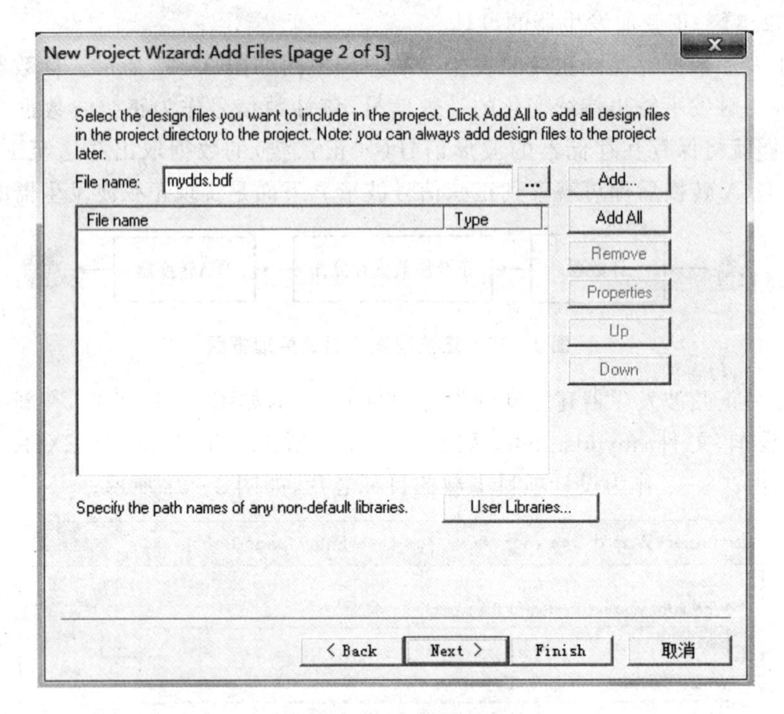

图 2-37　在新工程项目中增加设计文件 mydds. bdf

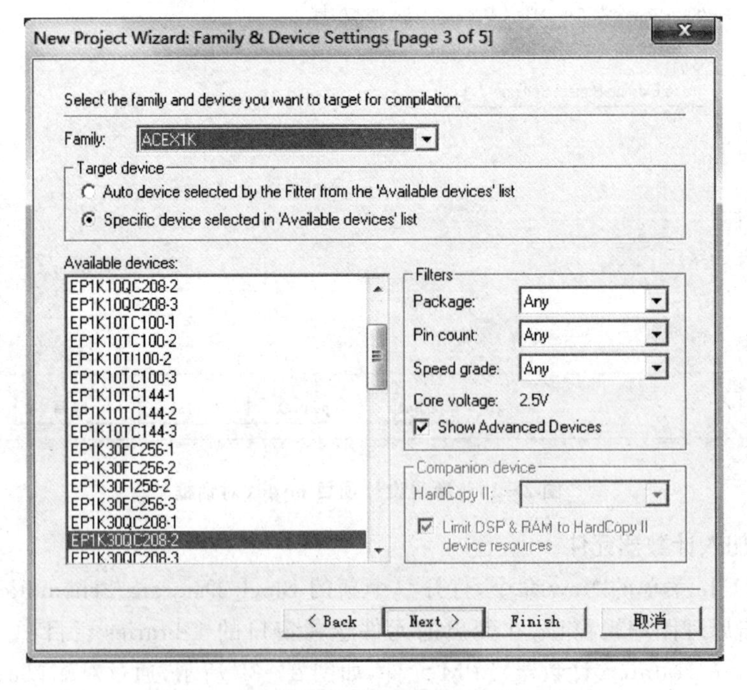

图 2-38　选择设计项目下载的目标芯片

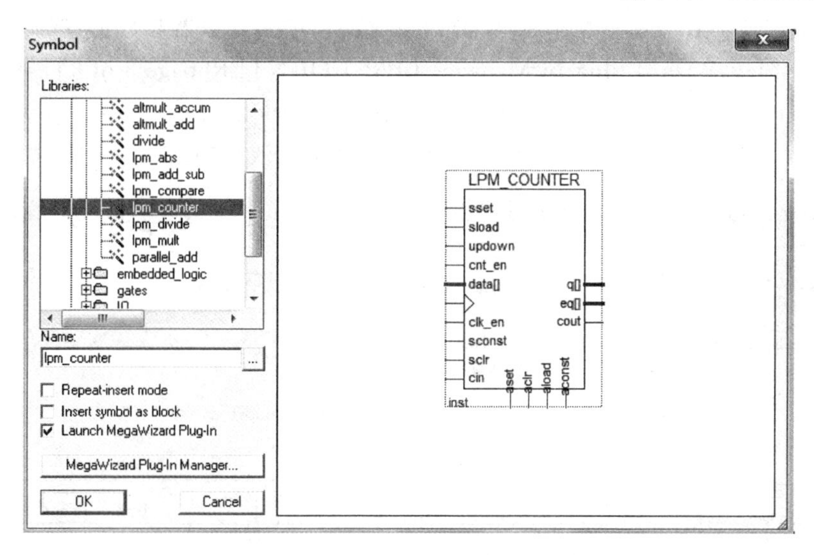

图 2-39 lpm_counter 元件选择窗口

计数器元件选定后单击 OK 按钮，弹出 MegaWizard Plug-In Manager[page 2c]对话框页面。在该对话框页面中，选择 VHDL 作为输出文件的类型，并将生成的计数器名称及保存的文件夹输入到"What name do you want for the output file?"栏目中，如图 2-40 所示。

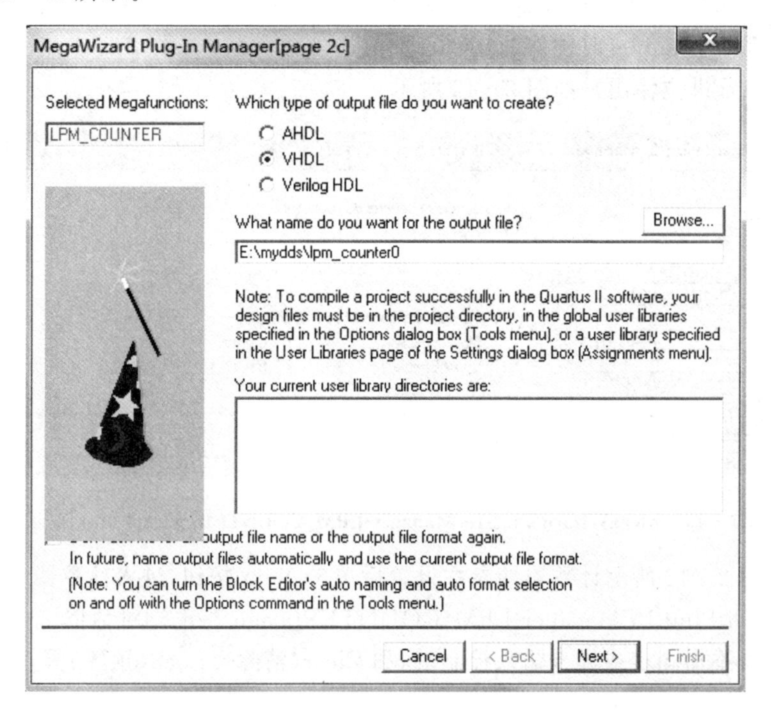

图 2-40 MegaWizard Plug-In Manager[page 2c]对话框

完成图 2-40 所示的操作后,单击 Next 按钮,进入计数器参数设置的下一个对话框页面 MegaWizard Plug-In Manager-LPM_COUNTER[page 3 of 6]。在此对话框中设置计数器的 q 输出位数为 8 bits,时钟输入 clock 的有效边沿为 Up only(上升沿有效)。时钟边沿也可以选择 Down only(下降沿有效),如图 2-41 所示。

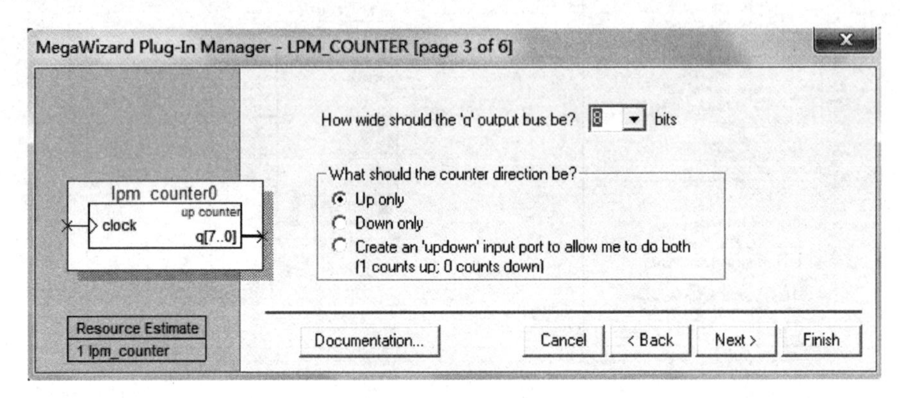

图 2-41 MegaWizard Plug-In Manager-LPM_COUNTER[page 3 of 6]对话框

完成图 2-41 所示计数器的参数设置后单击 Next 按钮,进入计数器参数设置的 MegaWizard Plug-In Manager-LPM_COUNTER[page 4 of 6]对话框页面。在此对话框中,选择计数器的类型为二进制 Plain binary。计数器的类型除了二进制外,还可以选择任意模值,如 10、24、60 等。另外,计数器还可以增加一些输入或输出控制端口,如 Clock Enable(时钟使能)、Carry-in(进位输入)、Count Enable(计数器使能)和 Carry-out(进位输出),如图 2-42 所示。

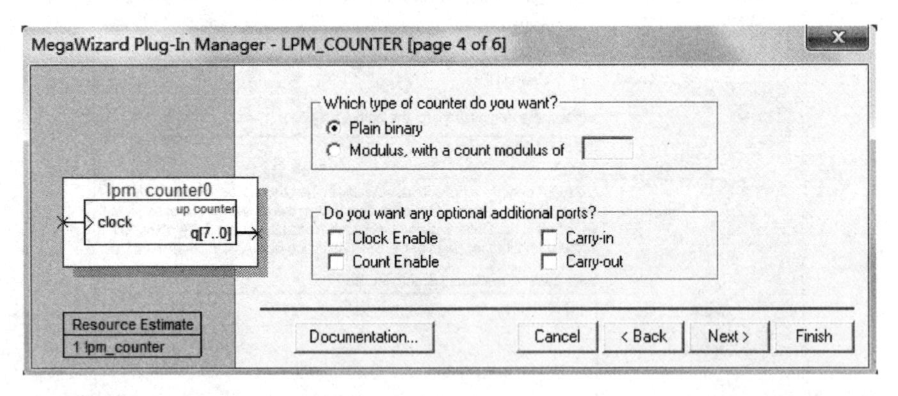

图 2-42 MegaWizard Plug-In Manager-LPM_COUNTER[page 4 of 6]对话框

完成图 2-42 所示计数器的参数设置后单击 Next 按钮,进入计数器参数设置的 MegaWizard Plug-In Manager-LPM_COUNTER[page 5 of 6]对话框。此对话框用于为计数器添加同步或异步输入控制端,如 Clear(清除)、Load(预置)等,如图 2-43 所示。

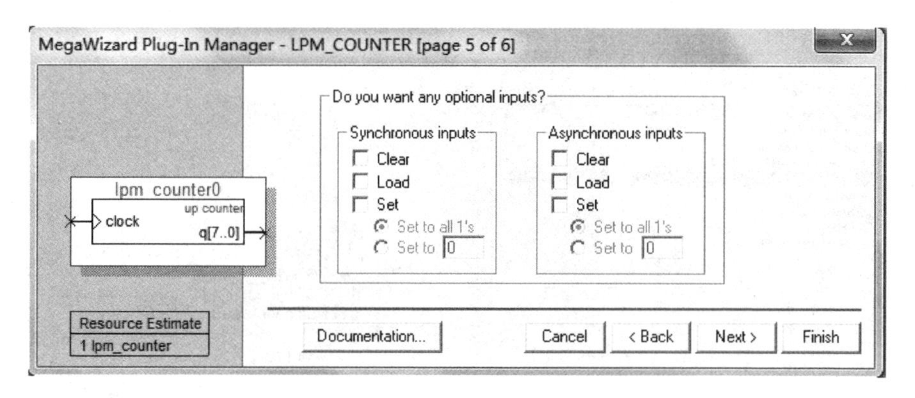

图 2-43 MegaWizard Plug-In Manager-LPM_COUNTER[page 5 of 6]对话框

单击 Next 按钮，进入计数器参数设置的 MegaWizard Plug-In Manager-LPM_COUNTER[page 6 of 6]对话框页面，如图 2-44 所示。这是计数器参数设置的最后一个页面，主要用于选择生成计数器的输出文件，如 VHDL 的文本文件 lpm_rom0. vhd、图形符号文件 lpm_rom0. bsf 等。至此，计数器参数设置完成，单击 Finish 按钮结束设置。

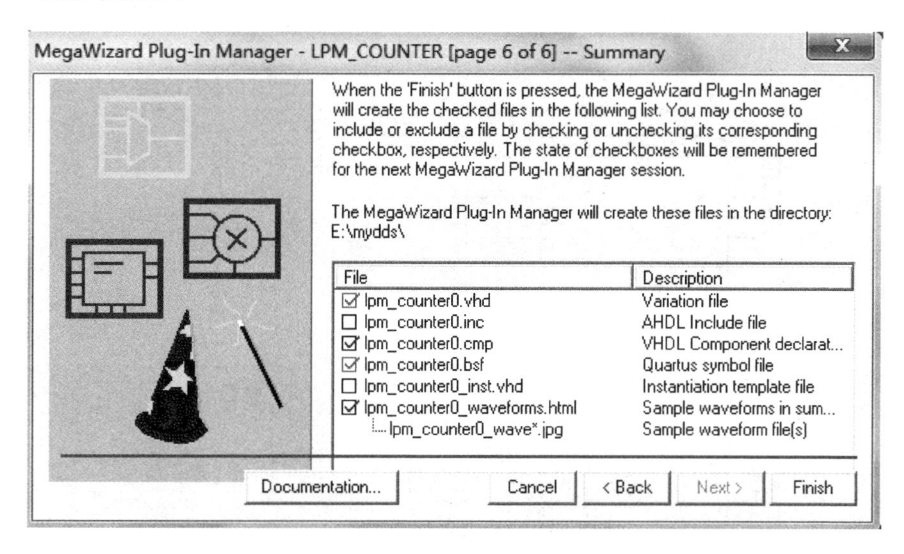

图 2-44 MegaWizard Plug-In Manager-LPM_COUNTER[page 6 of 6]对话框

(2) 建立存储器初值设定文件

在设置正弦波数据存储器时，先建立一个存储器初值设定文件(或称为“. mif”格式文件)，然后将数据装入 ROM 中。在 Quartus II 集成环境下，执行 File 菜单中的 New 命令，打开一个新的 Memory Initialization File(存储器初值设定文件)编辑窗口，如图 2-45 所示。在弹出的存储器参数设置对话框中输入存储器的字数(Number of words)为 256，字长(Word size)为 8 位，如图 2-46 所示。

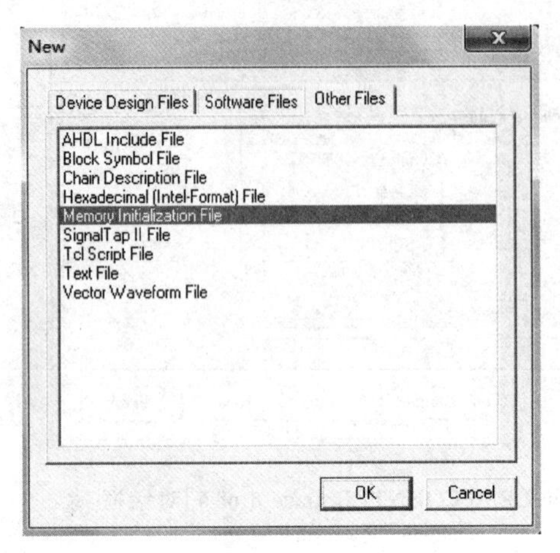

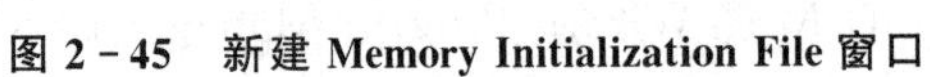

图 2-45　新建 Memory Initialization File 窗口

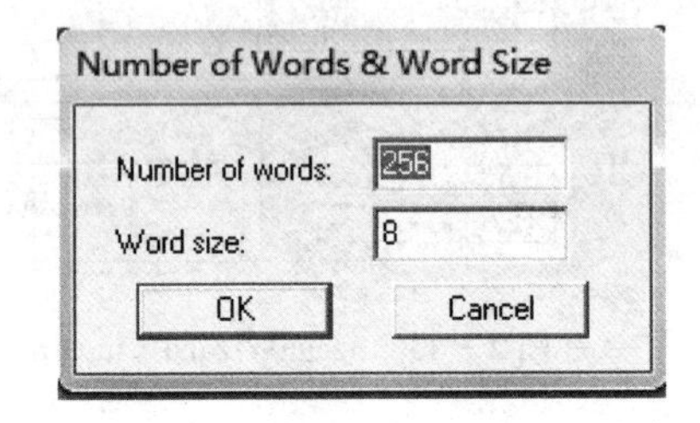

图 2-46　存储器参数设置对话框

图 2-46 存储器的参数设置结束后单击 OK 按钮，弹出存储器初值设定文件的界面，如图 2-47 所示，将此文件以“.mif”为类型属性(如 mydds.mif)保存在工程目

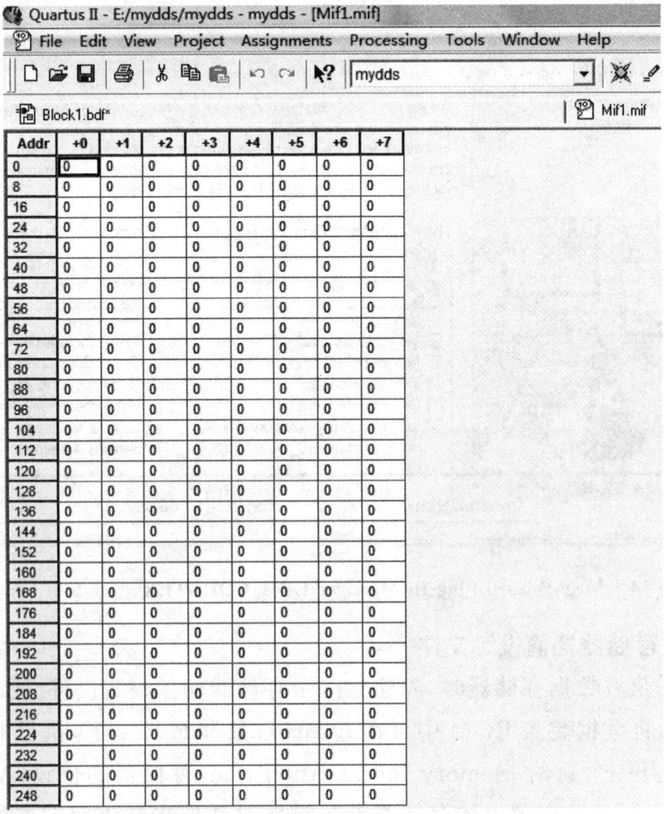

Quartus II - E:/mydds/mydds - mydds - [Mif1.mif]

File　Edit　View　Project　Assignments　Processing　Tools　Window　Help

mydds

Block1.bdf*　　Mif1.mif

Addr	+0	+1	+2	+3	+4	+5	+6	+7
0	0	0	0	0	0	0	0	0
8	0	0	0	0	0	0	0	0
16	0	0	0	0	0	0	0	0
24	0	0	0	0	0	0	0	0
32	0	0	0	0	0	0	0	0
40	0	0	0	0	0	0	0	0
48	0	0	0	0	0	0	0	0
56	0	0	0	0	0	0	0	0
64	0	0	0	0	0	0	0	0
72	0	0	0	0	0	0	0	0
80	0	0	0	0	0	0	0	0
88	0	0	0	0	0	0	0	0
96	0	0	0	0	0	0	0	0
104	0	0	0	0	0	0	0	0
112	0	0	0	0	0	0	0	0
120	0	0	0	0	0	0	0	0
128	0	0	0	0	0	0	0	0
136	0	0	0	0	0	0	0	0
144	0	0	0	0	0	0	0	0
152	0	0	0	0	0	0	0	0
160	0	0	0	0	0	0	0	0
168	0	0	0	0	0	0	0	0
176	0	0	0	0	0	0	0	0
184	0	0	0	0	0	0	0	0
192	0	0	0	0	0	0	0	0
200	0	0	0	0	0	0	0	0
208	0	0	0	0	0	0	0	0
216	0	0	0	0	0	0	0	0
224	0	0	0	0	0	0	0	0
232	0	0	0	0	0	0	0	0
240	0	0	0	0	0	0	0	0
248	0	0	0	0	0	0	0	0

图 2-47　存储器初值设定文件的界面

录中。在存储器初值设定文件的界面中，在Addr地址栏右击，执行Address Radix项，则可对存储器的地址基数进行选择，地址有Binary、Decimal、Octal和Hexadecimal等4种基数数制选择。执行Memory Radix项，则可对存储器单元中的数据基数进行设置，存储器数据有Binary、Hexadecimal、Octal、Signed Decimal和Unsigned Decimal等5种基数选择。

图2-47所示新建的存储器初值设定文件的数据全部为0，部分有规律的波形数据（如锯齿波）可以通过快捷方式填充，而正弦波的数据需要在存储器初值设定文件的界面上逐个地输入，利用Matlab语言可以方便地生成正弦波数据。在Matlab命令窗口，输入程序如下：

```
》i=[0:1:255];
》k=128+128*sin((360*i*pi)/(256*180))
```

(3) 加入只读存储器ROM元件

双击原理图编辑窗口，在弹出的元件选择窗的Libraries栏目中选择storage的lpm_rom（只读存储器ROM）LPM元件，如图2-48所示。单击OK按钮后弹出MegaWizard Plug-In Manager[page 2c]对话框页面。在该对话框页面中，选择VHDL（或Verilog HDL）作为输出文件的类型，并将生成的只读存储器名称及保存的文件夹）输入到“What name do you want for the output file?”栏目中，如图2-49所示。

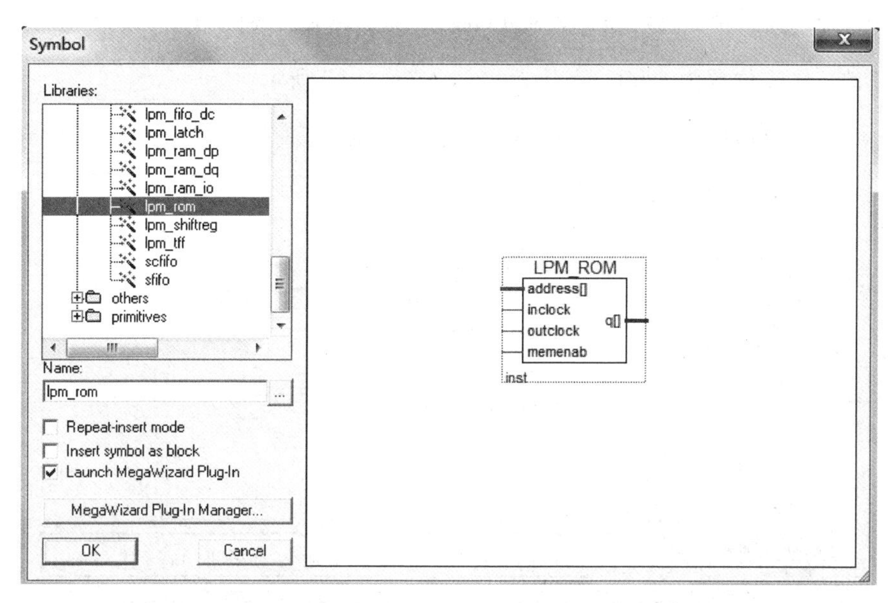

图2-48　lpm_rom元件窗口

完成图2-49操作后，单击Next按钮，进入ROM参数设置的下一个对话框页面MegaWizard Plug-In Manager-LPM_ROM[page 3 of 6]。在此对话框中设置

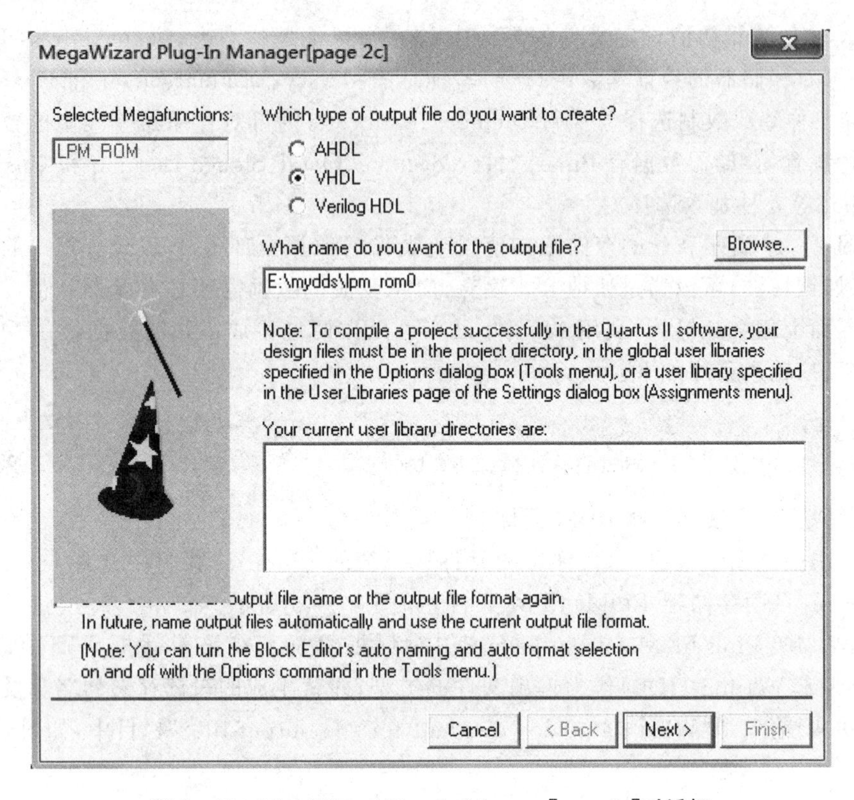

图 2－49　MegaWizard Plug-In Manager[page 2c]对话框

ROM 的 q 输出位数为 8 bits,字数为 256,如图 2－50 所示。

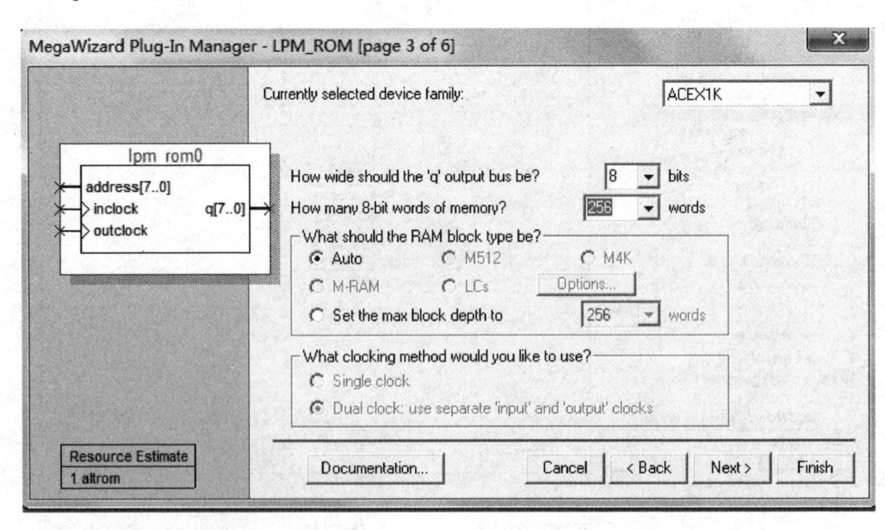

图 2－50　MegaWizard Plug-In Manager-LPM_ROM[page 3 of 6]对话框

完成图 2－50 所示的参数设置后单击 Next 按钮,进入 ROM 参数设置的

MegaWizard Plug-In Manager-LPM_ROM[page 4 of 6]对话框页面，在此对话框设置单时钟输入，如图 2－51 所示。

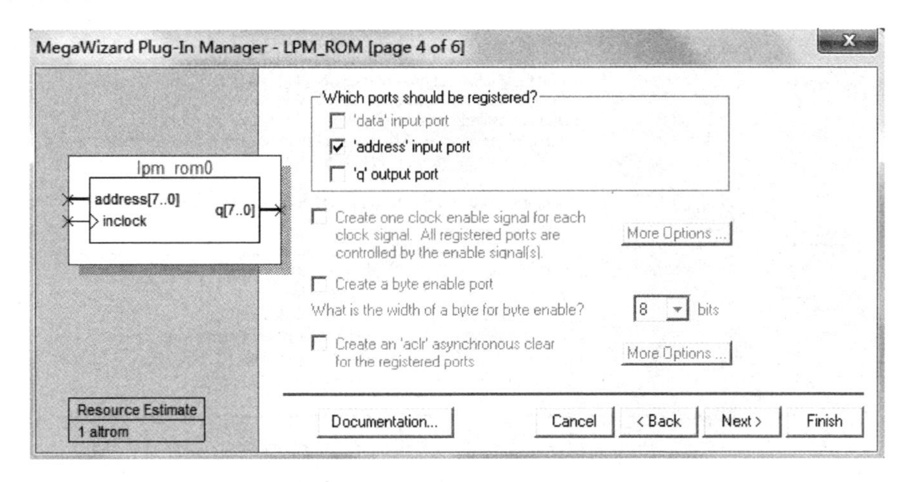

图 2－51　MegaWizard Plug-In Manager-LPM_ROM[page 4 of 6]对话框

完成图 2－51 所示的参数设置后单击 Next 按钮，进入 ROM 参数设置的 MegaWizard Plug-In Manager-LPM_ROM[page 5 of 6]对话框页面。在此对话框的“Do you want to specify the initial content of the memory?”栏目中选中“Yes, use this file for the memory content data”项，并输入存储器初值设定文件名（如 mydds.mif），如图 2－52 所示。

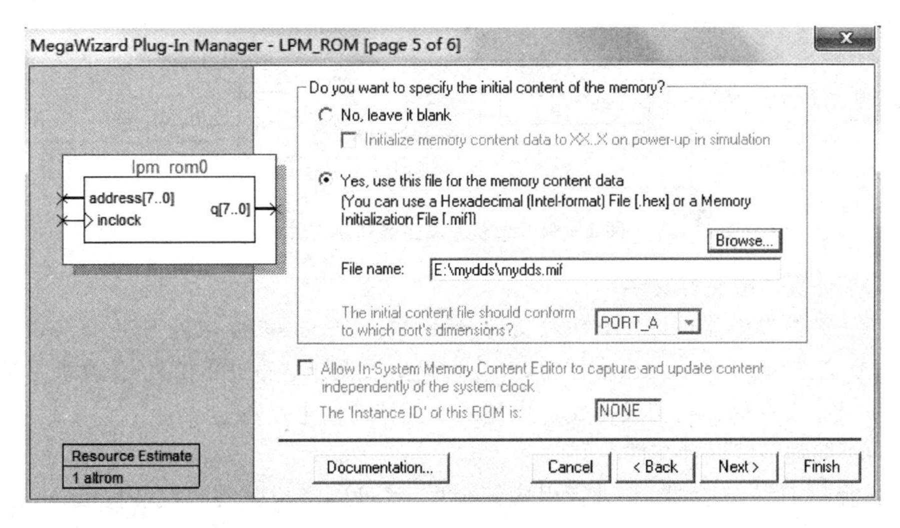

图 2－52　MegaWizard Plug-In Manager-LPM_ROM[page 5 of 6]对话框

完成图 2－52 所示的参数设置后单击 Next 按钮，进入 ROM 参数设置的 MegaWizard Plug-In Manager-LPM_ROM[page 6 of 6]对话框页面，如图 2－53 所

示。这是 ROM 参数设置的最后一个页面,此页面主要用于选择生成 ROM 的输出文件。至此,ROM 参数设置完成,单击 Finish 按钮结束设置。

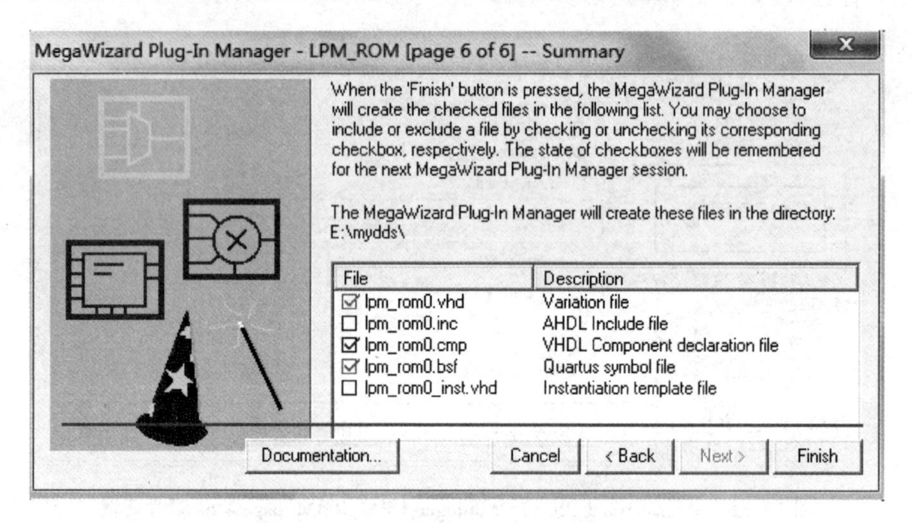

图 2-53 MegaWizard Plug-In Manager-LPM_ROM[page 6 of 6]对话框

(4) 编辑和编译顶层设计文件

在新建的图形编辑窗口中加入计数器 lpm_couter0 和只读存储器 lpm_rom0 元件后,再加入设计电路的输入和输出端口,按照波形发生器原理图完成电路中的连线,如图 2-54 所示,并以 mydds.bdf 作为顶层文件名将设计文件保存于工程目录中,并通过 Quartus II 的编译。

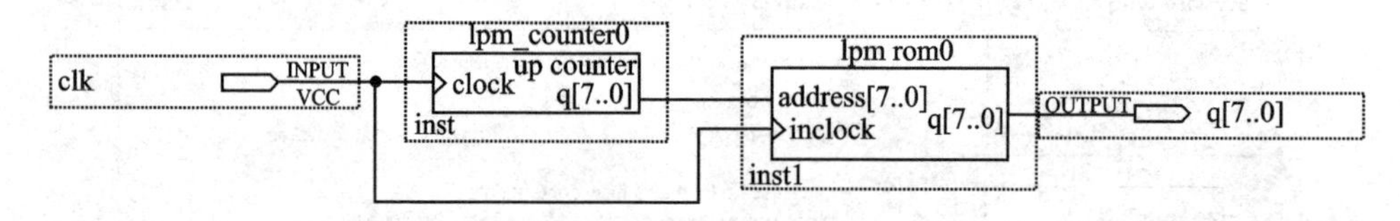

图 2-54 正弦波发生器顶层文件

(5) 仿真顶层设计文件

为正弦波发生器设计建立仿真文件,然后执行 Processing 中的 Start Simulation 命令,或单击 Start Simulation 按钮,对波形发生器设计电路进行仿真,仿真波形输出的数据就是在存储器初值设定文件中加入的正弦波发生器数据。

(6) 编程下载设计文件

选择好 D/A 转换器,并进行引脚锁定后,就可以将正弦波配置文件 mydds.sof 下载到 FPGA 目标芯片,然后用示波器观察输出正弦波形。至此,简单的正弦波发生器设计完成。在此基础上,可以进一步考虑如何改变正弦波的频率,如何实现三角波、锯齿波等多种波形等。

2.6　嵌入式逻辑分析仪的使用方法

Quartus II 软件的嵌入式逻辑分析仪 SignalTap II 是一种高效的硬件测试工具,它可以随设计文件一并下载到目标芯片中,捕捉目标芯片内部系统信号节点处的信息或总线上的数据流,而又不影响原硬件系统的正常工作。在实际监测中,SignalTap II 将测得的样本信号暂存于目标芯片的嵌入式 RAM 中,然后通过器件的 JTAG 端口将采到的信息传出,送到计算机进行显示和分析。下面以十进制计数器(counter10)为例,介绍嵌入式逻辑分析仪 SignalTap II 的使用方法。

2.6.1　十进制计数器的设计

在使用逻辑分析仪之前,先完成十进制计数器项目的设计,并保存在文件夹 E:\counter10 中,其电路原理图如图 2-55 所示,其中 CLK 为时钟输入端,QA、QB、QC、QD 为计数输出端,RCO 为进位输出端,仿真波形图如图 2-56 所示。编程下载时,假设用 DE2-70 开发板(见附录 A)来实现,其 FPGA 核心芯片为 EP2C70F896C6,选定相应的引脚后,其引脚分配图如图 2-57 所示。其中,十进制计数器的时钟输入引脚 CLK 锁定在 DE2-70 开发板 50 MHz 时钟频率输出,即 PIN_E16 引脚。

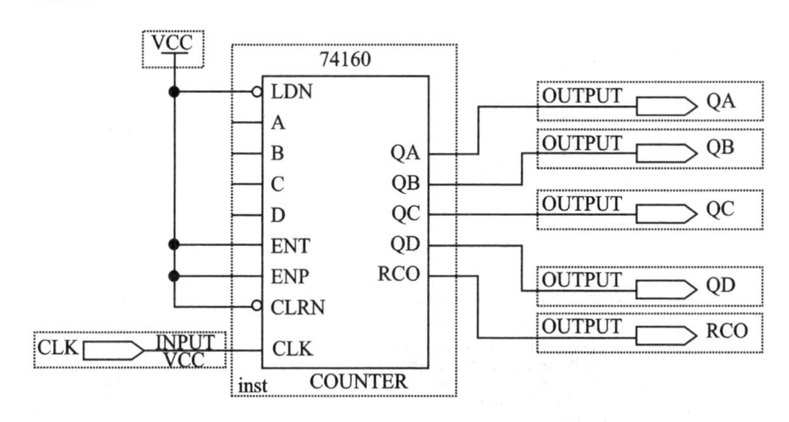

图 2-55　十进制计数器电路原理图

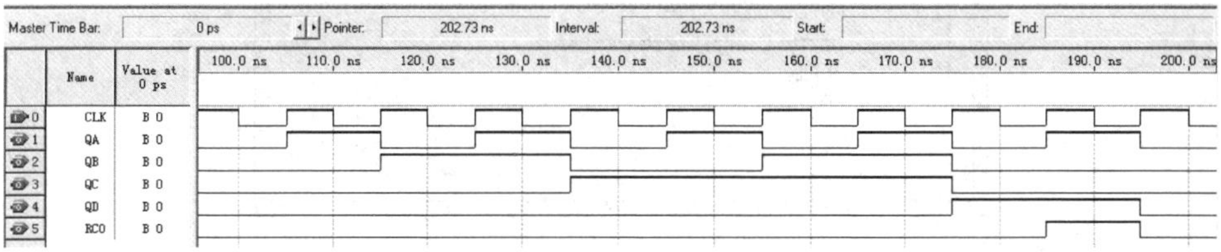

图 2-56　十进制计数器仿真波形图

	To	Location	I/O Bank	I/O Standard	General Function	Special Function	Reserved	Enabled
1	CLK	PIN_E16	4	3.3-V LVTTL	Dedicated Clock	CLK8, LVDSCLK4n, In...		Yes
2	QA	PIN_AJ6	8	3.3-V LVTTL	Column I/O	LVDS247n		Yes
3	QB	PIN_AK5	8	3.3-V LVTTL	Column I/O	LVDS250p		Yes
4	QC	PIN_AJ5	8	3.3-V LVTTL	Column I/O	LVDS250n		Yes
5	QD	PIN_AJ4	8	3.3-V LVTTL	Column I/O	LVDS251p		Yes
6	RCO	PIN_W27	6	3.3-V LVTTL	Row I/O	LVDS171n		Yes

图 2－57　十进制计数器引脚分配图

嵌入式逻辑分析仪 SignalTap II 的设置分为打开 SignalTap II 编辑窗口、调入节点信号、SignalTap II 参数设置、文件存盘、编译、下载和运行分析等操作过程。

2.6.2　打开 SignalTap II 编辑窗口

在十进制计数器完成引脚锁定并通过编译后，执行 File→New 命令，在弹出的新(New)文件对话框中，选择打开 SignalTap II Logic Analyzer File 文件，如图 2－58 所示，弹出 SignalTap II 编辑窗口，如图 2－59 所示。SignalTap II 编辑主窗口中包含实例(Instance)、信号观察、顶层文件观察、数据日志观察等窗口，另外还有一些命令按钮与工作栏。

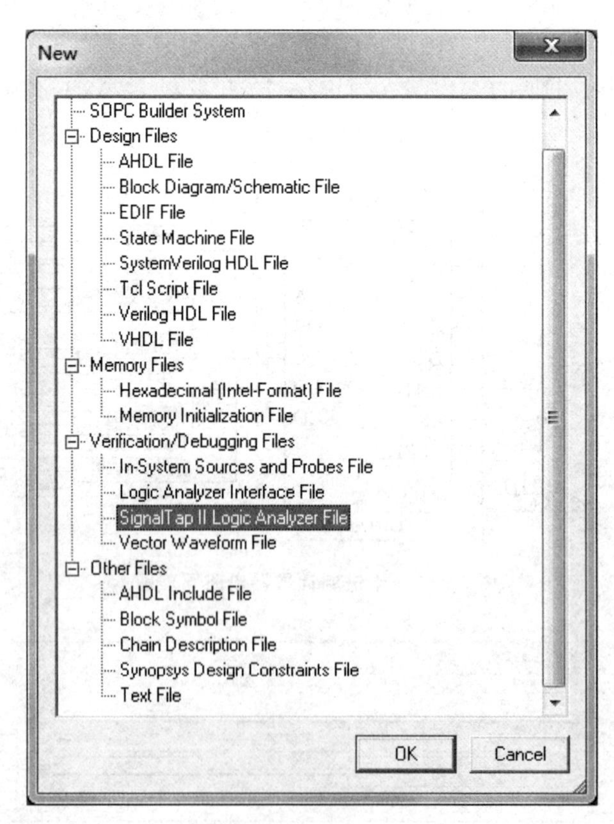

图 2－58　新建 SignalTap II 文件窗口

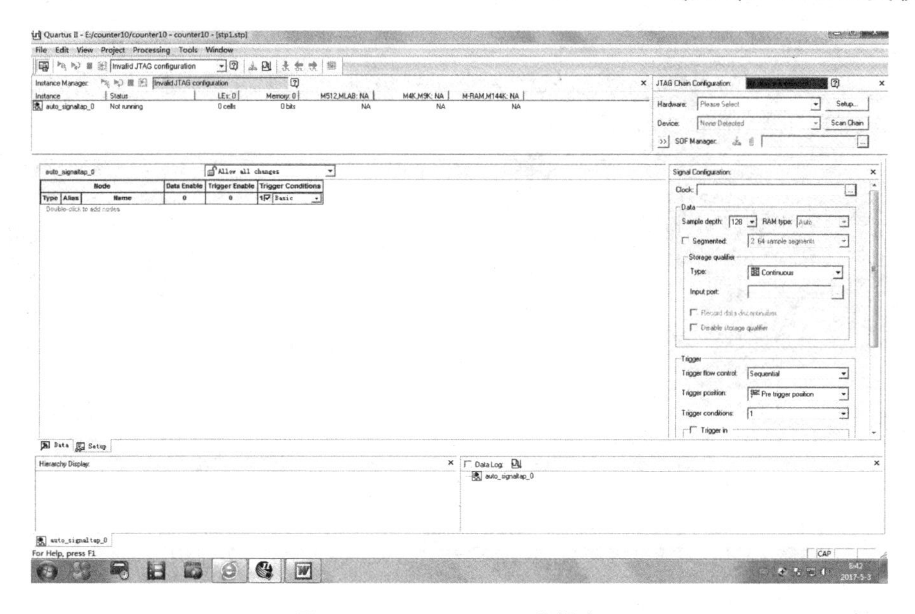

图 2-59 SignalTap II 编辑窗口

2.6.3 调入节点信号

双击信号观察窗口，弹出节点发现者(Node Finder)对话框，在对话框的 Filter 栏目中选择 SignalTap II Per-Synthesis 项后，单击 List 按钮，在 Nodes Found 栏目内列出了设计工程的全部节点，单击选中需要观察的节点 QA、QB、QC、QD、RCO，并将它们移至右边的 Selected Nodes 栏目中，如图 2-60 所示。单击 OK 按钮，选中的节点就会出现在信号观察窗口中，如图 2-61 所示。

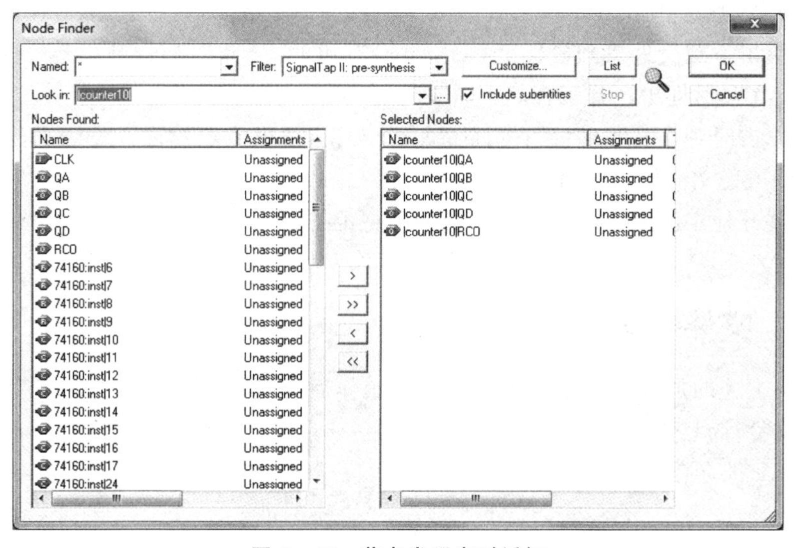

图 2-60 节点发现者对话框

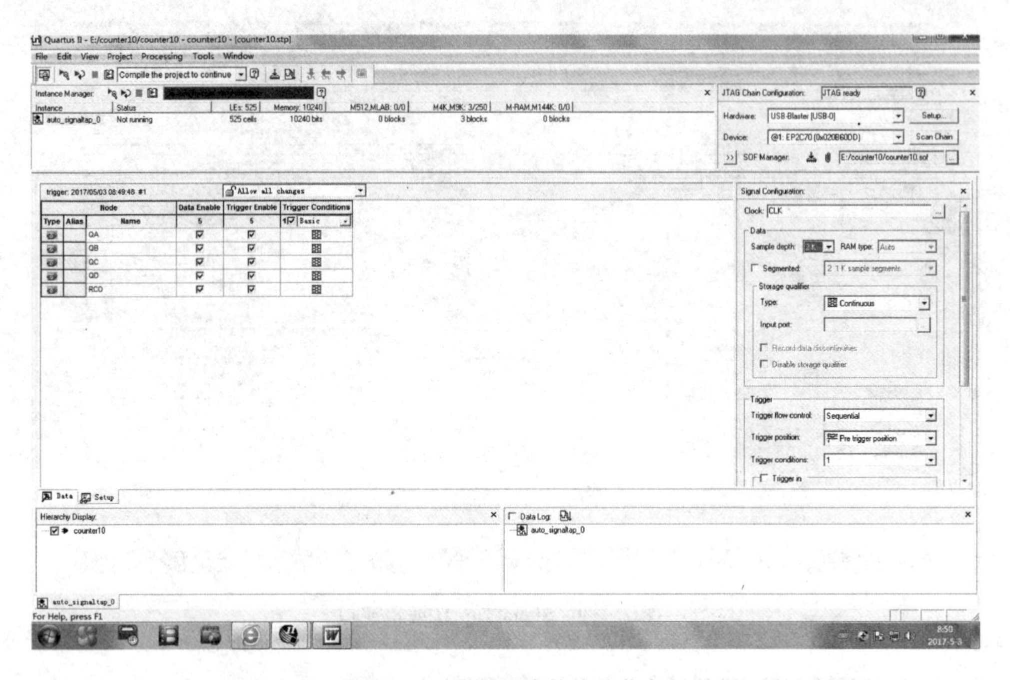

图 2-61 需要观察的信号节点

2.6.4 参数设置

参数设置包含以下几个操作：

① 单击硬件驱动程序选择栏(Hardware)右边的 Setup 按钮,弹出如图 2-62 所示的硬件设置对话框。在对话框中选择编程下载的硬件驱动程序,如果采用计算机的并口下载,则选择 ByteBlasterMV;如果采用串口下载,则选择 USB-Blaster。

② 单击下载文件管理栏(Sof Manager)右边的“查阅”按钮,弹出选择编程文件对话框。在对话框中选择工程的下载文件(如 counter10. sof)。

③ 单击时钟(Clock)栏目右边的“查阅”按钮,弹出节点发现者对话框,在对话框中将设计工程文件的时钟信号选中(如 CLK)。

④ 展开样本深度(Sample Depth)选择栏的下拉菜单,将样本深度选择为 2K(或其他深度)。

2.6.5 文件存盘

完成上述的加入节点信号和参数设置操作后,执行 File→Save 命令,将 Signal-Tap II 文件存盘,默认的存盘文件名是 stp1. stp,为了便于记忆,可以用 counter10_stp1. stp 文件名存盘。

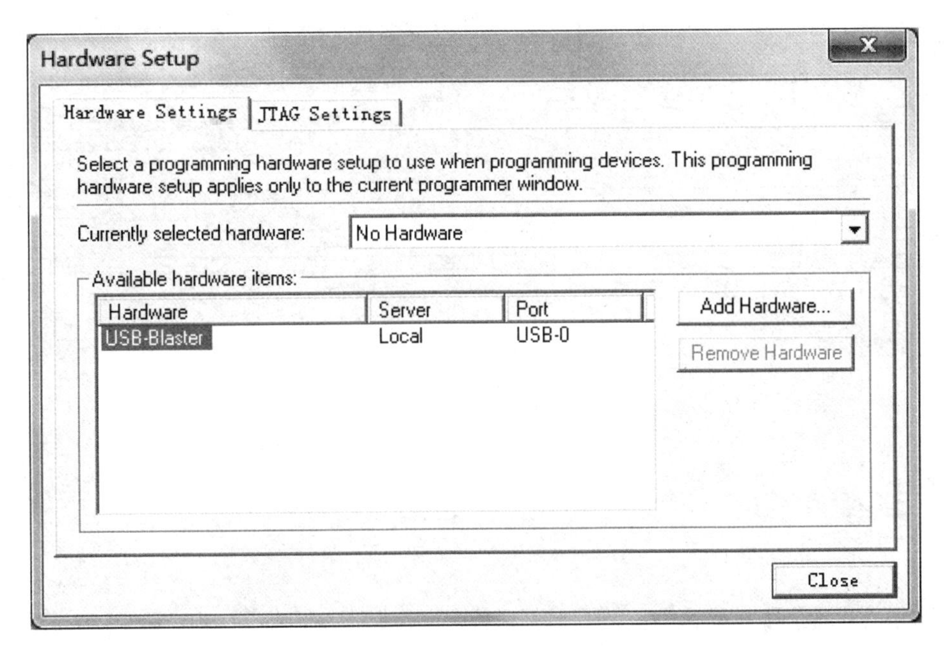

图 2-62 硬件设置对话框

2.6.6 编译与下载

单击 SignalTap II 编辑窗口上的自动运行分析(Autorun Analysis)按钮,编译 SignalTap II 文件。编译完成后,单击下载文管理(Sof Manager)栏中的"下载"按钮,完成设计工程文件到目标芯片的下载。

2.6.7 运行分析

单击"数据"按钮,展开信号观察窗口。右击被观察的信号名,弹出选择信号显示模式的快捷菜单,在快捷菜单中选择 Bus Display Format(总线显示方式)中的 Unsigned Line Chart,将输出 QA、QB、QC、QD 设置为无符号线型图显示模式,同样也将 RCO 设置为无符号线型图显示模式。

单击运行分析(Run Analysis)按钮或自动运行分析(Autorun Analysis)按钮,在信号观察窗口上可以看到十进制计数器(counter10)的输出 QA、QB、QC、QD、RCO 的波形,如图 2-63 所示,可以看出其输出波形和前面功能仿真的波形是一致的。

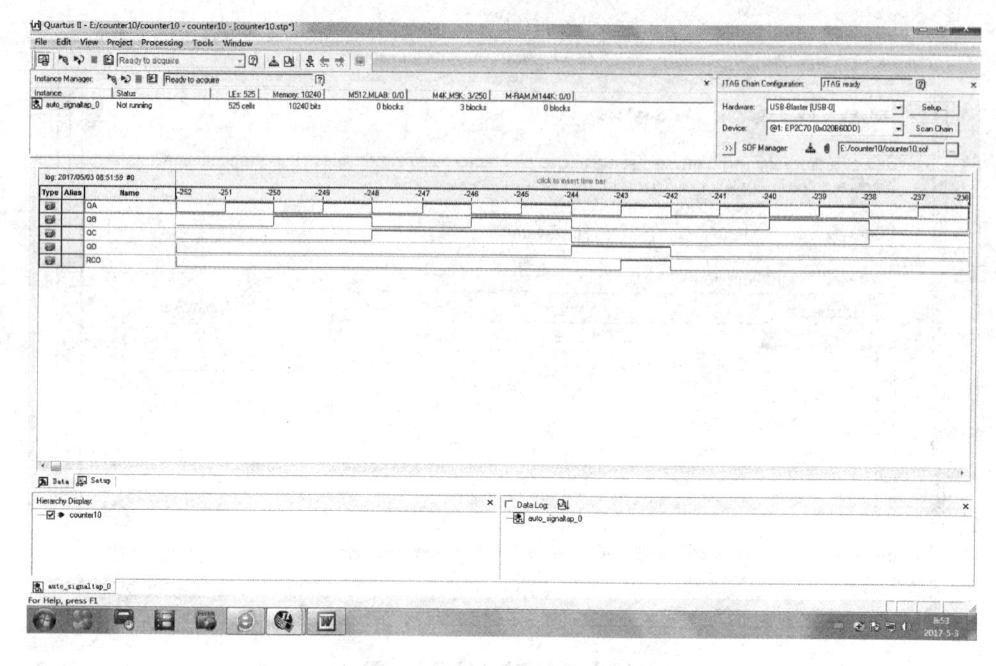

图 2-63　十进制计数器的输出波形

习　　题

2.1 用原理图输入设计法设计数字系统包含哪些设计过程?

2.2 用 EDA 软件对设计电路的仿真包括哪两种类型?它们之间有什么区别?

2.3 如何利用原理图输入法实现层次化设计?

2.4 如何利用 MAX+plus II 老式宏函数实现数字系统设计?

2.5 如何利用宏功能模块实现数字系统设计?

2.6 用"与非"门和"非"门设计 4 选 1 数据选择器,然后用设计的 4 选 1 数据选择器作为底层元件,完成 8 选 1 数据选择器的设计。

2.7 利用 2 片 74290 分别构成二十四、六十进制计数器,并进行仿真验证。

2.8 用参数设计的计数器模块 lpm_counter 设计 8 位二进制可加/减法计数器。

第3章

可编程逻辑器件

本章详细介绍了PLD的发展过程、PLD的种类及分类方法，以超大规模可编程逻辑器件的主流器件FPGA和CPLD为主要对象介绍基本结构及编程与配置。

3.1 可编程逻辑器件的概述

3.1.1 可编程逻辑器件的分类

可编程逻辑器件PLD(Programmable Logic Device)是20世纪70年代末在ASIC设计的基础上发展起来的一种通用型半定制逻辑器件，用户可以使用EDA工具进行配置和编程，使它能够实现所需的特定功能，且可以反复擦写，使硬件设计工作成为软件开发工作，缩短了系统设计的周期，提高了实现的灵活性并降低了成本，极大地方便了数字系统的设计，因此获得了广大硬件工程师的青睐，形成了巨大的PLD产业规模。

目前常见的PLD产品有可编程阵列逻辑(Programmable Array Logic，PAL)，编程只读存储器(Programmable Read Only Memory，PROM)，通用阵列逻辑(Generic Array Logic，GAL)，现场可编程逻辑阵列(Field Programmable Logic Array，FPLA)，可擦除的可编程逻辑器件(Erasable Programmable Logic Array，EPLA)，复杂可编程逻辑器件(Complex Programmable Logic Device，CPLD)和现场可编程门阵列(Field Programmable Gate Array，FPGA)等类型。

PLD的种类繁多，各生产厂家命名不一，一般可按以下几种方法进行分类：

- 从规模上又可以细分为简单PLD(SPLD)、复杂PLD(CPLD)和FPGA。
- 按照颗粒度可以分为3类：小颗粒度(如“门海(sea of gates)”架构)；中等颗粒度(如FPGA)；大颗粒度(如CPLD)。
- 按照编程工艺可以分为4类：
  - 熔丝(Fuse)和反熔丝(Antifuse)编程器件；
  - 可擦除的可编程只读存储器(UEPROM)编程器件；
  - 电信号可擦除的可编程只读存储器(EEPROM)编程器件(如CPLD)；
  - SRAM编程器件(如FPGA)。

在工艺分类中,前 3 类为非易失性器件,编程后,配置数据保留在器件上;第 4 类为易失性器件,掉电后配置数据会丢失,因此在每次上电后需要重新进行数据配置。

3.1.2 可编程逻辑器件的发展

随着大规模集成电路、超大规模集成电路技术的发展,可编程逻辑器件发展迅速,从 20 世纪 70 年代至今,大致经过了以下几个阶段:

第 1 阶段从 20 世纪 70 年代初期到 70 年代中期,可编程器件只有简单的可编程只读存储器(PROM)、紫外线可擦除只读存储器(EPROM)和电可擦只读存储器(EEPROM)3 种,由于结构的限制,它们只能完成简单的数字逻辑功能。

第 2 阶段从 20 世纪 70 年代中期到 80 年代中期,出现了结构上稍微复杂的可编程阵列逻辑(PAL)和通用阵列逻辑(GAL)器件,正式被称为 PLD,能够完成各种逻辑运算功能。典型的 PLD 由"与"、"非"阵列组成,用"与或"表达式来实现任意组合逻辑,所以 PLD 能以乘积和的形式完成大量的逻辑组合。

第 3 阶段从 20 世纪 80 年代到 90 年代末期,Xilinx 和 Altera 分别推出了与标准门阵列类似的 FPGA 和类似于 PAL 结构的扩展性 CPLD,提高了逻辑运算的速度,具有体系结构和逻辑单元灵活、集成度高以及适用范围宽等特点,兼容了 PLD 和通用门阵列的优点,能够实现超大规模的电路;编程方式也很灵活,成为产品原型设计和中小规模(一般小于 10 000)产品生产的首选。这一阶段,CPLD、FPGA 器件在制造工艺和产品性能都获得了长足的发展,达到了 0.18 μm 工艺和系数门数百万门的规模。

第 4 阶段 20 世纪 90 年代末后,出现了 SOPC 和 SOC 技术,是 PLD 和 ASIC 技术融合的结果,涵盖了实时化数字信号处理技术、高速数据收发器、复杂计算以及嵌入式系统设计技术的全部内容。Xilinx 和 Altera 也推出了相应 SOC FPGA 产品,制造工艺达到 65 nm,系统门数也超过百万门。并且,这一阶段的逻辑器件内嵌了硬核高速乘法器、Gbits 差分串行接口、时钟频率高达 500 MHz 的 PowerPC 微处理器、软核 MicroBlaze、Picoblaze、Nios 以及 Nios II,不仅实现了软件需求和硬件设计的完美结合,还实现了高速与灵活性的完美结合,使其已超越了 ASIC 器件的性能和规模,也超越了传统意义上 FPGA 的概念,使 PLD 的应用范围从单片扩展到系统级。目前,基于 PLD 片上可编程的概念仍在进一步向前发展。

3.1.3 可编程逻辑器件的结构原理

1. 简单 PLD 结构原理

不同厂家的可编程逻辑器件结构差别较大,但简单的 PLD 基本结构由输入缓冲电路、"与"阵列、"或"阵列、输出缓冲电路等 4 部分组成,如图 3-1 所示。

- 输入缓冲电路:用来对输入信号进行预处理,以适应各种输入情况,由缓冲器组成,使输入信号具有足够的驱动能力并产生互补信号。

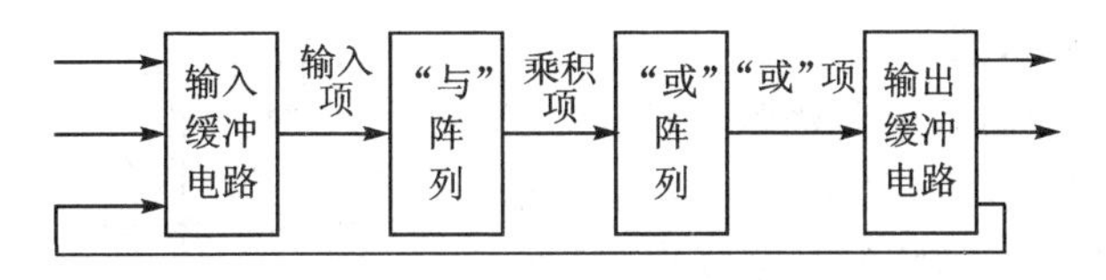

图 3-1　简单的 PLD 基本结构

- "与"阵列和"或"阵列：PLD 器件的主体，能够有效地实现"积之和"形式的组合逻辑函数。
- 输出缓冲电路：主要用来对输出信号进行处理，用户可以根据需要选择各种灵活的输出方式（组合方式、时序方式），并可将反馈信号送回输入端，以实现复杂的逻辑功能。

常见的简单的 PLD 有 PROM、PLA、PAL、GAL 等。

(1) PROM 结构原理

PLD 中阵列交叉点上有 3 种连接方式：硬线连接、接通连接和断开连接。表示方法如图 3-2 所示，其中硬线连接是固定连接方式，是不可编程的；而接通和断开连接是可编程的。

图 3-2　PLD 中阵列交叉点上的 3 种表示方法

PROM 只能用于组合电路的可编程用途上，用 PROM 完成半加器逻辑阵列如图 3-3 所示。因为输入变量的增加会引起存储容量的增加，这种增加是按 2 的幂次增加的，所以多输入变量的组合电路函数不适合用单个 PROM 来编程表达。

PROM 半加器逻辑表达式：

$$F_0 = A_0\bar{A}_1 + \bar{A}_0 A_1$$
$$F_1 = A_1 A_0$$

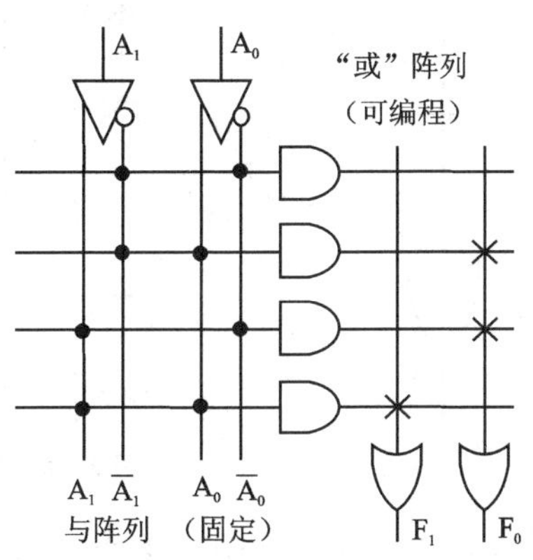

图 3-3　PROM 半加器逻辑阵列

(2) PLA 结构原理

用 PROM 实现组合逻辑函数，当输入变量增多时，PROM 的存储单元利用效率将大大降低。PROM 的“与”阵列是全译码器，产生了全部最小项，而在实际应用时，绝大多数组合逻辑函数并不需要所有的最小项。可编程逻辑阵列 PLA 对 PROM 进行了改进，PLA 是“与”阵列和“或”阵列都可编程，图 3-4 是 PLA 逻辑阵列示意图。

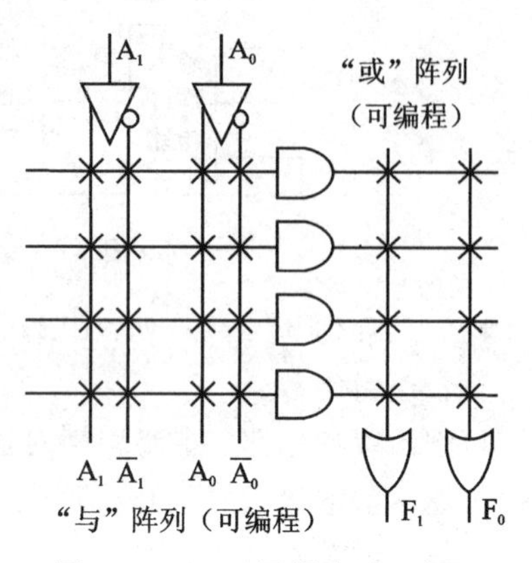

图 3-4 PLA 逻辑阵列示意图

任何组合函数都可以采用 PLA，但在实现时，由于“与”阵列不采用全译码的方式，标准的“或”表达式已不适用，因此需要把逻辑函数化成最简的“与或”表达式，然后用可编程的“与”阵列构成“与”项，用可编程的“或”阵列构成“与”项的“或”运算。在有多个输出时，要尽量利用公共的“与”项，以提高阵列的利用率。

(3) PAL 结构原理

PAL 的利用率很高，但是“与”阵列、“或”阵列都可编程的结构，造成软件算法复杂，运行速度下降。人们在 PLA 后又设计了另外一种可编程器件，即可编程阵列逻辑 PAL。PAL 的结构与 PLA 相似，也包括“与”阵列、“或”阵列，但是“或”阵列是固定的，只有“与”阵列可编程。PAL 的结构如图 3-5 所示，由于 PAL 的“或”阵列是固定的，一般用图 3-6 来表示。

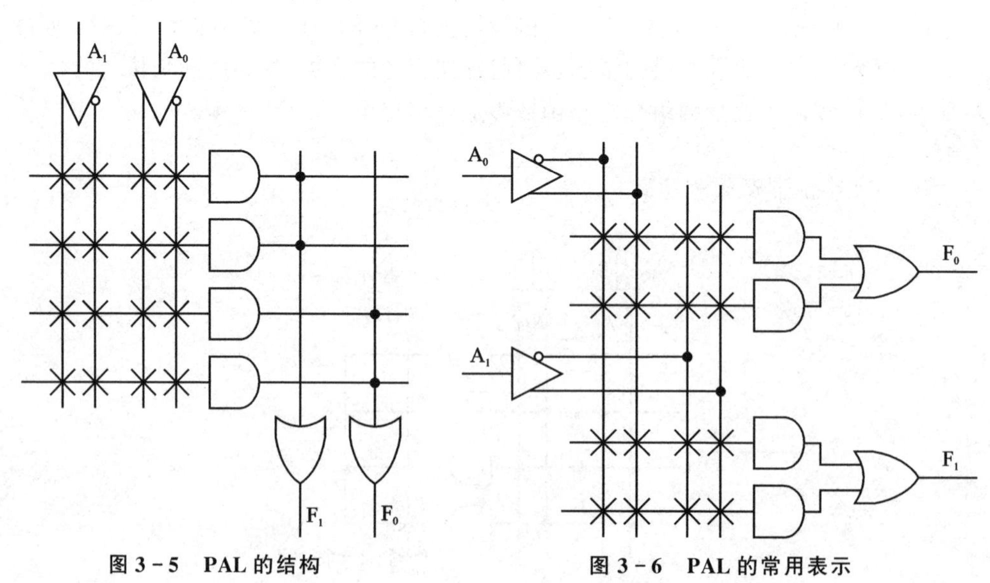

图 3-5 PAL 的结构　　　　**图 3-6 PAL 的常用表示**

为适应不同的应用需要，PAL 的 I/O 结构很多，往往一种结构方式就有一种 PAL 器件，PAL 的应用设计者在设计不同功能的电路时，要采用不同 I/O 结构的

PAL 器件。PAL 种类变得十分丰富,同时也带来了使用、生产的不便。此外,PAL 一般采用熔丝工艺生产,一次可编程,修改不方便。现今,PAL 也已被淘汰。在中小规模可编程应用领域,PAL 已经被 GAL 取代。

(4) GAL 结构原理

GAL 器件是从 PAL 发现过来的,它采用了 EECMOS 工艺,使得该器件的编程非常方便。另外,由于其输出采用了逻辑宏单元结构 OLMC(Output Logic Macro Cell),使得电路的逻辑设计更加灵活。GAL 在"与-或"阵列结构上沿用了 PAL 的"与"阵列可编程、"或"阵列固定的结构,但对 PAL 的 I/O 结构进行了较大的改进,在 GAL 的输出部分增加了输出逻辑宏单元 OLMC,如图 3-7 所示的 GAL16V8。

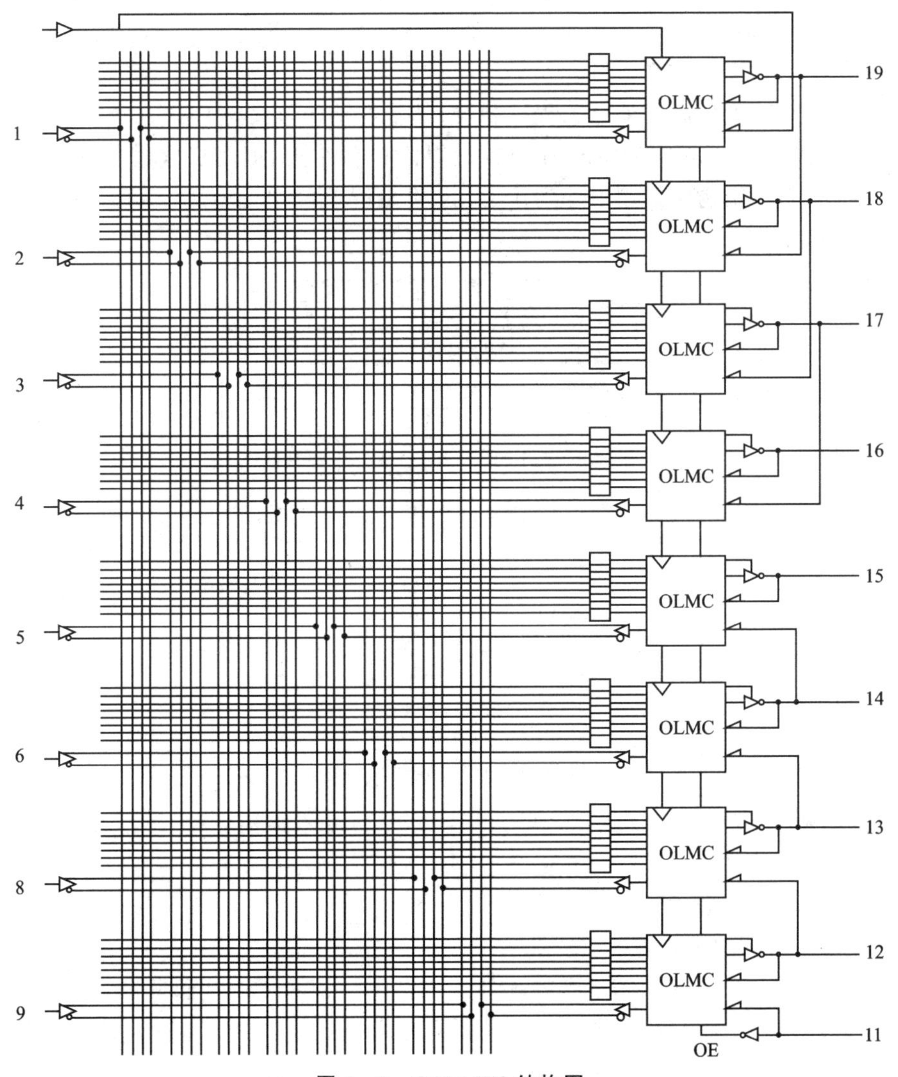

图 3-7 GAL16V8 结构图

GAL 的 OLMC 单元设有多种组态,可配置成专用组合输出、专用输入、组合输出双向口、寄存器输出、寄存器输出双向口等,为逻辑电路设计提供了极大的灵活性。由于具有结构重构和输出端的任何功能均可移到另一输出引脚上的功能,在一定程度上,简化了电路板的布局布线,使系统的可靠性进一步提高。

2. 复杂可编程逻辑器件

可用于设计大规模的数字系统、集成度高、门数超过 1 000 万的器件,称为复杂可编程逻辑器件。器件类型有 CPLD 和 FPGA 两类。通常把基于乘积项技术、Flash 工艺的 PLD 称为 CPLD;把基于查找表技术、SRAM 工艺、外挂配置用的 EEPROM 的 PLD 称为 FPGA。基本结构包括可编程逻辑单元、可编程输入/输出(I/O)单元和可编程连线。

(1) CPLD 基本结构

CPLD 是阵列型高密度可编程控制器,其基本结构形式与 PAL、GAL 相似,都由可编程的"与"阵列、固定的"或"阵列和逻辑宏单元组成,但集成规模都比它们大得多。CPLD 基本结构包括逻辑阵列块 LAB、可编程 I/O 单元 IOB 和可编程连线阵列 PIA,结构如图 3-8 所示。

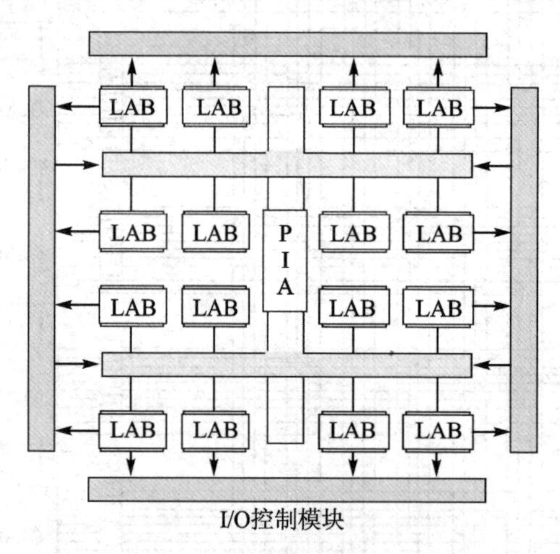

图 3-8 CPLD 的基本结构

以 MAX7000S 为例(见图 3-9)来说明 CPLD 基本结构原理。MAX7000S 基本结构包括逻辑阵列块 LAB、宏单元、扩展乘积项(共享和并联)、可编程连线阵列 PIA 和 I/O 控制块等 5 部分。

① 逻辑阵列块 LAB

一个 LAB 由 10 多个宏单元的阵列组成。每个宏单元由逻辑阵列、乘积项选择矩阵、可编程寄存器组成,如图 3-10 所示。它们可以被单独地配置为时序逻辑或组合逻辑工作方式。如果每个宏单元中的乘积项不够用,还可以利用其结构中的共享和并联扩展乘积项。

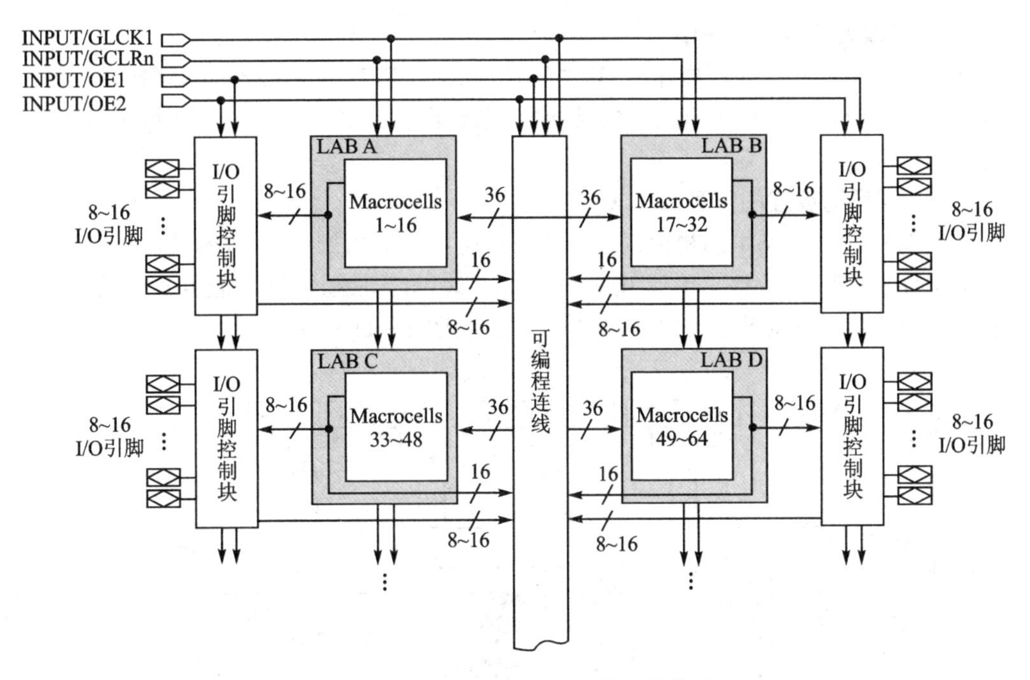

图 3-9　MAX7000S 系列宏单元结构图

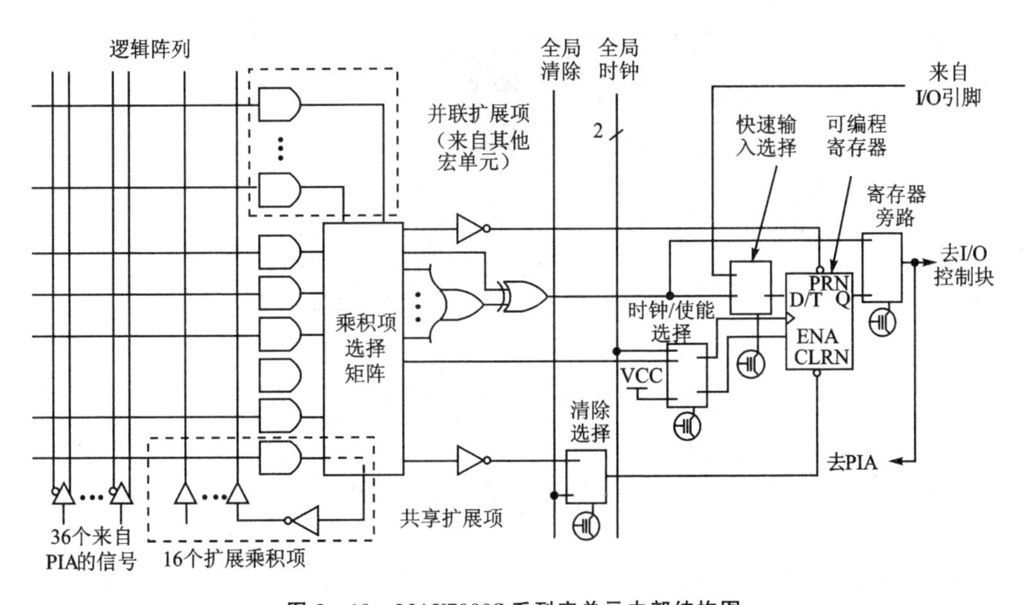

图 3-10　MAX7000S 系列宏单元内部结构图

② 可编程 I/O 单元

I/O 端常作为一个独立单元处理。通过对 I/O 端口编程，可使每个引脚单独地配置为输入/输出和双向工作、寄存器输入等各种不同的工作方式。

③ 可编程连线阵列 PIA

通过可编程连线阵列把各 LAB 之间以及 LAB 和 I/O 单元之间相互连接,可构成所需的逻辑功能。PIA 有很大的灵活性,它允许在不影响引脚分配的情况下改变内部的设计。

(2) 现场可编程门阵列 FPGA

典型的 FPGA 基本结构由以下 6 部分组成:嵌入式块 EAB、基本可编程逻辑阵列 LAB、可编程输入/输出单元 IOE、丰富的布线资源、底层嵌入功能单元、内嵌专用硬核。以 ACEX 1K 系列器件来说明其结构,如图 3-11 所示。

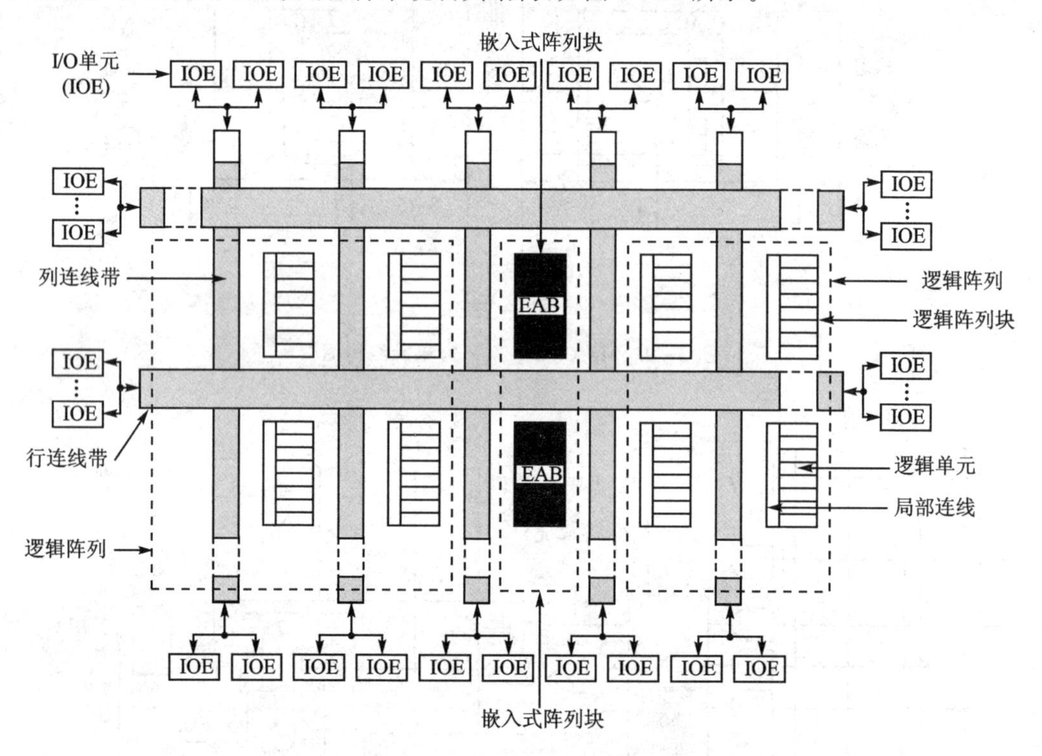

图 3-11 ACEX 1K 器件的结构

① 嵌入式阵列块 EAB

嵌入式阵列块 EAB 是在输入/输出口上的 RAM 块,在实现存储功能时,每个 EAB 提供 2 048 个位,可以单独使用或组合起来使用。EAB 可以非常方便地构造成一些小规模的 RAM、双口 RAM、FIFO RAM 和 ROM,也可以在实现计数器、地址译码器等较复杂的逻辑时,作为 100~600 个等效门来用。

② 逻辑阵列块 LAB

与 MAX 系列 CPLD 相似,逻辑阵列块 LAB 也是 FPGA 内部的主要组成部分,LAB 通过快通道互连 FT 相互连接,典型结构如图 3-12 所示。

LAB 是由若干个逻辑单元 LE(Logic Element)再加上相联的进位链和级联链输

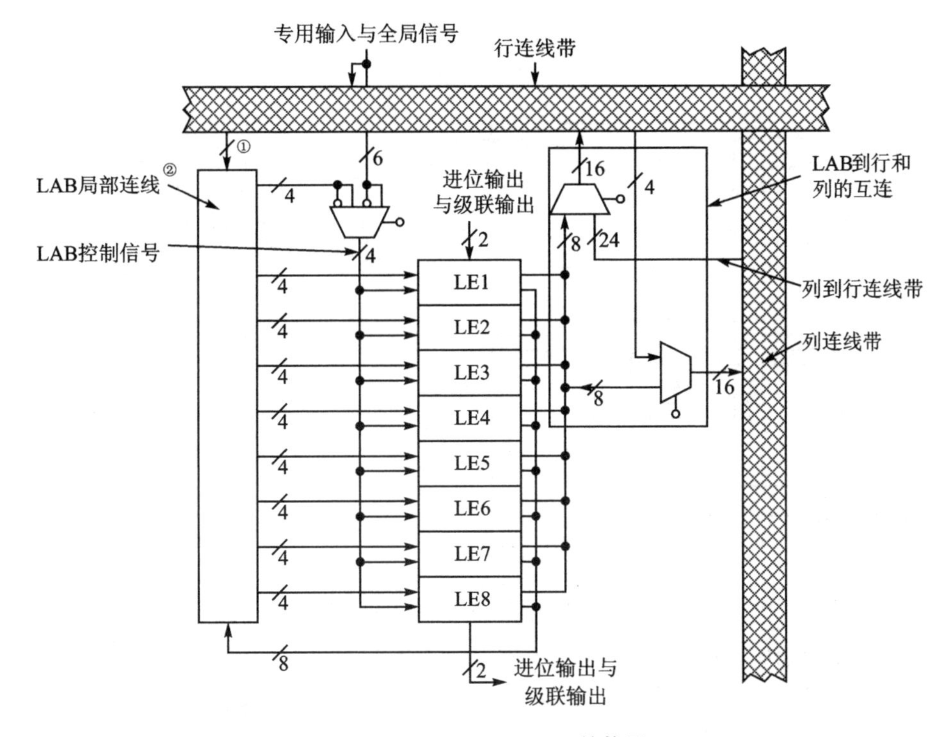

图 3-12 ACEX 1K LAB 结构图

入/输出以及 LAB 控制信号、LAB 局部互连等构成的,如 ACEX 1K 的 LAB 有 8 个 LE,加上相连的进位链和级联链输入/输出以及 LAB 控制信号、LAB 局部互连等构成了 LAB。

逻辑单元 LE 是 FPGA 的基本结构单元,主要由一个 4 输入 LUT、一个进位链(Carry-In)、一个级联链(Cascade-In)和一个带同步使能的触发器组成,可编程实现各种逻辑功能。每个 LE 有 2 个输出,分别驱动局部互连和快通道互连,如图 3-13 所示。

逻辑单元 LE 中的 LUT 用于组合逻辑,实现逻辑函数。逻辑单元 LE 中的可编程触发器用于时序逻辑,可通过编程配置为带可编程时钟的 D、T、JK、SR 触发器或被旁路实现组合逻辑。寄存器的时钟、清零、置位可由全局信号、通用 I/O 引脚或任何内部逻辑驱动。

③ I/O 单元 IOE(或 IOC)

FPGA 的 I/O 引脚由 I/O 单元驱动,I/O 单元位于快通道的行或列的末端,相当于 CPLD 中的 I/O 控制单元,由一个双向三态缓冲器和一个寄存器组成,可编程配置成输入、输出或输入/输出双向口。

④ 快通道互连 FT

快通道互连 FT 用于 LE 和器件 I/O 引脚间的连接。快通道互连与 CPLD 的 PIA 相似,是一系列水平(行互连)和垂直(列互连)走向的连续式布线通道。行互连可以驱动I/O

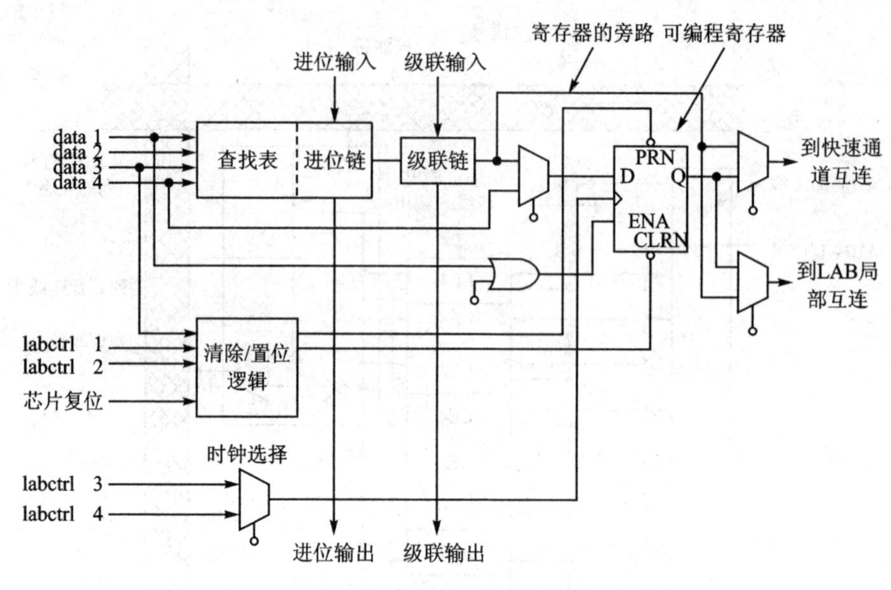

图 3-13　ACEX 1K 器件的 LE

引脚,或馈送到其他 LAB;列互连连接各行,也能驱动 I/O 引脚,如图 3-14 所示。

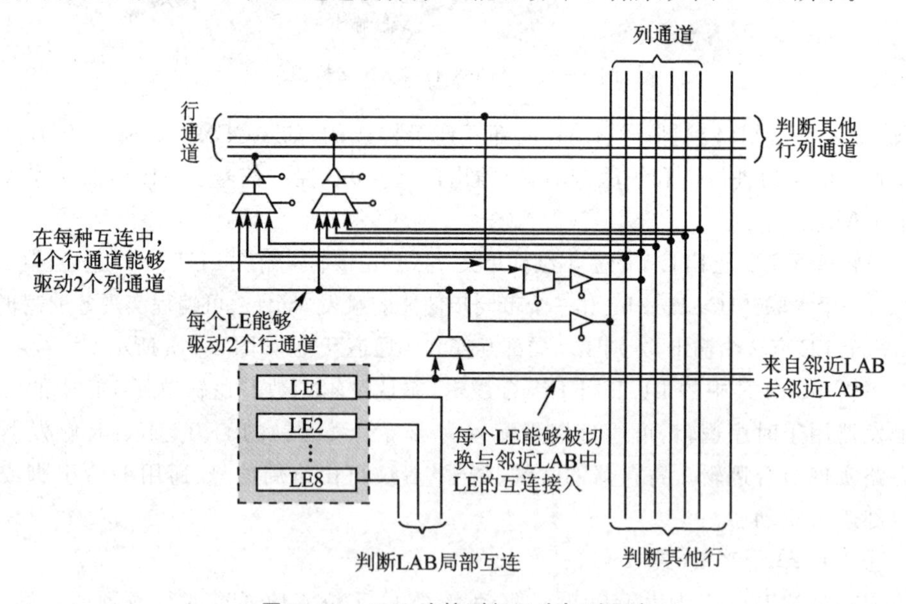

图 3-14　LAB 连接到行互连与列互连

⑤ 底层嵌入功能单元

底层嵌入功能单元一般指的是通用程度较高的嵌入式功能模块,如 PLL、DLL、DSP、CPU 等。PLL/DLL 具有完成高精度、低抖动的倍频、分频、占空比调整和移相等功能。

越来越多的高端 FPGA 集成了 DSP 和 CPU 的软处理核,使 FPGA 在一定程度上具备了软硬件联合系统的能力，FPGA 正逐步成为 SOPC 的高效设计平台。

⑥ 内嵌专用硬核

内嵌专用硬核（Hard Core）通用性较弱，不是所有 FPGA 器件都包含的硬核；设计深度逐渐加深，但灵活性越来越小。目前主要应用于某些高端通信市场的 FPGA，如 Altera 的 Stratix GX 器件内部集成了 3.187 5 Gbit/s 的串并收发单元，而 Lattice 和 Xilinx 已推出了内嵌 10 Gbit/s 的串并收发单元的系统级 FPGA。

3.2 编程与配置

3.2.1 JTAG 方式的在系统编程

在系统可编程（ISP）方式是，当系统上电并正常工作时，计算机就可以通过 CPLD 器件拥有的 ISP 接口直接对其进行编程，器件被编程后立即进入正常工作状态。

JTAG 接口本来是用作边界扫描测试（BST）的，把它用作编程接口则可以省去专用的编程接口，减少系统的引出线。

采用 JATG 模式对 CPLD 编程下载的连线如图 3－15 所示。这种连线方式既可以对 CPLD 进行测试，也可以进行编程下载。

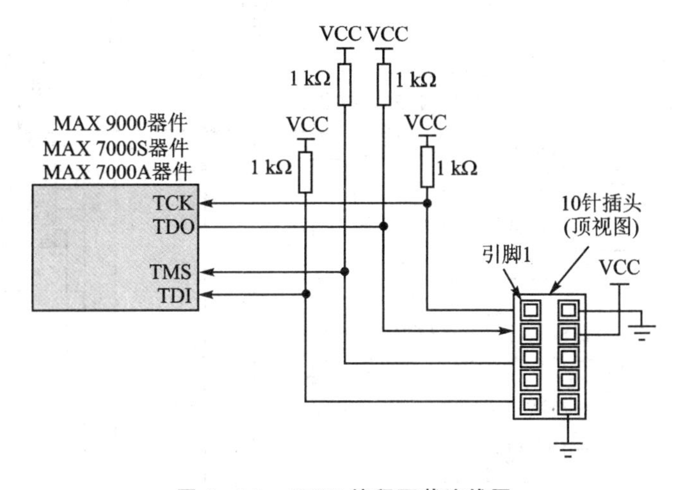

图 3－15 CPLD 编程下载连线图

由于 ISP 器件具有串行编程方式，即菊花链结构，其特点是各片共用一套 ISP 编程接口，每片的 SDI 输入端与前一片的 SDO 输出端相连，最前面一片的 SDI 端和最后一片的 SDO 端与 ISP 编程口相连，构成一个类似于移位寄存器的链形结构。因此，采用 JTAG 模式可以对多个 CPLD 器件进行 ISP 在系统编程，多 CPLD 芯片 ISP 编程下载的连线如图 3－16 所示。

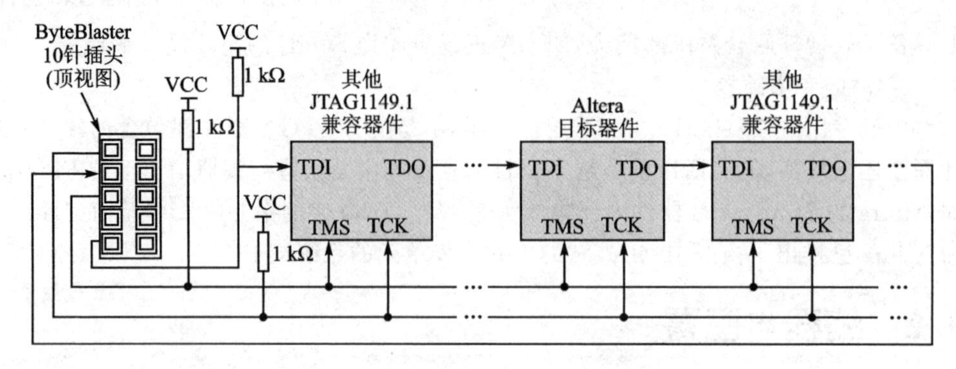

图 3－16　多 CPLD 编程下载连线图

3.2.2　使用 PC 并口配置 FPGA

基于 SRAM LUT 结构的 FPGA 不属于 ISP 器件，它是以在线可重配置方式 ICR(In Circuit Reconfigurability)改变芯片内部的结构来进行硬件验证的。利用 FPGA 进行电路设计时，可以通过下载电缆与 PC 机的并口连接，将设计文件编程下载到 FPGA 中。

使用 PC 机的并口通过 ByteBlaster 下载电缆对多个 FPGA 器件进行配置的电路连接如图 3－17 所示。

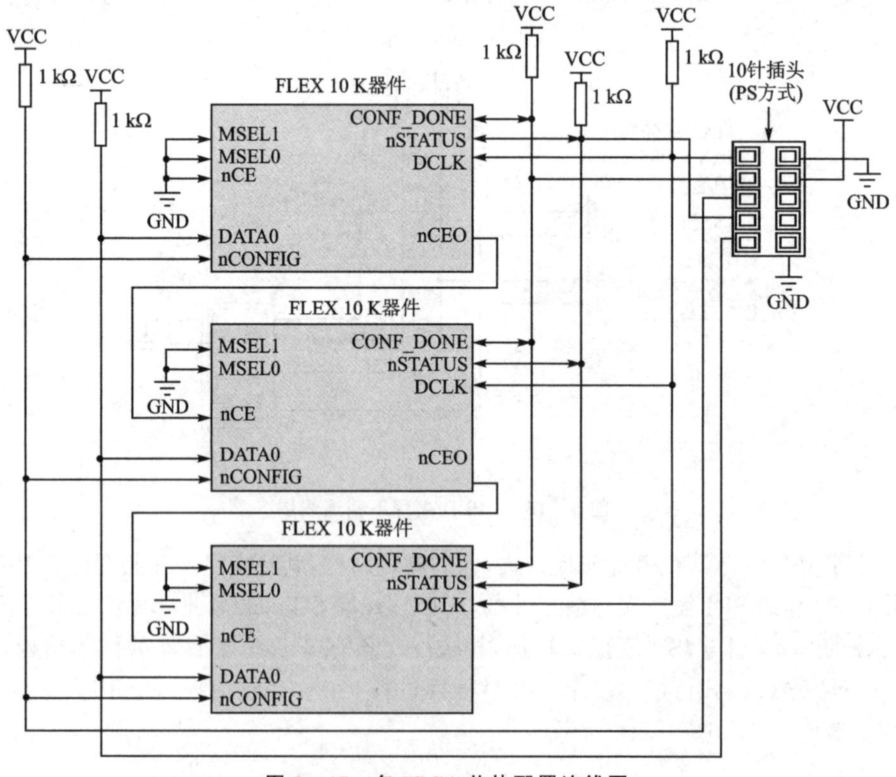

图 3－17　多 FPGA 芯片配置连线图

习　　题

3.1 试比较 CPLD/FPGA 的区别。

3.2 通过查资料了解 ALTERA、Xilinx 公司的主要 CPLD/FPGA 芯片系列，试就 2 种系列作出比较。

3.3 FPGA 的编程配置有哪些模式？试了解各种下载配置模式的连接图和意义。

3.4 什么是基于乘积项的可编程逻辑结构？

3.5 什么是基于查找表的可编程逻辑结构？

3.6 解释编程与配置这两个概念。

3.7 FPGA 系列器件中的 EAB 有何作用？

第4章

VHDL 语言

本章阐述了 VHDL 程序的基本结构,语言要素,各种顺序语句、并行语句,子程序,库和程序包以及描述风格,并以最基础、最常用的数字逻辑电路作为 VHDL 工程设计的基础。

4.1 VHDL 简介

4.1.1 VHDL 发展概况

VHDL 的英文全称是 Very-High-Speed Integrated Circuit Hardware Description Language,简称为 VHDL 硬件描述语言。它诞生于 1982 年,由于本身的特点和长处,使得它是众多硬件描述语言中最适合用 CPLD 和 FPGA 等器件实现数字电子系统设计的硬件描述语言,因此在 1987 年底,VHDL 被 IEEE(The Institute of Electrical and Electronics Engineers)和美国国防部确认为标准硬件描述语言。自 IEEE 公布了 VHDL 的标准版本(IEEE - 1076)之后,各 EDA 公司相继推出了自己的 VHDL 设计环境,或宣布自己的设计工具可以和 VHDL 接口。此后 VHDL 在电子设计领域得到了广泛的认可,并逐步取代了原有的非标准硬件描述语言。1993 年,IEEE 对 VHDL 进行了修订,从更高的抽象层次和系统描述能力上扩展 VHDL 的内容,公布了新版本的 VHDL,即 IEEE 标准的 1076—1993 版本。现在,VHDL 作为 IEEE 的工业标准硬件描述语言,又得到众多 EDA 公司的支持,在电子工程领域,已成为事实上的通用硬件描述语言。

4.1.2 VHDL 的特点

硬件描述语言 VHDL 作为电子设计的主流硬件描述语言,主要用于描述数字系统的结构、行为、功能和接口。除了含有许多具有硬件特征的语句外,它的句法、表达方式和描述风格类似于一般的计算机高级语言。VHDL 编写的工程设计项目或设计实体(可以是一个元件、一个电路模块或一个系统)分成外部和内部两个基本部分,其中外部为可视部分,即系统的端口,而内部则是不可视部分,即设计实体的内部功能和算法完成部分。当一个设计实体定义了外部界面后,一旦其内部开发完成,其他的设计就可以直接调用这个实体。这种将设计实体分成内外部分的设计理念是VHDL系统设计最显著的特征。应用VHDL进行工程设计的优点是多方面的,具体如下:

① 设计技术齐全、方法灵活、支持广泛。VHDL语言可以支持自上至下和基于库的设计法,而且还支持同步电路、异步电路及其他随机电路的设计。目前大多数EDA工具都支持VHDL语言。

② VHDL具有更强的系统硬件描述能力,VHDL具有多层次描述系统硬件功能的能力,其描述对象可从系统的数学模型直到门级电路。

③ VHDL语言可以与工艺无关编程。VHDL对设计的描述具有相对独立性,设计者可以不懂硬件的结构,不管最终设计实现的目标器件是什么,而进行独立的设计。正因为VHDL的硬件描述与具体的工艺技术和硬件结构无关,所以VHDL设计程序的硬件实现目标器件具有广阔的选择范围,其中包括各系列的CPLD、FPGA器件。

④ 易于共享和复用。VHDL作为HDL的第一个国际标准,得到了众多EDA公司的支持,使之具有很强的移植性。

4.2 VHDL程序基本结构

一个相对完整的VHDL程序(或称为设计实体)具有比较固定的结构。通常由库(LIBRARY)、程序包(PACKAGE)、实体(ENTITY)、结构体(ARCHITECTURE)和配置(CONFIGURATION)5个部分组成,如图4-1所示。库、程序包使用说明用于打开本设计实体将要用到的库、程序包;实体说明用于描述该设计实体与外界的接口信号说明,是可视部分;结构体说明用于描述该设计实体内部工作的逻辑关系,是不可视部分。根据需要,实体还可以有配置说明语句。配置说明语句主要用于以层次化的方式对特定的设计实体进行元件例化,或者为实体选定某个特定的结构体。其中,实体和结构体是VHDL程序不可缺少的最基本的两个组成部分,它们可以构成最简单的VHDL文件。而一个可综合的VHDL程序还需要有IEEE标准库说明,这三者共同构成可综合VHDL程序的基本组成部分。

4.2.1 库和程序包

在利用VHDL进行工程设计中,为了提高设计效率以及遵循某些统一的语言标准或数据格式,将一些有用的信息(可以是预先定义好的数据类型、子程序等)收集在一起,形成程序包,供设计实体共享和调用。若干个程序包形成库。库是一种用来存储预先完成的程序包和数据集合体的仓库。如果要在一项VHDL设计中使用某一个程序包,就必须在这项设计中预先调用包含这个程序包的库,为此必须在设计实体前使用库语句。

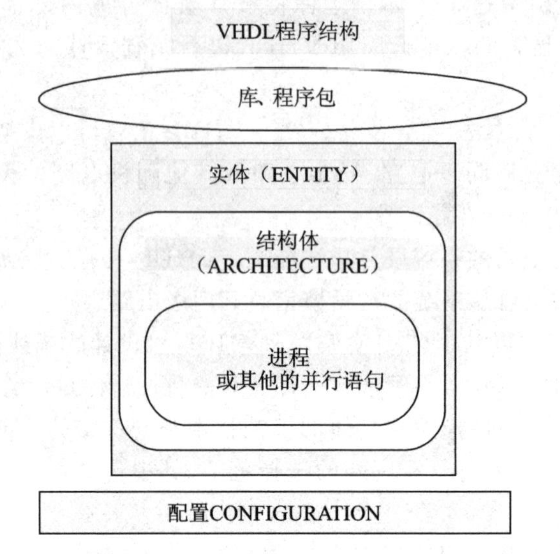

图 4-1　VHDL 程序结构图

库(LIBRARY)的语句格式如下：

LIBRARY　库名；

这一语句即相当于为其后的设计实体打开了以此“库名”命名的库，以便设计实体利用其中的程序包，如语句“LIBRARY IEEE;”表示打开 IEEE 库。

1. 库的种类

VHDL 程序设计中常用的库有 4 种。

(1) IEEE 库

IEEE 库是 VHDL 设计中最常见的库，它包含 IEEE 标准和其他一些支持工业标准的程序包。其中 STD_LOGIC_1164 是最重要、最常用的程序包。IEEE 库中含有的程序包及内容说明如下：

① STD_LOGIC_1164 程序包：定义了 STD_LOGIC、STD_LOGIC_VECTOR 等常用的数据类型和函数。

② STD_LOGIC_ARITH 程序包：定义了有符号和无符号数据类型及基于这些类型的算术运算。

③ STD_LOGIC_UNSIGNED 程序包：定义了基于 STD_LOGIC 和 STD_LOGIC_VECTOR 类型的无符号算术运算。

④ STD_LOGIC_SIGNED 程序包：定义了基于 STD_LOGIC 和 STD_LOGIC_VECTOR 类型的有符号算术运算。

⑤ NUMERIC_STD 程序包：定义了一组基于 STD_LOGIC_1164 中定义的类型的算术运算。

⑥ NUMERIC_BIT程序包：含有用于综合的数值类型和算术函数。

⑦ MATH_REAL程序包：数学实数包。

⑧ MATH_COMPLEX程序包：数学复数包。

⑨ VITAL_TIMING程序包：时序程序包，用于提高VHDL门级模拟的精度。

⑩ VITAL_PRIMITIVES程序包：基本元件程序包，用于提高VHDL门级模拟的精度。

(2) STD库

STD库定义了VHDL的多种常用数据类型，如BIT、BIT_VECTOR。STD库为所有的设计单元所共享、隐含定义、默认和“可见”。STD库中有STANDARD和TEXTIO两个程序包，它们是文件输入/输出包，在VHDL的编译和综合过程中，系统都能自动调用这两个程序包的任何内容。用户在进行电路设计时，可以不必如IEEE库那样打开该库及其程序包。在VHDL程序设计中，以下的库语句是不必要的：

```
LIBRARY STD;
USE STD.STANDARD.ALL;
```

(3) WORK库

WORK库是用户设计的现行工作库，用于存放用户自己设计的工程项目。用户的成品、半成品、半成品模块、元件都放在WORK库中；也就是说，用户在项目设计中已设计成功，或正在验证，或未仿真的中间部件等都堆放在WORK工作库中。

(4) VITAL库

使用VITAL库，可以提高VHDL门级时序模拟的精度，只在VHDL仿真器中使用。库中包含时序程序包VITAL_TIMING和VITAL_PRIMITIVES。VITAL程序包已经成为IEEE标准，在当前的VHDL仿真器库中，VITAL库中的程序包都已经并到IEEE库中。实际上，由于各FPGA/CPLD生产厂商的适配工具都能为各自的芯片生成带时序信息的VHDL门级网表，用VHDL仿真器仿真该网表就可以得到精确的时序仿真结果，因此FPGA/CPLD设计开发中，一般不需要VITAL库中的程序包。

此外，用户还可以自己定义一些库，将自己的设计内容或交流获得的程序包设计实体并入这些库中。

2. 库的用法

在VHDL语言中，库的说明语句总是放在实体单元前面，库语言一般必须与USE语言同用。库语言关键词LIBRARY指明所使用的库名，USE语句指明库中的程序包。一旦说明了库和程序包，整个设计实体都可以进入访问或调用，但其作用范围仅限于所说明的设计实体。VHDL要求每项含有多个设计实体的大系统，每一个设计实体都必须有自己完整的库的说明语句和USE语句。

USE 语句的使用将使所说明的程序包对本设计实体全部开放,即是可视的。USE 语句的使用有两种常用格式:

USE 库名..程序包名.项目名;
USE 库名.程序包名.ALL;

第一语句格式的作用是,向本设计实体开放指定库中的特定程序包内所选定的项目;第二语句格式的作用是,向本设计实体开放指定库中的特定程序包内所有的内容。

【例 4.1】

```
LIBRARY IEEE;                        -- 打开 IEEE 库
USE IEEE.STD_LOGIC_1164.ALL;         -- 打开 IEEE 库中的 STD_LOGIC_1164 程序包的所有内容
USE IEEE.STD_LOGIC_UNSIGNED.ALL;     -- 打开 IEEE 库中 STD_LOGIC_UNSIGNED 的所有内容
```

3. 程序包

为了使已定义的常数、数据类型、元件调用说明以及子程序能被更多的 VHDL 设计实体方便地访问和共享,可将它们收集在一个 VHDL 程序包中。多个程序包并入一个 VHDL 库中,使之适用于更一般的访问和调用范围。

程序包的内容主要由如下 4 种基本结构组成。一个程序包中至少应包含以下结构中的一种:

① 常数声明:主要用于预定义系统的宽度,如数据总线通道的宽度。

② 数据类型声明:主要用于说明在整个设计中通用的数据类型,如通用的地址总线数据类型定义等。

③ 元件声明:主要规定在 VHDL 设计中参与元件例化的文件对外的接口界面。

④ 子程序声明:用于说明在设计中任一处可调用的子程序。

定义程序包的一般语句结构如下:

```
PACKAGE   程序包名   IS                          --程序包首开始
  --TYPE Declaration (类型声明)
  --SUBTYPE Declaration (子类型声明)
  --CONSTANT Declaration (常量声明)
  --COMPONENT Declaration (元件声明)
  --SUBPROGRAM Declaration (子程序声明)
END <程序包名>;                                  --程序包首结束
```

【例 4.2】

```
PACKAGE pacl IS                                       -- 程序包首开始
TYPE byte IS RANGE 0 TO 255;
SUBTYPE nibble IS byte RANGE 0 TO 15;                 -- 定义数据类型 byte
CONSTANT byte_ff:byte: = 255;                         -- 定义子类型 nibble
SIGNAL addend:nibble;                                 -- 定义常数 byte_ff
COMPONENT byte_adder                                  -- 定义常数元件
PORT(a,b:IN byte;
        c:OUT byte;
Overflow:OUT BOOLEAN);
END COMPONENT;
FUNCTION my_function(a:IN byte) Return byte;          -- 定义函数
END pacl;                                             -- 程序包首结束
```

这显然是一个程序包首,其程序包名是 pacl,在其中定义了一个新的数据类型 byte 和一个子类型 nibble,接着定义了一个数据类型为 byte 的常数 byte_ff 和一个数据类型为 nibble 的信号 addend,还定义了一个元件和函数。由于元件和函数必须有具体的内容,所以将这些内容安排在程序包体中。如果要使用这个程序包中的所有定义,可利用 USE 语句按如下方式去调用这个程序包。

```
LIBRARY IEEE;
USE WORK. pacl.ALL;
ENTITY…
ARCHITECTURE…
 ⋮
```

由于 WORK 库是默认打开的,因此可省去 LIBRARY WORK 语句,只要加入相应的 USE 语句即可。

4.2.2 实 体

实体类似于原理图中的模块符号,作为一个设计实体的组成部分,其功能是对这个设计实体与外部电路进行接口描述。实体是设计实体的表层设计单元,实体说明部分规定了设计单元的输入/输出接口信号或引脚,它是设计实体对外的一个通信界面。

实体说明主要用来定义与外部的连接关系,以及需传给实体的参数,其一般格式如下:

```
ENTTTY   实体名   IS
  [GENERIC(类属表);]
  [PORT(端口表);]
```

END [ENTTTY] <实体名>;

实体说明单元必须以语句“ENTITY 实体名 IS”开始,以语句“END ENTTTY 实体名;”结束,其中的实体名是设计者对设计实体的命名,可作为其他设计实体对该设计实体进行调用时使用。在方括号[ ]内的部分为可缺省内容。以下类同。

类属(GENERIC)参量是一种端口界面常数,常放在实体或块结构体前的说明部分。类属为所说明的环境提供了一种静态信息通道,类属的值可以由设计实体外部提供。因此,设计者可以从外面通过类属参量的重新设定而轻易地改变一个设计实体或一个元件的内部电路结构和规模。

类属说明的一般书写格式如下:

```
GENERIC(常数名:数据类型[:=设定值];
            ⋮
        常数名:数据类型[:设定值]);
```

类属参量以关键词 GENERIC 引导一个类属参量表,在表中提供时间参数或总线宽度等静态信息。类属表说明用于确定设计实体及其外部环境通信的参数,传递静态的信息。类属说明在所定义的环境中的地位十分接近于常数,但却能从环境外部动态地接受赋值,类似于端口 PORT。常将类属说明放在其中,且在端口说明语句前面。

【例 4.3】

```
ENTITY MMD IS
GENERIC(WIDTHA:INTEGER:= 32);
        PORT(ADD_BUS:OUT STD_LOGIC_VECTOR((WIDTHA - 1) DOWNTO 0));
        ⋮
```

在这里,GENERIC 语句对实体 MMD 的作为地址总线的端口 ADD_BUS 的数据类型和宽度做了定义,即定义 ADD_BUS 为一个 32 位的位矢量,这句相当于

```
PORT(ADD_BUS:OUT STD_LOGIC_VECTOR((31 DOWNTO 0));
```

若该实体内部大量使用了 WIDTHA 这个参数表示地址宽度,则当设计都需要改变地址宽度时,只需一次性在语句 GENERIC 中改变类属参量 WIDTHA 的设定值,则结构体中所有相关的地址宽度随之改变,由此可方便地改变整个设计实体的硬件规模和结构。

PORT 说明语句是对一个设计实体界面的说明,也是对设计实体与外部电路的接口通道的说明,其中包括对每一接口的输入/输出模式和数据类型的定义。其格式如下:

```
PORT(端口名[,端口名]:端口模式数据类型;
        ⋮
```

端口名[,端口名]:端口模式数据类型);

其中,端口名是设计者为实体的每一个对外通道所取的名字;端口模式是指这些通道上的数据流动方式,共有4种模式:IN(输入),OUT(输出),BUFFER(输出端口,但同时还允许用做内部输入或反馈),INOUT(双向端口,信号既可流入,又可流出)。它们的引脚符号如图4-2所示,数据类型指端口上流动的数据的表达格式。

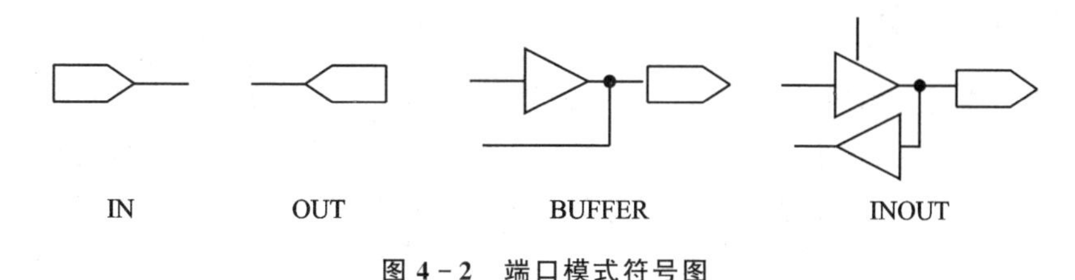

图4-2 端口模式符号图

4.2.3 结构体

结构体是一个设计实体的组成部分,是对实体功能的具体描述,必须跟在实体后面,用于描述设计实体的内部结构以及实体端口间的逻辑关系。结构体将具体实现一个实体。每个实体可以有多个结构体,每个结构体对应着实体不同结构和算法的实现方案,其间的各个结构体的地位是同等的。它在电路上相当于器件内部电路结构。它由信号声明部分和功能描述语句部分组成。信号声明部分用于结构内部使用的信号名称及信号类型的声明;功能描述部分用来描述实体的逻辑行为。

结构体的语句格式如下:

ARCHITECTURE 结构体名 OF 实体名 IS
  [说明语句;]
BEGIN
  功能描述语句;
END [ARCHITECTURE] 结构体名;

其中,实体名必须是所在设计实体的名称,而结构体名可以由设计者自己选择,但当一个实体具有多个结构体时,结构体的命名不可重复。结构体的说明语句部分必须放在关键词 ARCHITECTURE 和 BEGIN 之间,结构体必须以"END [ARCHITECTURE]结构体名;"作为结束语句。

一般地,一个完整的结构体由两个基本层次组成,即说明语句和功能描述语句两部分。

【例4.4】

```
ARCHITECTURE nor OF fa IS
    SIGNAL y: STD_LOGIC;
BEGIN
```

```
    y< = a OR b;
    z< = NOT y;
END nor;
```

例 4.4 描述的是两输入端“或非”门的结构体。a、b 是“或非”门的输入端口，z 是输出端口，y 是结构体内部信号。

4.2.4 配 置

配置主要是为顶层设计实体指定结构体，或为参与例化的元件实体指定所希望的结构体，以层次方式来对元件例化作结构配置。如前面所述，每个实体可以拥有多个不同的结构体，而每个结构体的地位是相同的，在这种情况下，可以利用配置说明为这个实体指定一个结构体。例如，在做 RS 触发器的实体中使用了两个构造体，目的是研究各个构造体描述的 RS 触发器的行为性能如何，但是究竟在仿真中使用哪一个构造体的问题就是配置问题。

配置语句格式如下：

```
CONFIGURATION  配置名  OF  实体名 IS
[配置说明语句]
END  配置名;
```

配置说明语句有多种形式，选配不包含 BLOCK 和 COMPONENT 语句的结构体时，可采用如下最简单形式：

```
FOR  被选构造体名
  END FOR;
```

【例 4.5】

```
ENTITY rs IS
PORT(set,reset:IN BIT;
  q,qb: BUFFER BIT);
END rs;
ARCHITECTURE rsff1 OF rs IS
  COMPONENT nand2
    PORT(a,b: IN BIT;
         c:  OUT BIT);
  END COMPONENT;
BEGIN
U1:nand2 PORT MAP(a = >set, b = >qb, c = >q)
U2:nand2 PORT MAP(a = >reset, b = >q, c = >qb)
END rsff1;
ARCHITECTURE rsff2 OF rs IS
```

```
BEGIN
    q< = NOT(qb AND set);
    qb< = NOT(q AND reset);
  END rsff2
CONFIGRATION rscon OF rs IS        -- 选择构造体 rsff1
FOR rsff1
END FOR;
END rscon;
```

例 4.5 是一个配置的简单应用,在一个描述“与非”门 rs 的设计实体中,有两个不同的描述方式的结构体 rsff1 和 rsff2,两个构造体,用配置语句指定了 rsff1 为 rs 设计实体中的结构体。

4.2.5 VHDL 设计实例

在对 VHDL 的设计实体结构有了一定的了解后,通过以下几个基本逻辑器件的 VHDL 描述示例,使读者对 VHDL 程序设计有初步的理解。

【例 4.6】 “与非”门的描述。

图 4-3 是根据 VHDL 端口规则画出的二输入“与非”门的逻辑符号,其中 a1、b1 是输入信号,z1 是输出信号,输出与输入的逻辑关系表达式为

$$z1 = \overline{a1b1} \tag{4-1}$$

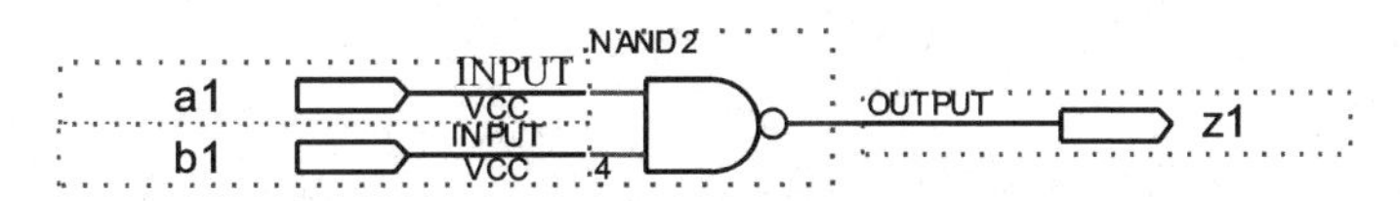

图 4-3 “与非”门逻辑符号

在 VHDL 语法中,“与非”运算符号是“NAND”,赋值等号是“<=”,因此在 VHDL 程序中,式(4-1)应写为

$$z1 <= a1\ \text{NAND}\ b1 \tag{4-2}$$

下面是按照 VHDL 语法规则写出来的“与非”门程序,它是一个完整、独立的语言模板,相当于电路中的一个“与非”器件或者电路原理图上的一个“与非”元件符号。它能够被 VHDL 综合器接受,形成一个独立存在和独立运行的元件,也可以被高层次的系统调用,成为系统中的一部分。

```
LIBRARY IEEE;
USE IEEE.STD_LOGIC_1164.ALL;              -- IEEE 库使用说明
ENTITY nandf  IS
PORT( a1,b1:  IN STD_LOGIC;               -- 实体端口说明
        z1:  OUT STD_LOGIC);
END nandf;
ARCHITECTURE exa1 OF nandf IS
```

```
BEGIN
z1<= a1 NAND b1; -- 结构体功能描述语句
END exa1;
```

程序的语句行后可以用“--”符号将语句的注释部分内容分隔开来，这是语法规则允许的。

【例 4.7】 半加器的描述。

图 4-4 是半加器的逻辑图，其中 a、b 是输入信号，so、co 是输出信号。用 VHDL 语法规则推导输出与输入信号之间的逻辑表达式如下：

$$so <= a\ XOR\ b;\quad co <= a\ AND\ b \tag{4-3}$$

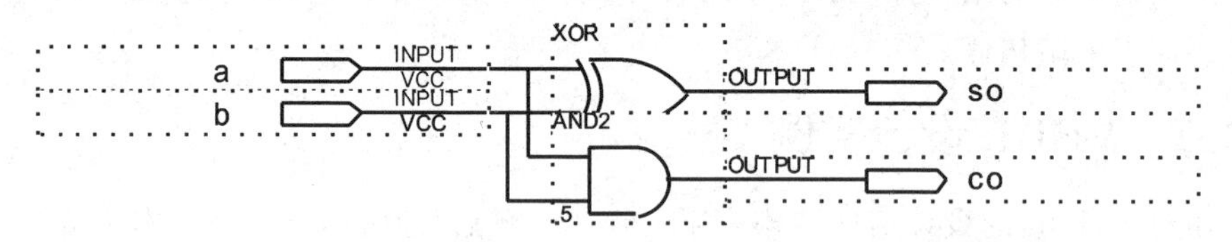

图 4-4 半加器的逻辑图

```
LIBRARY IEEE;
USE IEEE.STD_LOGIC_1164.ALL;
ENTITY h_adder IS
PORT( a,b:  IN STD_LOGIC;
      so,co:  OUT STD_LOGIC);
END h_adder;
ARCHITECTURE exa1 OF h_adder IS
BEGIN
so<= a XOR b;
co<= a AND b;
END exa1;
```

【例 4.8】 2 选 1 数据选择器的描述。

2 选 1 数据选择器的逻辑符号如图 4-5 所示，其中 a、b 是数据输入信号，s 是控制输入信号，y 是输出信号。2 选 1 数据选择器的功能由表 4-1 给出。表中反映出数据选择器的功能是：若 s=0，则 y=a；若 s=1，则 y=b。用 VHDL 描述 y 与 s 和 a、b 之间的功能关系语句为：

```
y<= a WHEN s = 0 ELSE
  b;
```

这是 VHDL 另一个描述风格，称为行为描述。行为描述只描述所设计电路的功能或者电路行为，而没有直接指有或涉及实现这些行为的硬件结构。完整的 2 选 1 数据选择器的 VHDL 描述如下：

表 4-1 2 选 1 数据选择器功能表

s	y
0	a
1	b

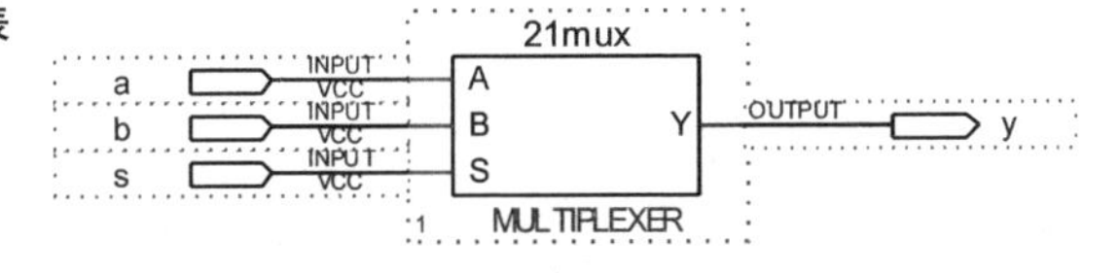

图 4-5 2 选 1 数据选择器逻辑符号

```
LIBRARY IEEE;
USE IEEE.STD_LOGIC_1164.ALL;
ENTITY mux2_1 IS
PORT(a,b,s:IN STD_LOGIC;
     y:OUT STD_LOGIC);
END mux2_1;
ARCHITECTURE exa OF mux2_1 IS
BEGIN
y<= a WHEN s = '0'ELSE
   b;
END exa;
```

4.3 VHDL 语言要素

VHDL 语言要素是编程语句的基本单元，反映了 VHDL 重要的语言特征。准确无误地理解和掌握 VHDL 语言要素的基本含义和用法，对正确地完成 VHDL 程序设计十分重要。

4.3.1 VHDL 文字规则

任何一种程序设计语言都规定了自己的符号和语法规则，在编程时需要认真遵循。

1. 数值型文字

数值型文字的值有多种表达方式，现列举如下：

(1) 整数文字

整数文字都是十进制的数，如 4、578、0、156E2(=15 600)、45_234_287(=45 234 287)。数字间的下划线仅仅是为了提高文字的可读性，相当于一个空的间隔符。

(2) 实数文字

实数文字也都是一种十进制的数，但必须带有小数点，如 18.993、1.0、0.0、88_670_551_909(=88 670 551.453 909)。

(3) 以数制基数表示的文字

以数制基数表示的文字的格式为：

数制#数值#

例如:

```
10#170#                -- (十进制数表示,等于 170);
2#1111-1110#           -- (二进制数表示,等于 254);
```

(4) 物理量文字

物理量文字用来表示时间、长度等物理量,如 50 s(50 秒)、200 m(200 米)、177 A(177 安培)。

2. 字符及字符串型文字

字符是用单引号括起来的 ASCII 字符,可以是数值,也可以是符号或字母,如'R'、'A'、'*'、'Z'。而字符串则是一维的字符数组,须放在双引号中。VHDL 中有两种类型的字符串:文字字符串和数位字符串。

(1) 文字字符串

它是用双引号括起来的一串文字,如"BB$CC""ERROR""BOTH S AND Q EQUAL TO L""X"。

(2) 数位字符串

数位字符串也称位矢量,是预定义的数据类型 BIT 的一位数组,它们所代表的是二进制、八进制或十六进制的数组,其位矢量的长度即为等值的二进制数的位数。数位字符串的表示首先要有计算基数,然后将该基数表示的值放在双引号中,基数符号以"B"、"O"、和"X"表示,并放在字符串的前面。它们的含义分别是:

- B:二进制基数符号,表示二进制数位 0 或 1,在字符串中每一个位表示一个 BIT。
- O:八进制基数符号,在字符串中的第一个数代表一个八进制数,即代表一个 3 位(bit)的二进制数。
- X:十六进制基数符号(0~1),代表一个十六进制数,即代表一个 4 位的二进制数。

例如:B"1_1101_1110"——二进制数数组,位矢数组长度是 9;X"AD0"——十六进制数数组,位矢数组长度是 12。

3. 标识符

标识符用来定义常数、变量、信号、端口、子程序或参数的名称。VHDL 的基本标识符是以英文字母开头,不连续使用下划线"_",不以下划线"_"结尾的,由 26 个大小写英文字母、数字 0~9 以及下划线"_"组成的字符串。VHDL'93 标准还支持扩展标识符,但是目前仍有许多 VHDL 工具不支持扩展标识符。标识符中的英语字母不分大小写。VHDL 的保留字不能用于作为标识符使用。例如:DECODER_1、FFT、Sig_N、NOT_ACK、State0、Idle 是合法的标识符;而_DECOER_1、2FFT、SIG_

#N、NOT—ACK、RYY_RST_、data_ _ BUS、RETURN则是非法的标识符。

4. 下标名及下标段名

下标段名用于指示数组型变量或信号的某一段元素，而下标名则用于指示数组型变量或信号的某一元素，其语句格式如下：

数组类型符号名或变量名(表达式1 TO/DOWNTO 表达式2)；

表达式的数值必须在数组元素下标号范围以内，并且是可计算的。TO表示是数组下标序列由低到高，如“3 TO 8”；DOWNTO表示数组下标序列由高到低，如“9 DOWNTO 2”。

如果表达式是一个可计算的值，则此操作可很容易地进行综合；如果是不可计算的，则只能在特定情况下综合，且耗费资源较大。

下面是下标名及下标段名使用示例：

```
SIGNAL   A,B,C:  BIT_VECTOR(0 TO 5);
SIGNAL   M:INTEGER  RANGE 0 TO 5;
SIGNAL   Y,Z:BIT;
Y( = A(M):                               -- M是不可计算型下标表示
Z( = B(3):                               -- 3是可计算型下标表示
C(0 TO 3)( = A(4 TO 7):                  -- 以段的方式进行赋值
```

4.3.2 VHDL数据对象

在VHDL语言中，把可以赋值的客体统称为数据对象(Data Objects)。数据对象类似于一种容器，它接受不同数据类型的赋值。数据对象有三种，即常量(CONSTANT)、变量(VARIABLE)和信号(SIGNAL)。前两种可以从传统的计算机高级语言中找到对应的数据类型，其语言行为与高级语言中的变量和常量十分相似。但信号是具有更多的硬件特征的特殊数据对象，是VHDL中最有特色的语言要素之一。

1. 常 量

在程序中，常量是一个恒定不变的值，一旦作了数据类型的赋值定义后，在程序中不能再改变，因而具有全局意义。常量的定义形式如下：

CONSTANT 常量名:数据类型:=表达式；

例如：

```
CONSTANT  FBUS:BIT_VECTOR: = “010115”;
CONSTANT  VCC:REAL: = 3.3;
CONSTANT  DELY: = 20ns;
```

VHDL 要求所定义的常量数据类型必须与表达式的数据类型一致。常量的数据类型可以是标量类型或复合类型,但不能是文件(File)类型或存取(Access)类型。

常量定义语句所允许的设计单元有实体、结构体、程序包、块、进程和子程序。在程序中定义的常量可以暂不设具体数值,它可以在程序包体中设定。

常量的可视性,即常量的使用范围取决于它被定义的位置。在程序包中定义的常量具有最大全局化特征,可以用在调用此程序包的所有设计实体中;定义在设计实体中的常量,其有效范围为这个实体定义的所有结构体;定义在设计实体的某一结构体中的常量,则只能用于此结构体;定义在结构体的某一单元的常量,如一个进程中,则这个常量只能用在这一进程中。

2. 变　量

可以被赋予不同数值的数据对象被称为变量。变量在程序中可以被多次赋值。变量的赋值是一种理想化的数据传输,是立即发生,不存在任何延时的行为。变量常用在进程中作临时数据存储单元。变量不能将信息带出对它作出定义的当前设计单元。

定义变量的语法格式如下:

VARIABLE　变量名:数据类型:=初始值;

例如:

```
VARABLE    A: INTEGER;              -- 定义 A 为整数型变量
VARIABLE    B,C:INTEGER: = 3;       -- 定义 B 和 C 为整型变量,初始值为 3
```

在 VHDL 语法规则中,变量是一个局部量,其适用范围仅限于定义了变量的进程或子程序中。变量定义语句中的初始值可以是一个与变量具有相同数据类型的常数值,也可以是一个全局静态表达式,这个表达式的数据类型必须与所赋值变量一致。此初始值不是必需的,综合过程中综合器将略去所有的初始值。在进程或子程序中,变量的值由变量赋值语句决定。

变量赋值语句的语法格式如下:

目标变量名:=表达式;

“:=”是立即赋值符号,用来给变量赋值。赋值语句右边的表达式可以是一个数值,也可以是一个表达式,变量的值将随变量赋值语句的运算而改变,但数据类型必须与目标变量一致。

例如:

```
VARABLE     x: REAL;
x: = 45.0;                                  -- 实数赋值,x 是实数变量
```

3. 信　号

信号是描述硬件系统的基本数据对象,它类似于连接线。信号可以作为设计实

体中并行语句模块间的信息交流通道。在VHDL中,信号及其相关的信号赋值语句、决断函数、延时语句等很好地描述了硬件系统的许多基本特征,如硬件系统运行的并行性、信号传输过程中的惯性延时特性、多驱动源的总线行为等。

信号作为一种数值容器,不但可以容纳当前值,也可以保持历史值。这一属性与触发器的记忆功能有很好的对应关系。信号的定义格式如下:

SIGNAL ＜信号名＞:数据类型:＝初始值;

信号初始值的设置不是必需的,而且初始值仅在VHDL的行为仿真中有效。与变量相比,信号的硬件特征更为明显,它具有全局性特性。例如,在实体中定义的信号,在其对应的结构体中都是可见的。

```
SIGNAL S1:STD_LOGIG:= 1    -- 定义了一个标准位的单值信号S1,初始值为高电平
SIGNAL S2 ,S3:BIT;         -- 定义了两个位BIT的信号S2和S3
```

对信号定义了数据类型后,在VHDL设计中就能够对信号赋值了。信号的赋值语句表达式如下:

目标信号名＜＝表达式;

这里的表达式可以是一个运算表达式,也可以是数据对象(变量、信号或常量)。符号“＜＝”表示延迟赋值操作,即将数据信息传入。数据信息的传入也可以设置延时量,因此目标信号获得传入的数据并不是即时的,而是要经历一个特定的延时过程,因此,符号“＜＝”两边的数值并不是在任一瞬间总是一致的,这与实际器件的传播延迟特性“＜＝”十分接近,显然与变量的赋值过程有很大的差别。所以,信号赋值符号用“＜＝”而不用“:＝”。但需注意,信号的初始赋值符号是“:＝”,这是因为仿真的时间坐标是从初始赋值开始的,在此之前没有所谓的延时时间。以下是信号赋值语句示例:

```
q0< = x1;                 -- 直接传输
q1< = x1 AFTER 20ns;      -- 传输延时
```

信号的使用和定义范围是实体、结构体和程序包。在进程和子程序中不允许定义信号。信号可以有多个驱动源,或者说赋值信号源,但必须将此信号的数据类型定义为决断性数据类型。在进程中,只能将信号列入敏感表,而不能将变量列入敏感表。可见进程只对信号敏感,而对变量不敏感。

4.3.3　VHDL数据类型

VHDL是一种强类型语言,要求设计实体中的每一个常数、信号、变量、函数及设定的各种参量都必须具有确定的数据类型,相同数据类型的量才能互相传递和作用。VHDL作为强类型语言的好处是,使VHDL编译或综合工具很容易地找出设

计中的各种常见错误。VHDL 中的数据类型可以分成 4 大类：

- 标量型(SCALAR TYPE)：属单元素的最基本的数据类型，通常用于描述一个单值数据对象，它包括实数类型、整数类型、枚举类型和时间类型。
- 复合类型(COMPOSITE TYPE)：可以由细小的数据类型复合而成，如可由标量复合而成。复合类型主要有数组型(ARRAY)和记录型(RECORD)。
- 存取类型(ACCESS TYPE)：为给定的数据类型的数据对象提供存取方式。
- 文件类型(FILES TYPE)：用于提供多值存取类型。

4.3.4 VHDL 的预定义数据类型

上述的 4 种数据类型可以作为预定义数据类型，放在现在的程序包中，供程序设计时共享，也可以由用户自己定义。VHDL 的预定义数据类型都是在 VHDL 标准程序包 STANDARD 中定义的，在实际使用中，已自动包含进 VHDL 的源文件中，因而不必通过 USE 语句以显式调用。

(1) 布尔(BOOLEAN)数据类型

程序包 STANDARD 中定义布尔数据类型的源代码如下：

```
TYPE BOOLEAN IS(FALES,TRUE);
```

布尔量是一个二值枚举量，只有真(TRUE)和假(FALSE)两种状态。它没有数量多少的概念，不能进行算术运算，只能用于关系运算和逻辑判断。若某个客体被定义为布尔量，则 EDA 工具对设计进行仿真时，自动地对其赋值情况进行核查。

(2) 位(BIT)数据类型

位数据类型也属于枚举型，用来表示一个信号的值，取值只能是 1 或 0。位数据类型的数据对象，如变量、信号等，可以参与逻辑运算，运算结果仍是位的数据类型。位通常用单引号来把它的值引起来，如“TYPE BIT IS(‘0’,‘1’);”。

(3) 位矢量(BIT_VECTOR)数据类型

位矢量只是基于 BIT 数据类型的数组，在程序包 STANDARD 中定义的源代码是：

```
TYPE BIT_VETOR IS ARRAY(NATURAL RANGE<>)OF BIT;
```

使用位矢量必须注明位宽，即数组中的元素个数和排列方式。例如：

```
SIGNAL B:BIT_VECTOR(8 TO 0);
```

(4) 字符(CHARACTER)数据类型

字符类型通常用单引号引起来，如‘A’。字符类型区分大小写，如‘B’不同于‘b’。字符‘1’、‘3’仅是符号，不表示数值大小。

(5) 字符串(STRING)数据类型

字符串数据类型是字符数据类型的一个约束型数组，或称为字符串数组。字符串必须用双引号标明。例如：

```
STRING_VAR:"A B C D";
```

(6) 自然数(NATURAL)和正整数(POSITIVE)数据类型

自然数是整数的一个子类型，非负的整数，即零和正整数；正整数也是一个子类型，它包括整数中非零和非负的数值。

(7) 实数(REAL)数据类型

VHDL的实数类型类似于数学上的实数，或称浮点数。实数的取值范围为－1.0E38～＋1.0E38。通常情况下，实数类型仅能在VHDL仿真器中使用，VHDL综合器不支持实数，因为实数类型的实现相当复杂，目前在电路规模上难以承受。

实数常量的书写方式举例如下：

65971.333333——十进制浮点数； 8＃43.6＃E＋4——八进制浮点数；43.6E－4——十进制浮点数。

(8) 整数(INTEGER)数据类型

整数类型的数代表正整数、负整数和零。在VHDL中，整数的取值范围是－2 147 483 647～－2 147 483 647，即可用32位有符号的二进制数表示。在实际应用中，VHDL仿真器通常将INTEGER类型作为有符号数处理，而VHDL综合器将INTEGER作为无符号数处理。在使用整数时，VHDL综合器要求用RANGE子句为所定义的数限定范围，然后根据所限定的范围来决定表示此信号或变量的二进制的位数，因为VHDL综合器无法综合未限定的整数类型的信号或变量。

例如，语句"SIGNAL TYPEI:INTEGER RANGE 0 TO 15;"规定整数TYPEI的取值范围是0～15共16个值，可用4位二进制数来表示，因此，TYPEI将被综合成由4条信号线构成的信号。

整数常量的书写方式示例如下：

3——十进制整数；10E4——十进制整数；16＃D2＃——十六进制整数；2＃11011010＃——二进制整数。

(9) 时间(TIME)数据类型

VHDL中唯一预定义的物理类型是时间。完整的时间类型包括整数和物理量单位两部分，整数和单位之间至少留一个空格，如50 ms、30 ns。

时间类型值的范围为－2 147 483 647～－2 147 483 647，时间类型的完整书写格式应包括整数和单位两部分，整数和单位两部分之间至少要留一个空格。如12 ns、5 min。时间一般用于仿真，而不用于逻辑综合。

(10) 错误等级(SEVERITY_LEVEL)

在VHDL仿真器中，错误等级用来指示设计系统的工作状态，共有4种可能的状态值：NOTE(注意)、WARNING(警告)、ERROR(出错)、FAILURE(失败)。在仿真过程中，可输出这4种值来提示被仿真系统当前的工作情况。其定义如下：

TYPE SEVERITY _LEVEI IS(NOTE ,WARNING,ERROR,FAILURE);

4.3.5 IEEE 预定义的标准逻辑位和矢量

在 IEEE 库的程序包 STD_LOGIC_1164 中,定义了两个非常重要的数据类型,即标准逻辑位 STD_LOGIC 和标准逻辑矢量 STD_LOGIC_VECTOR。

(1) 标准逻辑位 STD_LOGIC 数据类型

STD_LOGIC 数据类型定义如下:

TYPE STD_LOGIC IS('U','X','0','1','Z','W','L','H','-');

各值的含义是:

'U'——未初始化;'X'——强未知的;'0'——强 0;'1'——强 1;'Z'——高阻态;'W'——弱未知的;'L'——弱 0;'H'——弱 1;'_'——忽略(无关项)。

在程序中使用此数据类型前,需加入下面的语句:

```
LIBRARY  IEEE;
USE IEEE.STD_LOGIC_1164.ALL;
```

注意: STD_LOGIC 数据类型中的数据是用大写字母定义的,使用中不能用小写字母来代替。

(2) 标准逻辑矢量 STD_LOGIC_VECTOR 数据类型

STD_LOGIC_VECTOR 数据类型定义如下:

TPYE STD_LOGIC_VECTOR IS ARRAY(NATURAL RANGE<>) OF STD_LOGIC;

显然,STD_LOGIC_VECTOR 是定义在 STD_LOGIC_1164 程序包中的标准一维数组,数组中每一个元素的数据都是以上定义的标准逻辑位 STD_LOGIC。

STD_LOGIC_VECTOR 数据类型的数据对象赋值的原则是:同位宽、同数据类型的矢量间才能进行赋值。

4.3.6 用户自定义的预定义数据类型

VHDL 语言的一个特点是可以由用户自己来定义数据类型。这种由用户做的数据类型定义是一种利用其他已定义的说明所进行的“假”定义,所以它不能进行逻辑综合。可以用户定义的数据类型有基本的数据类型定义和子类型数据定义两种格式。基本的数据类型的定义书写格式为:

TYPE 数据类型名 IS 数据类型定义;

TYPE 数据类型名 IS 数据类型定义 OF 基本数据类型;

子类型数据定义格式为：

SUBTYPE 子类型名 IS 类型名 RANGE 低值 OF 高值；

VHDL 允许用户自定义新的数据类型，它们可以有多种，如枚举类型(ENUMERATION TYPE)、整数类型(INTEGER TYPE)、数组类型(ARRAY TYPE)、记录类型(RECORD TYPE)、时间类型(TIME TYPE)、实数类型(REAL TYPE)等。

4.3.7 VHDL 操作符

与传统的计算机语言一样，VHDL 的各种表达式由操作符组成，其中操作数是各种运算的对象，而操作符则规定运算的方式。VHDL 操作符包括逻辑操作符、关系操作符、算术操作符和符号操作符 4 类。作为操作符所操作对象的操作数，其类型应该和操作符所要求的类型一致。另外，运算操作符是有优先级的区别的，例如逻辑“非”运算符在所有逻辑操作符中优先级最高。表 4-2 中给出了所有操作符的优先级次序排列。

VHDL 语言中逻辑运算符的操作对象可以是“STD_LOGIC”和“ BIT”等逻辑型数据，以及“STD_LOGIC_VECTOR”逻辑型数组及布尔型数据等。必须注意到运算符的左边和右边以及代入信号的数据类型必须是一致的，否则编译时会给出出错的警告。

算术运算中，对于一元运算符的操作符(正、负)可以为任何数据类型(如整数、实数、物理量等)。加法和减法的操作数必须具有相同的数据类型，而乘、除法的操作数可以同为整数或实数。物理量经整数或实数相乘或相除，其结果仍为一个物理量。求模和取余的操作数必须是属于同一整数类型数据。对于一个指数的运算符来说，它左边的操作数可以是任意整数或实数，而右操作数则应为一个整数。

关系运算符两边是运算操作数，不同的关系运算符对两边操作数的数据类型有不同的要求。它们可使用于整数和实数、位等枚举类型以及位矢量等数组类型的关系运算，其中等号和不等号可以适用于所有类型的数据。在进行关系运算时，左、右两边操作数的类型必须一致，但是位长度可以不相同。在利用关系运算符对位矢量数据进行比较时，比较过程是从最左边的位开始的，依照自左至右按位进行比较。

并置运算符“&”的作用是进行位的连接。例如，将 8 个位并置运算符连接起来可以构成 1 个具有 8 位长度的位矢量，而 2 个 8 位的位矢量用并置运算符连接起来可以构成 1 个 16 位长度的位矢量：

表 4-2 VHDL 操作符优先级

运算操作符类型	操作符	功 能	优先级顺序
逻辑运算符	AND	逻辑“与”	低 ↓ 高
	OR	逻辑“或”	
	NAND	逻辑“与非”	
	NOR	逻辑“或非”	
	XOR	逻辑“异或”	
	NOT	取反	
关系运算符	=	等号	
	/=	不等于	
	<	小于	
	>	大于	
	<=	小于或等于	
	>=	大于或等于	
加、减、并置运算符	+	加	
	−	减	
	&	并置	
正、负运算符	=	正	
	−	负	
乘法运算符	*	乘	
	/	除	
	MOD	求模	
	REM	取余	
	**	指数	
	ABS	取绝对值	

```
SIGNAL x:STD_LOGIC_VECTOR(3 DOWNTO 0);
SIGNAL y:STD_LOGIC_VECTOR(3 DOWNTO 0);
q<= x&y;
```

在上例中,把 x、y 两个 4 位的矢量并置在一起形成 8 位的矢量,并赋予 q。

4.4 VHDL 顺序语句

顺序语句(Sequential Statements)和并行语句(Concurrent Statements)是 VHDL 程序设计中两大基本描述语句系列。在逻辑系统的设计中,这些语句从多侧面完整地描述数字系统的硬件结构和基本逻辑功能，包括通信的方式、信号的赋值、多层次的元件例化以及系统行为等。

顺序语句用来定义进程、过程和函数的行为。其特点是每一条顺序语句的执行（指仿真执行）顺序是与它们的书写顺序基本一致的，但相应的硬件逻辑工作方式未必如此，希望读者在理解过程中要注意区分VHDL语言的软件行为及描述综合后的硬件行为间的差异。

VHDL有如下6类基本顺序语句：赋值语句、转向控制语句、等待语句、子程序调用语句、返回语句、空操作语句。

4.4.1 赋值语句

赋值语句的功能就是将一个值或一个表达式的运算结果传递给某一数据对象，如信号或变量，或由此组成的数组。VHDL设计实体内的数据传递以及对端口界面外部数据的读/写都必须通过赋值语句的运行来实现。

赋值语句有两种，即信号赋值语句和变量赋值语句。

变量赋值与信号赋值的区别在于，变量具有局部特征，它的有效性只局限于所定义的一个进程/子程序中，它是一个局部的、暂时性数据对象（在某些情况下）。对于它的赋值是立即发生的（假设进程已启动）。信号则不同，信号具有全局性特征，它不但可以作为一个设计实体内部各单元之间数据传送的载体，而且可通过信号与其他的实体进行通信（端口本质上也是一种信号）。信号的赋值并不是立即发生的，它发生在一个进程结束时。赋值过程总是有某些延时的，它反映了硬件系统的重要特性，综合后可以找到与信号对应的硬件结构。

变量、信号赋值语句的语法格式如下：

```
变量赋值目标:=  赋值源;
信号赋值目标:<= 赋值源;
```

在信号赋值中，若在同一进程中，同一信号赋值目标有多个赋值源时，信号赋值目标获得的是最后一个赋值源的赋值，其前面相同的赋值目标不作任何变化。

读者可以从例4.9中看出信号与变量赋值的特点及它们的区别。当在同一赋值目标处于不同进程中时，其赋值结果就比较复杂了，这可以看成是多个信号驱动源连接在一起，可以发生线“与”、线“或”或者三态等不同结果。

【例4.9】

```
SIGNAL  Q1,Q2:STD_LOGIC;
SIGNAL  QUE:STD_LOGIC_VECTOR(0TO7);
…
PROCESS(Q1, Q2)  IS
VARIABLE   V1,V2: STD_LOGIC;
BEGIN
```

```
        V1<="1";                --  立即将 V1 置位为 1
        V2<="1";                --  立即将 V2 置位为 1
        Q1<="1";                --  Q1 被赋值为 1
        Q2<="1";                --  因 Q2 不是最后一个赋值语句,故不做任何赋值操作
        QUE(0)<=V1;             --  将 V1 在上面的赋值,赋给 QUE(0)
        QUE(1)<=V2;             --  将 V2 在上面的赋值,赋给 SQUE(1)
        QUE(2)<=Q1;             --  将 Q1 在上面的赋值 1,赋给 QUE(2)
        QUE(3)<=Q2;             --  将最下面的赋予 Q2 的值 0,赋给 QUE(2)
        V1:="0";                --  将 V1 置入新值 0
        V2:="0";                --  将 V2 置入新值 0
        Q2<="0";                --  Q2 最后一次将赋值的 0,将上面准备赋入的 1 覆盖掉
        QUE(4)<=V1;             --  将 V1 在上面的赋值 0,赋给 QUE(4)
    QUE(5)<=V2;                 --  将 V2 在上面的赋值 0,赋给 QUE(5)
    QUE(6)<=Q1;                 --  将 Q1 在上面的赋值 0,赋给 QUR(6)
    QUE(7)<=Q2;                 --  将 Q2 在上面的赋值 0,赋给 QUE(7)
    END PROCESS;
```

4.4.2 转向控制语句

转向控制语句通过条件控制开关决定执行哪些语句。转向控制语句共有 5 种：IF 语句、CASE 语句、LOOP 语句、NEXT 语句和 EXIT 语句。

1. IF 语句

IF 语句是一种条件语句,它根据语句中所设置的一种或几种条件,有选择地执行指定的顺序语句。IF 语句的语句结构有以下 3 种：

格式 1 为：

```
IF   条件句   THEN              -- 第一种 IF 语句,最简单的,用于门闩控制
顺序语句;
EDN IF;
```

格式 2 为：

```
IF   条件句   THEN              -- 第二种 IF 语句,用于二选一控制
顺序语句;
ELSE
顺序语句;
END  IF;
```

格式 3 为：

```
IF   条件句   THEN              -- 第三种 IF 语句,用于多选择控制
顺序语句;
```

ELSIF　　条件句　THEN
顺序语句；
⋮
ELSE
顺序语句；
END　IF；

IF 语句中至少应有一个条件句，条件句必须由布尔表达式构成。IF 语句根据条件句产生的判断结果 TRUE 或 FALSE，有条件地选择执行其后的顺序语句。例 4.10 是最简单的 IF 语句的应用举例。

【例 4.10】

```
IF Q = '0'THEN
      output< = a or b;
   END IF;
```

若条件句(Q='0')的检测结果为 TRUE，则执行下一条语句“output<=a or b;”，否则此信号维持原值。

【例 4.11】 用第二种 IF 语句来描述如图 4-6 所示的硬件电路。

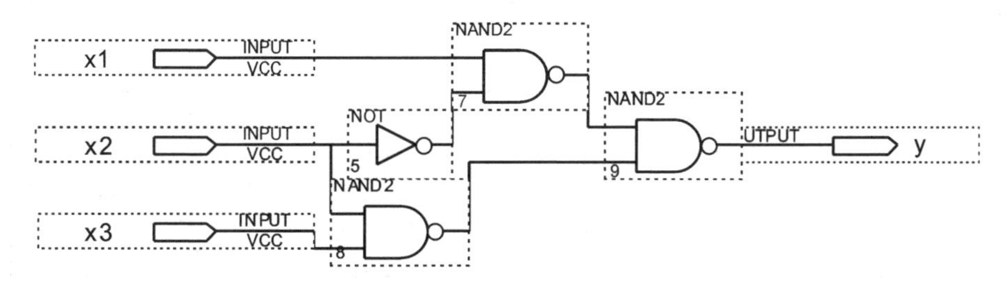

图 4-6　例 4.11 的硬件实现电路图

```
LIBRARY IEEE;
USE IEEE.STD_LOGIC_1164.ALL;
ENTITY sel2 IS
PORT(x1,x2,x3:IN BOOLEAN;
     y:out BOOLEAN);
END sel2;
ARCHITECTURE exa2 OF sel2 IS
BEGIN
PROCESS(x1,x2,x3)
VARIABLE n:BOOLEAN;
BEGIN
IF x2 THEN n: = x3;
     ELSE
```

```
        n: = x1;
    END IF;
    y< = n;
    END PROCESS;
    END exa2;
```

在本例的结构体中用了一个进程来描述图 4－6 所示的硬件电路,其中输入信号 x1、x2、x3 是进程的敏感信号。进程中 IF 语句的条件是信号 x2,它属于 BOOLEAN 类型,其值只有 TRUE 或 FALSE。若 x2 为 TURE,则执行“n:＝x3”语句;若 x2 为 FALSE,则执行“n:＝x1”语句。

【例 4.12】 用第三种 IF 语句来设计 8 线－3 线优先编码器。8 线－3 线优先编码器的功能表如表 4－3 所列。

表 4－3　8 线－3 线优先编码器的真值表

输　入								输　出		
b0	b1	b2	b3	b4	b5	b6	b7	y0	y1	y2
X	X	X	X	X	X	X	0	0	0	0
X	X	X	X	X	X	0	1	1	0	0
X	X	X	X	X	0	1	1	0	1	0
X	X	X	X	0	1	1	1	1	1	0
X	X	X	0	1	1	1	1	0	0	1
X	X	0	1	1	1	1	1	1	0	1
X	0	1	1	1	1	1	1	0	1	1
0	1	1	1	1	1	1	1	1	1	1

注:表中的“X”为任意,类似于 VHDL 中的“－”值。

语句如下:

```
LIBRARY IEEE;
USE IEEE.STD_LOGIC_1164.ALL;
ENTITY coder8_3 IS
PORT(b:IN STD_LOGIC_VECTOR(7 DOWNTO 0);
     y:out STD_LOGIC_VECTOR(2 DOWNTO 0));
END coder8_3;
ARCHITECTURE exa1 OF coder8_3 IS
BEGIN
PROCESS(b)
BEGIN
  IF     (b(7) = '0') THEN y< = "000";
  ELSIF  (b(6) = '0') THEN y< = "100";
```

```
    ELSIF (b(5) = '0') THEN y< = "010";
    ELSIF (b(4) = '0') THEN y< = "110";
    ELSIF (b(3) = '0') THEN y< = "001";
    ELSIF (b(2) = '0') THEN y< = "101";
    ELSIF (b(1) = '0') THEN y< = "011";
    ELSIF (b(0) = '0') THEN y< = "111";
    ELSE                    y< = "111";
    END IF;
  END PROCESS;
  END exa1;
```

2. CASE语句

CASE语句根据条件表达式的值,直接选择满足多项顺序语句中的一项执行,故适合用于两路或多路分支判断结构。CASE语句的结构如下:

```
CASE   条件表达式   IS
WHEN     选择值   =>顺序语句;
WHEN     选择值   =>顺序语句;
WHEN    OTHERS    =>顺序语句;
 …
END  CASE;
```

当执行到CASE语句时,首先计算表达式的值,然后根据条件句中与之相同的选择值,执行对应的顺序语句,最后结束CASE语句。表达式可以是一个整数类型或枚举类型的值,也可以是由这些数据类型的值构成的数组(请注意,条件句中的"=>"不是操作符,它只相当于"THEN"的作用)。

选择值可以有4种不同的表达方式:① 单个普通数值,如4;② 数值选择范围,如(2 TO 4),表示取值2、3或4;③ 并列数值,如3|5,表示取值为3或者5;④ 混合方式,以上3种方式的混合。

使用CASE语句需注意以下几点:

① 条件句中的选择值必须在表达式的取值范围内。

② 除非所有条件句中的选择值能完整地覆盖CASE语句中表达式的取值,否则最末一个条件句中的选择必须用"OTHERS"表示。它代表已给的所有条件句中未能列出的其他可能的取值,这样可以避免综合器插入不必要的寄存器。这一点对于定义为STD_LOGIC和STD_LOGIC_VECTOR数据类型的值尤为重要,因为这些数据对象的取值除了1和0以外,还可能有其他的取值,如高阻态Z、不定态X等。

③ CASE语句中每一条件句的选择只能出现一次,不能有相同选择值的条件句出现。

④ CASE语句执行中必须选中,且只能选中所列条件语句中的一条。这表明

CASE 语句中至少要包含一个条件语句。

例 4.13 是一个用 CASE 语句描述的 4 选 1 多路选择器的 VHDL 程序。此例的逻辑图如图 4-7 所示,其逻辑功能见表 4-4。在表 4-4 中,数据选择器在控制输入信号 s0、s1 的控制下,使输入信号 d、c、b 和 a 中的一个被选中传送到输出。s0 和 s1 有 4 种组合值,可以用 CASE 语句实现其功能。

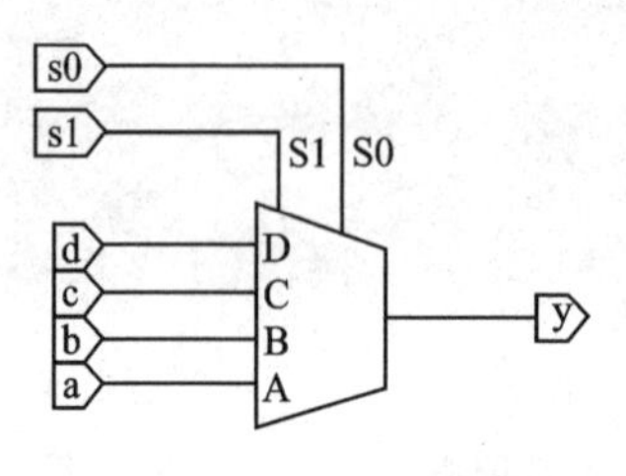

图 4-7　4 选 1 多路选择器

表 4-4　4 选 1 多路选择器的真值表

s0　s1	y
0　0	a
1　0	b
0　1	c
1　1	d

【例 4.13】

```
LIBRARY IEEE;
USE IEEE.STD_LOGIC_1164.ALL;
ENTITY mux4_1 IS
PORT( s1,s0:  IN STD_LOGIC;
     a,b,c,d:  IN STD_LOGIC;
           y:  OUT STD_LOGIC);
END mux4_1;
ARCHITECTURE rtl OF mux4_1 IS
SIGNAL s:STD_LOGIC_VECTOR (1 DOWNTO 0);
BEGIN
    s< = s1&s0;
    PROCESS(s1,s0,a,b,c,d)
     BEGIN
        CASE s IS
        WHEN "00" = >y< = a;
        WHEN "01" = >y< = b;
        WHEN "10" = >y< = c;
        WHEN "11" = >y< = d;
        WHEN OTHERS = >y< = 'X';
END CASE;
END PROCESS;
END rtl;
```

注意例 4.13 中的第 5 个条件句是必需的,因为对于定义为 STD_LOGIC_VECTOR 数据类型的 s,在 VHDL 综合过程中,它可能的选择值除了 00、01、10、11 外,还可以有其他的定义于STD_LOGIC的选择值。

与IF语句相比,CASE语句组的程序可读性比较好,这是因为它把条件中所有可能出现的情况全部列出来了,可执行条件一目了然。而且CASE语句的执行过程不像IF语句那样有一个逐项条件顺序比较的过程。CASE语句中条件句的次序是不重要的,它的执行过程更接近于并行方式。一般地,综合后,对相同的逻辑功能,CASE语句比IF语句的描述耗用更多的硬件资源,而且有的逻辑,CASE语句无法描述,只能用IF语句来描述。这是因为IF-THEN-ELSIF语句具有条件相“与”的功能和自动将逻辑值“—”包括进去的功能(逻辑值“—”有利于逻辑化简),而CASE语句只有条件相“或”的功能。

3. LOOP语句

LOOP语句就是循环语句,它可以使所包含的一组顺序语句被循环执行,其执行次数可由设定的循环参数决定,循环的方式又分为FOR LOOP和WHILE LOOP两种。格式中用“标号”来给语句定位,但也可以不使用,用方括号将“标号”括起来,表示它为任选项,主要是增强程序的可读性,尤其是当使用循环嵌套或循环体的顺序语句很长的时候。

(1) FOR LOOP语句格式

```
[标号:]FOR  循环变量  IN  循环次数范围  LOOP      -- 重复次数已知
顺序语句  -- 循环体
END LOOP  [标号];
```

FOR后的循环变量是一个隐式定义,由循环体自动声明,不必事先定义。也就是说,该变量不能在循环体外定义,只是在循环体内可见,而且是只读的,只能作为赋值源,不能被赋值。使用时应当注意,在LOOP语句范围内不要再使用其他与循环变量同名的标识符。

循环次数范围规定了LOOP语句中顺序语句被执行的次数。循环变量从循环次数范围的初值开始,每执行完一次顺序语句后递增1,直至达到循环次数范围指定的最大值。

【例4.14】 用FOR LOOP语句实现8位奇偶校验器。

本例用b表示输入信号,它是一个长度为8位,用FOR LOOP语句对b的值逐位进行模2加(即“异或”XOR)的运算,循环量m控制模2加的次数。循环范围为0～7,共8次。

```
LIBRARY IEEE;
USE IEEE.STD_LOGIC_1164.ALL;
ENTITY check_o_e IS
PORT( b:   IN STD_LOGIC_VECTOR(7 DOWNTO 0);
        y:   OUT STD_LOGIC);
END check_o_e;
```

```
ARCHITECTURE exa3 OF check_o_e IS
SIGNAL m:STD_LOGIC;
BEGIN
    PROCESS (b)
     BEGIN
      m<='0';
     FOR n IN 0 TO 7 LOOP
      m<=m XOR b(n);
END LOOP;
y<=m;
END PROCESS;
END exa3;
```

(2) FOR LOOP 语句格式

[标号:]WHILE　循环控制条件　LOOP　　　-- 重复次数未知

顺序语句　-- 循环体

END LOOP　[标号];

与 FOR LOOP 语句不同的是,WHILE LOOP 语句并没有给出循环次数的范围,没有自动递增循环量的功能,只是给出了循环执行顺序语句的条件。这里的循环控制条件可以是任何布尔表达式。当条件为 TRUE 时,继续循环;为 FALSE 时,跳出循环,执行“END LOOP”后的语句。

【例 4.15】 用 WHILE LOOP 语句来实现例 4.14 奇偶校验器。

```
LIBRARY IEEE;
USE IEEE.STD_LOGIC_1164.ALL;
ENTITY check_o_e1 IS
PORT( b:  IN STD_LOGIC_VECTOR(7 DOWNTO 0);
       y:  OUT STD_LOGIC);
END check_o_e1;
ARCHITECTURE exa4 OF check_o_e1 IS
BEGIN
    PROCESS(b)
VARIABLE m:STD_LOGIC;
VARIABLE n:INTEGER;
     BEGIN
      m:='0';
      n:=0;
   WHILE n<8 LOOP
     m:=m XOR b(n);
     n:=n+1;
END LOOP;
```

```
y<=m;
END PROCESS;
END exa4;
```

VHDL综合器支持WHILE语句的条件是：LOOP的结束条件值必须是在综合时就可以决定。综合器不支持无法确定循环次数的LOOP语句。

4. NEXT语句

NEXT语句主要用在LOOP语句执行中有条件的或无条件的转向控制，跳出本次循环。它的语句格式有以下3种：

```
NEXT;                                  -- 第一种
NEXT LOOP  标号;                       -- 第二种
NEXT LOOP  标号 WHEN  条件表达式;      -- 第三种
```

关于第一种语句格式，当LOOP内的顺序语句执行到NEXT语句时，即刻无条件终止当前的循环，跳回到本次循环LOOP语句处，开始下一次循环。

关于第二种语句格式，即在NEXT旁加"LOOP 标号"后的语句功能，与求只加LOOP标号的功能是基本相同的，只是当有多重LOOP语句嵌套时，该语句可以跳转到指定标号的LOOP语句处，重新开始执行循环操作。

关于第三种语句格式，分句"WHEN条件表达式"是执行NEXT语句的条件，如果条件表达式的值为TRUE，则执行NEXT语句，进入跳转操作，否则继续向下执行。但当只有单层LOOP循环语句时，关键词NEXT与WHEN之间的"LOOP标号"可以如例4.13那样省去。

【例4.16】

```
 ...
L1:FOR n IN 1 TO 8 LOOP
  S1: a(n):='0';
    NEXT WHEN (b=c);
    S2: a(n+8):= '0';
END LOOP L1;
```

例4.16中，当程序执行到NEXT语句时，如果条件判断式(b=c)的结果为TRUE，将执行NEXT语句，并返回到L1，使n加1后执行S1开始的赋值语句，否则将执行S2开始的赋值语句。

在多重循环中，NEXT语句必须如例4.17所示那样，加上跳转标号。

【例4.17】

```
 ...
L1:FOR n IN 1 TO 8 LOOP
  S1: a(n):='0';
    ,m:=0;
```

```
  L_Y: LOOP
    S2:b(m):= '0';
    NEXT  L_X  WHEN  (e>f):
    S3: b(m+8):= '0';
    m:=m+1;
  NEXT LOOP L_Y;
NEXT LOOP L_X;
...
```

当 e>f 为 TRUE 时,执行语句 NEXT　L_X,跳转到 L_X,使 n 加 1,从 S1 处开始执行语句;若为 FALSE,则执行 S3 后使 m 加 1。

5. EXIT 语句

EXIT 语句也是 LOOP 语句的内部循环控制语句,功能与 NEXT 语句十分相似,其语句格式也有 3 种:

```
EXIT;                                  -- 第一种
EXIT LOOP  标号;                       -- 第二种
EXIT LOOP  标号码 WHEN  条件表达式     -- 第三种
```

这里,每一种语句格式都与前述的 NEXT 语句的格式和操作功能非常相似,唯一的区别是 NEXT 语句的跳转方向是 LOOP 标号指定的 LOOP 语句处,当没有 LOOP 标号时,转跳到当前 LOOP 语句的循环起始点,而 EXIT 语句的跳转方向是 LOOP 标号指定的循环语句结束处,即完全跳出指定的循环外的语句。也就是说,NEXT 语句是跳向 LOOP 语句的起始点,而 EXIT 语句则是跳向 LOOP 语句的终点。

下例是一个两元素位矢量值比较程序。在程序中,当发现比较值 a 和 b 不相同时,由 EXIT 语句跳出循环比较程序,并报告比较结果。

【例 4.18】

```
...
SIGNAL a, b: STD_LOGIC_VECTOR(1 DOWNTO 0);
SIGNAL k:BOOLEAN;
...
k<=FLASE; -- 设初始值
FOR i IN 1 DOWNTO 0 LOOP
  IF (a(1)='1' AND b(1)='0')THEN
    k<=FLASE;                -- a>b
    EXIT;
  ELSIF(a(1)='0' AND b(1)='1')THEN
    k<=TRUE; -- a<b
```

```
      EXIT;
    ELSE;
      NULL;
    END IF;
  END LOOP;                      -- 当 i=1 时,返回 LOOP 语句继续比较
```

NULL 为空操作语句,是为了满足 ELSE 的转换。此程序先比较 a 和 b 的高位,高位是 1 者为大,输出判断结果 TRUE 或 FALSE 后中断比较程序;当高位相等时,继续比较低位,这里假设 a 不等于 b。

4.4.3　WAIT 语句

WAIT 语句用来控制顺序执行的进程或子程序的执行或挂起(Suspension)。在进程中(包括过程中),当执行到 WAIT 等待语句时,运行程序将被挂起,直到满足此语句设置的结束挂起条件后,将重新开始执行进程或过程中的程序。但 VHDL 规定,已列出敏感量的进程中不能使用任何形式的 WAIT 语句。WAIT 语句的语句格式有以下 4 种:

```
WAIT;                          -- 第一种语句格式
WAIT ON  信号表;               -- 第二种语句格式
WAIT UNTIL  条件表达式;        -- 第三种语句格式
WAIT FOR  时间表达式;          -- 第四种语句格式,超时等待语句
```

单独的 WAIT,未设置停止挂起条件的表达式,表示无限等待。

WAIT ON 信号表,称为敏感信号等待语句,在信号表中列出的信号是等待语句的敏感信号。当处于等待状态时,敏感信号的任何变化(如 0～1 或 1～0 的变化)将结束挂起,再次启动进程。

WAIT UNTIL 条件表达式,称为条件等待语句,该语句将把进程挂起,直到条件表达式中所含信号发生了改变,并且条件表达式为真时,进程才能脱离挂起状态,恢复执行 WAIT 语句之后的语句。

例 4.19 中的两种表达方式是等效的。

【例 4.19】

(a) WAIT_UNTIL 结构

```
    …
WAIT  UNTIL  en = '1';
    …
```

(b) WAIT_ON 结构

```
LOOP
    WAIT ON en;
    EXIT WHEN  en = '1';
 END  LOOP;
```

由以上脱离挂起状态、重新启动进程的两个条件可知,例 4.19 结束挂起所需满足的条件,实际上是一个信号的上跳沿。因为当满足所有条件后 en 为 1,可推知 en 一定是由 0 变化来的。因此,上例中进程的启动条件是 en 出现一个上跳沿。

一般地,只有 WHIT_UNTIL 格式的等待语句可以被综合器接受(其余语句格式只能在 VHDL 仿真器中使用)。WAIT_UNTIL 语句有以下 3 种表达方式:

WAIT UNTIL 信号=VALUE; ——①

WAIT UNTIL 信号'EVENT AND 信号=VALUE; ——②

WAIT UNTIL NOT 信号'STABLE AND 信号=VALUE ——③

如果设 CLOCK 为时钟信号输入端,以下 4 条 WAIT 语句所设的进程启动条件都是时钟上跳沿,所以它们对应的硬件结构是一样的。

```
WAIT  UNTIL  CLOCK = '1';
WAIT  UNTIL  RISING_EDGE(CLOCK);
WAIT  UNTIL  NOT CLOCK'STABLE AND CLOCK = '1';
WAIT  UNTIL  CLOCK = '1' AND CLOCK'EVENT;
```

WAIT FOR 时间表达式为超时语句,在此语句中定义了一个时间段,从执行到当前 WAIT 语句开始,在此时间段内,进程处于挂起状态,当超过这一时间段后,进程自动恢复执行。由于此语句不可综合,在此不做讨论。

4.4.4 ASSERT(断言)语句

ASSERT(断言)语句只能在 VHDL 仿真器中使用,综合器通常忽略此语句。ASSERT 语句判断指定的条件是否为 TRUE,如果为 FALSE,则报告错误。语句格式如下:

ASSERT 条件表达式

REPORT 字符串

SEVERITY 错误等级[SEVERITY_LEVEL];

【例 4.20】

```
ASSERT  NOT(S = '1'  AND  R = '1')
REPORT"BOTH VALUES OF DIGNALS S AND R ARE EQUAL TO '1'"
SEVERITY ERROR;
```

如果出现 SEVERITY 子句，则该子句一定要指定一个类型为 SEVERITY_LEVEL 的值。SEVERITY_LEVEL 共有如下 4 种可能的值：

① NOTE：可以用在仿真时传递信息。

② WARNING：用在非平常的情形，此时仿真过程仍可继续，但结果可能是不可预知的。

③ ERROR：用在仿真过程继续执行下去已经不可能的情况。

④ FAILURE：用在发生了致命错误，仿真过程必须立即停止的情况。

ASSERT 语句可以作为顺序语句使用，也可以作为并行语句使用。作为并行语句时，ASSERT 语句可看成为一个被动进程。

4.4.5　RETURN(返回)语句

返回语句只能用于子程序体中，用来结束当前子程序体的执行。其语句格式有 2 种形式：

```
RETURN;                -- 第一种语句格式
RETURN  表达式;        -- 第二种语句格式
```

第一种格式，只能用于过程，它只是结束过程，并不返回任何值；第二种格式，只能用于函数，并且必须返回一个值。用于函数的语句中的表达式提供函数返回值。每一函数必须至少包含一个返回语句，并可以拥有多个返回语句，但是在函数调用时，只有其中一个返回语句可以将值带出。

例 4.21 是一过程定义程序，它将完成一个 RS 触发器的功能。注意其中的时间延迟语句和 REPORT 语句是不可综合的。

【例 4.21】

```
PROCEDURE  rs(SIGNAL  s,r:IN  STD_LOGIC;
              SIGNAL  q,nq:INOUT  STD_LOGIC)IS
BEGIN
    IF(s = '1'AND r = '1')THEN
      REPORT"Forbidden state:s AND r are equal TO '1'";
      RETURN
    ELSE
     q<= s  AND  nq  AFTER  3ns;
     nq<= s  AND  q  AFTER  3ns;
   END  IF;
END  PROCEDURE  rs;
```

当信号 S 和 R 同时为 1 时，在 IF 语句中 RETURN 语句将中断过程。

4.4.6 NULL(空操作)语句

空操作语句的语句格式如下：

NULL;

空操作语句不完成任何操作，它唯一的功能就是使逻辑运行流程跨入下一步语句的执行。NULL 常用于 CASE 语句中，为满足多种可能的条件，利用 NULL 来表示所余的不用条件下的操作行为。

在例 4.22 的 CASE 语句中，NULL 用于排除一些不用的条件。

【例 4.22】

```
CASE pp IS
WHEN   "001" => m:= a AND b;
  WHEN   "101" => m:= a OR b;
  WHEN   "110" => m:= NOT  a;
  WHEN   OTHERS => NULL;
END CASE;
```

此例类似于一个 CPU 内部的指令译码器功能。“001”“101”和“110”分别代表指令操作码，对于它们所对应在寄存器中操作数的操作算法，CPU 只能对这 3 种指令码作反应，当出现其他码时，不作任何操作。

需要指出的是，与其他的 EDA 工具不同，MAX+plus II 对 NULL 语句的执行会出现擅自加入锁存器的情况，因此，应避免使用 NULL 语句，改用确定操作，如可改为：

```
WHEN  OTHERS   =>   m:=a;
```

4.5 VHDL 并行语句

并行语句结构相对于传统的软件描述语言来说，是最具有 VHDL 特色的。在 VHDL 中，并行语句有多种语句格式，各种并行语句在结构体中的执行是同步进行的，或者说是并行运行的，其执行方式与书写的顺序无关。在执行中，并行语句之间可以有信息往来，也可以是互为独立、互不相关、异步运行的(如多时钟的情况)。每一行语句内部可以有两种不同的运行方式，即并行执行方式(如块语句)和顺序执行方式(如进程语句)。

请注意，VHDL 中的并行方式有多层含义，即模块间的运行方式可以有同时运行、异步运行和非同步运行方式；从电路的工作方式上可以包括组合逻辑运行方式、同步逻辑运行方式和异步逻辑运行方式等。

结构体中的并行语句主要有 7 种：并行信号赋值语句(CONCURRENT SIG-

NAL ASSIGNMENTS)、进程语句(PROCESS STATEMENTS)、块语句(BLOCK STATEMENTS)、并行过程调用语句(CONCURRENT PROCEDURE CALLS)、条件信号赋值语句(SELECTED SIGNAL ASSIGNMENTS)、元件例化语句(COMPONENT INSTANTIATIONS)和生成语句(GENERATE STATEMENTS)。图4-8是结构体中的并行语句模块,这些模块都可以独立运行,并可以用信号来交换信息。

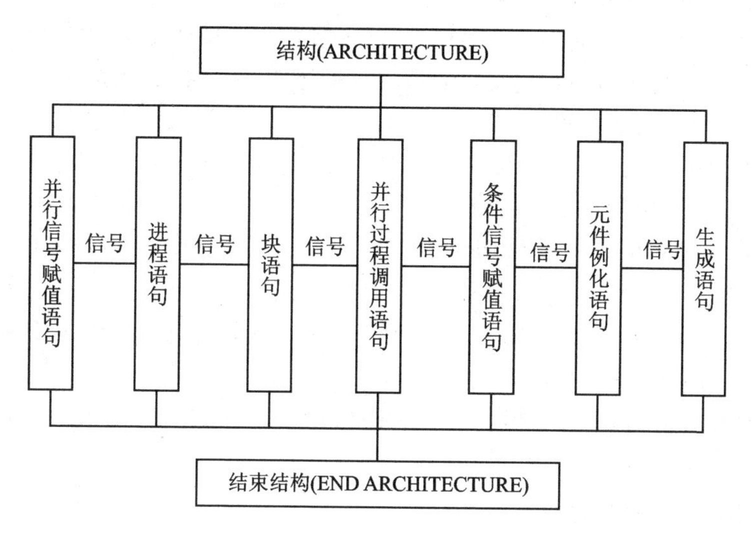

图4-8　结构体中的并行语句模块

4.5.1　进程语句

进程(PROCESS)语句是最具 VHDL 语言特色的语句。进程用于描述顺序事件,是由顺序语句组成的,但其本身却是并行语句,就是由于它的并行行为和顺序行为的双重特性,所以使它成为 VHDL 程序中使用最频繁和最能体现 VHDL 风格的一种语句。一个结构体中可以有多个并行运行的进程结构,而每一个进程的内部结构却是由一系列顺序语句来构成的。

进程语句与结构体中的其他部分进行信息交流是靠信号完成的。进程语句有一个敏感信号表,这是进程赖以启动的敏感表。表中列出的任何信号的改变,都将启动进程,并执行进程内相应的顺序语句。

1. PROCESS 语句格式

PROCESS 语句的表达格式如下:

```
[进程标号:] PROCESS[(敏感信号参数表)][IS]
  [进程说明部分;]
  BEGIN
```

顺序描述语句;

END PROCESS [进程标号];

每一个 PROCESS 语句可以赋予一个进程标号,但这个标号不是必需的。进程说明部分用于定义该进程所需的局部数据环境,包括数据类型、常量、变量、属性、子程序等,但不能定义信号和共享变量。

顺序描述语句部分是一段顺序执行的语句,描述该进程的行为。PROCESS 中规定了每个进程语句在它的某个敏感信号(由敏感信号参量表列出)的值改变时都必须立即完成某一功能行为。这个行为由进程顺序语句定义,行为的结果可以赋给信号,并通过信号被其他的 PROCESS 或 BLOCK 读取或赋值。当进程中定义的任一敏感信号发生更新时,由顺序语句定义的行为就要重复执行一次,当进程中最后一个语句执行完成后,执行过程将返回到第一个语句,以等待下一次敏感信号变化。

一个结构体中可含有多个 PROCESS 结构,每一 PROCESS 结构对于其敏感信号参数表中定义的任一敏感参量的变化,每个进程都可以在任何时刻被激活或者称为启动。而所有被激活的进程都是并行运行的,这就是为什么 PROCESS 结构本身是并行语句的道理。

PROCESS 语句必须以语句“END PROCESS [进程标号];”结尾,其中进程标号不是必需的,敏感表旁的[IS]也不是必需的。

2. PROCESS 的组成

PROCESS 语句结构是由三个部分组成的,即进程说明部分、顺序描述语句部分和敏感信号参数表。

① 进程说明部分主要定义一些局部量,可包括数据类型、常数、属性、子程序等。但需注意,在进程说明部分中不允许定义信号和共享变量。

② 顺序描述语句部分可分为赋值语句、进程启动语句、子程序调用语句、顺序描述语句和进程跳出语句等。各个顺序语句在 PROCESS 中的特点如下:

- 信号赋值语句:在进程中将计算或处理的结果向信号(SIGNAL)赋值。
- 变量赋值语句:在进程中以变量(VARIABLE)的形式存储计算的中间值。
- 进程启动语句:当 PROCESS 的敏感信号参数表中没有列出任何敏感量时,进程的启动只能通过进程启动 WAIT 语句。这时可以利用 WAIT 语句监视信号的变化情况,以便决定是否启动进程。WAIT 语句可以看成是一种隐式的敏感信号表。
- 子程序调用语句:对已定义的过程和函数进行调用,并参与计算。
- 顺序描述语句:包括 IF 语句、CASE 语句、LOOP 语句和 NULL 语句等。
- 进程跳出语句:包括 NEXT 语句和 EXIT 语句。

③ 敏感信号参数表需列出用于启动本进程可读入的信号名(当有 WAIT 语句时例外)。

例4.23是一个含有进程的结构体，进程标号为P1，进程敏感信号参数表中未列出敏感信号，所以进程的启动靠WAIT语句，在此clock即为该进程的敏感信号。每当出现一个时钟脉冲clock时，即进入WAIT语句以下的顺序语句执行进程中，且当driver为高电平时，进入CASE语句结构。

【例4.23】

```
ARCHITECTURE art OF stal IS
  BEGIN
  P1:PROCESS                  -- 该进程未列出敏感信号，进程需靠WAIT语句来启动
  BEGIN
  WAIT UNTIL clock;           -- 等待clock激活进程
  IF(driver = '1')THEN        -- 当driver为高电平时，进入CASE语句
  CASE  output  IS
    WHEN  S1 => output<= S2;
    WHEN  S2 => output<= S3;
    WHEN  S3 => output<= S4;
    WHEN  S4 => output<= S1;
  END CASE;
 END PROCESS P1;
END ARCHITECTURE  art;
```

例4.24是一个3位二进制加法计数器结构体内的逻辑描述，该结构体中的进程含有IF语句，进程定义了三个敏感信号clk、clc、en。当其中任何一个信号改变时，都将启动进程的运行。信号cnt3被综合器用寄存器来实现。

该计数器除了有时钟信号clk外，还设置了计数清零信号clc和计数使能信号en，进程将它们都列为敏感信号。

【例4.24】

```
LIBRARY IEEE;
USE IEEE.STD_LOGIC_1164.ALL;
ENTITY couter8 IS
PORT(clk,clc,en:IN STD_LOGIC;
     Q:OUT INTEGER RANGE 7 DOWNTO 0);
END couter8;
ARCHITECTURE exa OF couter8 IS
SIGNAL cnt3:INTEGER RANGE 7 DOWNTO 0;      -- 注意cnt3数据类型
BEGIN
PROCESS(clk,clc,en)
BEGIN
IF clc = '0' THEN
cnt3<= 0;
ELSIF clk'EVENT AND clk = '1' THEN
```

```
IF en = '0' THEN
cnt3<= cnt3 + 1;
END IF;
END IF;
END PROCESS;
Q<= cnt3;
END exa;
```

3. 进程设计要点

进程的设计需要注意以下几方面的问题：

① 在进程中只能设置顺序语句，虽然同一结构体中的进程之间是并行运行的，但同一进程中的逻辑描述语句则是顺序运行的，因而进程的顺序语句具有明显的顺序/并行运行双重性。

② 进程的激活必须由敏感信号表中定义的任一敏感信号的变化来启动，否则必须有一个显式的 WAIT 语句来激活。这就是说，进程既可以由敏感信号的变化来启动，也可以由满足条件的 WAIT 语句来激活；反之，在遇到不满足条件的 WAIT 语句后，进程将被挂起。因此，进程中必须定义显式或隐式的敏感信号。如果一个进程对一个信号集合总是敏感的，那么，可以使用敏感表来指定进程的敏感信号。但是，在一个使用了敏感表的进程(或者由该进程所调用的子程序)中，不能含有任何等待语句。

③ 信号是多个进程间的通信线。结构体中多个进程之所以能并行同步运行，一个很重要的原因是，进程之间的通信是通过传递信号和共享变量值来实现的。所以相对于结构体来说，信号具有全局特性，它是进程间进行并行联系的重要途径。因此，在任一进程的进程说明部分不允许定义信号(共享变量是 VHDL'93 增加的内容)。

④ 进程是重要的建模工具。进程结构不但为综合器所支持，而且进程的建模方式将直接影响仿真和综合结果。需要注意的是，综合后对应于进程的硬件结构，对进程中的所有可读入信号都是敏感的，而在 VHDL 行为仿真中并非如此，除非将所有的读入信号列为敏感信号。

进程语句是 VHDL 程序中使用最频繁和最能体现 VHDL 语言特点的一种语句，其原因大概是由于它的并行和顺序行为的双重性，以及其行为描述风格的特殊性。为了使 VHDL 的软件仿真与综合后的硬件仿真对应起来，应当将进程中的所有输入信号都列入敏感表中。不难发现，在对应的硬件系统中，一个进程和一个并行赋值语句确实有十分相似的对应关系，并行赋值语句就相当于一个将所有输入信号隐性地列入结构体检测范围的(即敏感表的)进程语句。

综合后的进程语句所对应的硬件逻辑模块，其工作方式可以是组合逻辑方式的，也可以是时序逻辑方式的。例如在一个进程中，一般的 IF 语句，综合出的多为组合逻辑电路(一定条件下);若出现 WAIT 语句,在一定条件下,综合器将引入时序元件,如触发器。

【例 4.25】

```
...
a_out<= a    WHEN (ena) ELSE  "Z";
b_out<= b    WHEN (ena) ELSE  "Z";
c_out<=c     WHEN (ena) ELSE  "Z"
PROCESS(a_out) IS
  BEGIN
  bus_out<=a_out;
END  PROCESS;
PROCESS(b_out)
  BEGIN
  bus_out<=b_out;
END  PROCESS;
PROCESS(c_out);
  BEGIN
  bus_out<=c_out;
END   PROCESS;
...
```

本例中的程序用 3 个进程语句描述了 3 个并列的三态缓冲器电路,这个电路由 3 个完全相同的三态缓冲器构成,且输出是连接在一起的。这是一种总线结构,它的功能是可以在同一条线上的不同时刻内传输不同的信息。这是一个多驱动信号的实例,有许多实际的应用。

4.5.2　块语句

块(BLOCK)的应用类似于画电路原理图时,将一个总的原理图分成多个子模块,这个总的原理图成为一个由多个子模块原理图连接成的顶层模块图,每一个子模块是一个具体的电路原理图。但是,如果子模块的原理图仍然太大,还可将它变成更低层次的原理图模块的连接图。显然,按照这种方式划分结构体仅是形式上的,而非功能上的改变。

实际上,结构体本身就相当于一个大的 BLOCK,或者说是一个大的功能块。BLOCK 在 VHDL 中具有一种划分机制,这种机制允许设计者合理地将一个模块分为数个子模块,每个子模块都能对其局部信号、数据类型和常量加以描述和定义。

BLOCK 语句是一种将结构体中的并行描述语句进行组合的方法,它的并行工作方式更为明显,块语句本身是并行语句结构,而且它的内部也都是由并行语句构成的。与其他的并行语句相比较,块语句本身并没有独特的功能,它只是一种并行语句的组合方式,它的主要目的是改善并行语句及其结构的可读性,或者利用 BLOCK 的保护表达式关闭某些信号。

1. BLOCK 语句的格式

BLOCK 语句的表达式格式如下:

```
块标号:BLOCK[(块保护表达式)]
  接口说明;
  类属说明;
  BEGIN
  并行语句;
END BLOCK[块标号];
```

作为一个 BLOCK 语句结构,在关键词“BLOCK”的前面必须设置一个块标号,并在结尾语句“END BLOCK”右侧也写上此标号(此处的标号不是必需的)。

接口说明部分有点类似于实体的定义部分,它可包含由关键词 PORT、GENERIC、PORT MAP 和 GENERIC MAP 引导的接口说明等语句,对 BLOCK 的接口设置以及与外界信号的连接状况加以说明。

块的类属说明部分和接口说明部分的适用范围仅限于当前 BLOCK。块的说明部分可以定义的项目主要有 USE 语句、子程序、数据类型、子类型、常数、信号、元件。

块中的并行语句部分可包含结构体中的任何并行语句结构。BLOCK 语句本身属于并行语句,BLOCK 语句中所包含的语句也是并行语句。这与传统软件语言不同。

2. BLOCK 的应用

BLOCK 的应用可使结构体层次鲜明、结构明确。利用 BLOCK 语句可以将结构体中的并行语句划分成多个并行方式的 BLOCK,每一个 BLOCK 都像一个独立的设计实体,具有自己的类属参数说明和界面端口,以及与外部环境的衔接描述。以下例 4.26 是一个具有块嵌套方式的 BLOCK 语句结构,它在不同层次的块定义了同名信号,显示了信号的有效范围。例 4.27 用 BLOCK 语句设计包含着对全加器和全减器的描述,其中运用了子块,将全加器和全减器分块描述,使整个程序易于阅读。

在较大的 VHDL 程序的编程中,恰当的块语句的应用对于技术交流、程序移植、排错和仿真都是十分有益的。

【例 4.26】

```
…
B1:BLOCK                              -- 定义块 B1
  SIGNALp:BIT;                        -- 在 B1 块中定义 p
  BEGIN
```

```
  p<=a AND b;               -- 向 B1 中的 p 赋值
B2:BLOCK                    -- 定义块 B2,套于 B1 块中
    SIGNAL p: BIT;          -- 定义 B2 块中的信号 p
    BEGIN
    p<=a AND b;             -- 向 B2 中的 p 赋值
    B3:BLOCK
      BEGIN
      z<=p;                 -- 此 p 来自 B2 块
    END  BLOCK B3;
  END BLOCK B2;
  y<=p;                     -- 此 p 来自 B1 块
END BLOCK B1;
  …
```

本例只是对 BLOCK 语句结构的一个说明,其中的一些赋值实际上是不需要的。

【例 4.27】

```
LIBRARY IEEE;
USE IEEE.std_logic_1164.ALL;
ENTITY all_add_sub IS
PORT( a,b,ci:  IN STD_LOGIC;
     co,do:  OUT STD_LOGIC;
     sum,fo: OUT STD_LOGIC);
END all_add_sub;
ARCHITECTURE exa6 OF all_add_sub IS
BEGIN
    ALL_adder:BLOCK
     BEGIN
      sum<=a XOR b XOR ci;
      co<=(a AND b) OR (a AND ci) OR (b AND ci);
END BLOCK ALL_adder;
   ALL_sub:BLOCK
     BEGIN
      fo<=a XOR b XOR ci;
      do<=(NOT a AND b) OR (NOT a AND ci) OR ( b AND ci);
END BLOCK ALL_sub;
END exa6;
```

4.5.3　并行信号赋值语句

并行信号赋值语句有三种：简单信号赋值语句、条件信号赋值语句和选择信号赋值语句。这三种信号赋值语句的共同的特点是：赋值目标必须都是信号,所以赋

值语句与其他并行语句一样,在结构体内的执行是同时发生的,与它们的书写顺序和是否在块语句中没有关系。每一个信号赋值语句都相当于一条缩写的进程语句,而这条语句的所有输入(或读入)信号都被隐性地列入此过程的敏感信号表中。因此,任何信号的变化都将启动相关并行语句的赋值操作,而这种启动完全独立于其他语句,它们都可以直接出现在结构体中。

1. 简单信号赋值语句

并行简单信号赋值语句是 VHDL 并行语句结构的最基本的单元,其语句格式如下:

信号赋值目标<=表达式;

式中信号赋值目标的数据类型必须与赋值符号右边表达式的数据类型一致。

【例 4.28】

```
ARCHITECTURE art OF bc IS
SIGAL  s1,e,f,g,h: STD_LOGIC;
BEGIN
  Output1< = a AND b;
  output2< = c + d;
  g< = e OR f;
  h< = e XORf;
  s1< = g;
END art;
```

该例所示结构体中 5 条信号赋值语句的执行是并发执行的。

2. 条件信号赋值语句

条件信号赋值语句格式如下:

```
赋值目标<= 表达式  WHEN  赋值条件 ELSE
表达式  WHEN  赋值条件  ELSE
              …
表达式;
```

在结构体中条件信号赋值语句的功能与在进程中的 IF 语句相同(注意,条件信号赋值语句中的 ELSE 不可省)。在执行条件信号赋值语句时,每一赋值条件是按书写的先后关系逐项测定的,一旦发现赋值条件为 TRUE,则立即将表达式的值赋给赋值目标。

【例 4.29】

```
LIBRARY IEEE;
USE IEEE.std_logic_1164.ALL;
```

```
USE IEEE.STD_LOGIC_UNSIGNED.ALL;
ENTITY mux4_2 IS
PORT( s1,s0:   IN STD_LOGIC;
      a,b,c,d:  IN STD_LOGIC;
            y:  OUT STD_LOGIC);
END mux4_2;
ARCHITECTURE rt2 OF mux4_2 IS
SIGNAL s:STD_LOGIC_VECTOR (1 DOWNTO 0);
BEGIN
    s<= s1&s0;
    y<= a WHEN s = "00"ELSE
          b WHEN s = "01"ELSE
          c WHEN s = "10"ELSE
          d ;
END rt2;
```

3. 选择信号赋值语句

选择信号赋值语句格式如下：

WITH 选择表达式 SELECT
赋值目标信号<= 表达式 WHEN 选择值，
表达式 WHEN 选择值，
…
表达式 WHEN 选择值；
[表达式样 WHEN OTHERS]；

选择信号赋值语句本身不能在进程中应用，但其功能却与进程中CASE语句的功能相似。CASE语句的执行依赖于进程中敏感信号的改变而启动进程，而且要求CASE语句中各子句的条件不能有重叠，必须包容所有的条件。

选择信号赋值语句也有敏感量，即关键词WITH旁的选择表达式。每当选择表达式的值发生变化时，就将启动此语句对于各子句的选择值进行测试对比，当发现有满足条件的子句的选择值时，就将此子句表达式中的值赋给赋值目标信号。与CASE语句相类似，选择赋值语句对于子句条件选择值的测试具有同期性，不像以上的条件信号赋值语句那样是按照子句的书写顺序从上至下逐条测试的。因此，选择赋值语句不允许有条件重叠的现象，也不允许存在条件涵盖不全的情况。为了防止信号赋值语句的每个子句是以“，”号结束的，只有最后一个子句才是以“；”号结束的。例如，用选择信号赋值语句描述4选1数据选择器的VHDL源代码如下：

【例4.30】

```
LIBRARY IEEE;
USE IEEE.std_logic_1164.ALL;
```

```
USE IEEE.STD_LOGIC_UNSIGNED.ALL;
ENTITY mux4_3 IS
PORT( s1,s0:  IN STD_LOGIC;
     a,b,c,d:  IN STD_LOGIC;
          y:  OUT STD_LOGIC);
END mux4_3;
ARCHITECTURE rt3 OF mux4_3 IS
 SIGNAL s:STD_LOGIC_VECTOR(1 DOWNTO 0);
 BEGIN
    s<= s1&s0;
    WITH s SELECT
    y<= a WHEN "00",
         b WHEN "01",
         c WHEN "10",
         d WHEN "11",
       'X'WHEN OTHERS;
END rt3;
```

4.5.4 元件例化语句

元件例化就是将预先设计好的设计实体定义为一个元件，然后引用特定的语句将此元件与当前设计实体中的指定端口相连接，从而为当前设计实体引入一个新的低一级的设计层次。在这里，当前设计实体相当于一个较大的电路系统，所定义的例化元件相当于一个要插在这个电路系统板上的芯片，而当前设计实体中指定的端口则相当于这块电路板上准备接受此芯片的一个插座。元件例化是使 VHDL 设计实体构成自上而下层次化设计的一种重要途径。

元件例化是可以多层次的，在一个设计实体中被调用安插的元件本身也可以是一个低层次的当前设计实体，因而可以调用其他的元件，以便构成更低层次的电路模块。因此，元件例化就意味着在当前结构体内定义一个新的设计层次，这个设计层次的总称叫元件，但它可以以不同的形式出现。如上所述，这个元件可以是已设计好的一个 VHDL 设计实体，也可以是来自 FPGA 元件库中的元件，还可以是以其他硬件描述语言(如 Verilog)设计的实体。该元件还可以是软的 IP 核，或者 FPGA 中的嵌入式硬 IP 核。

元件例化语句由两部分组成：第一部分是将一个现成的设计实体定义为一个元件的语句；第二部分则是此元件与当前设计实体中的连接说明。其语句格式如下：

```
-- 元件定义语句
COMPONENT  例化元件名  IS
  GENERIC(类属表);
```

```
    PORT(例化元件端口名表);
  END COMPONENT  例化元件名;
  -- 元件例化语句
元件例化名:例化元件名  PORT MAP(
    [例化元件端口名=>]  连接实体端口名,…);
```

以上两部分语句在元件例化中都必须存在。第一部分语句是元件定义语句,相当于对一个现成的设计实体进行封装,使其只留出外面的接口界面。就像一个集成芯片只留几个引脚在外一样,它的类属表可列出端口的数据类型和参数,例化元件端口名表可列出对外通信的各端口名。元件例化的第二部分语句即为元件例化语句,其中的元件例化名是必须存在的,它类似于标在当前系统(电路板)中的一个插座名,而例化元件名则是准备在此插座上插入的、已定义好的元件名。PORT MAP 是端口映射的意思,其中的例化元件端口名是在元件定义语句的端口名表中已定义好的与例化元件端口相连的通信端口,相当于插座上各插针的引脚名。

元件例化语句中所定义的例化元件的端口名与当前系统的连接实体端口名的接口表达有两种方式。一种是名字关联方式。在这种关联方式下,例化元件的端口名和关联(连接)符号"=>"两者都是必须存在的。这时,例化元件端口名与连接实体端口名是对应的,在 PORT MAP 句中的位置可以是任意的。另一种是位置关联方式。若使用这种方式,端口名和关联连接符号都可省去,在 PORT MAP 子句中,只要列出当前系统中的连接实体端口名即可,但要求连接实体端口名的排列方式与所需例化的元件端口定义中的端口名一一对应。

以下是一个元件例化的示例。例 4.31 中首先完成了一个 2 输入"与非"门的设计,然后利用元件例化产生如图 4-9 所示的由 3 个相同的"与非"门连接而成的电路。

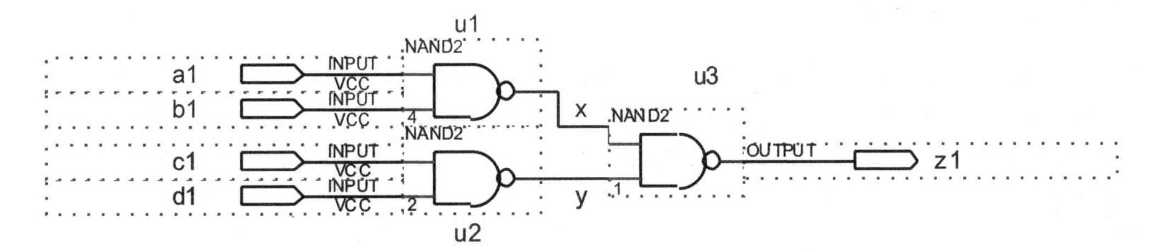

图 4-9　逻辑原理图

【例 4.31】

首先,生成 2 输入"与非"门,其 VHDL 源程序如下:

```
LIBRARY IEEE;
USE IEEE.std_logic_1164.ALL;
ENTITY nd2 IS
```

```
PORT( a,b:  IN STD_LOGIC;
    c:  OUT STD_LOGIC);
END nd2;
ARCHITECTURE exa9 OF nd2 IS
BEGIN
c<=a NAND b;
END exa9;
```

其次,用元件例化产生如图 4-9 所示电路,其 VHDL 源程序如下:

```
LIBRARY IEEE;
USE IEEE.std_logic_1164.ALL;
ENTITY nad3t IS
PORT( a1,b1,c1,d1:  IN STD_LOGIC;
    z1:  OUT STD_LOGIC);
END nad3t;
ARCHITECTURE exa7 OF nad3t IS
COMPONENT nd2
PORT(a,b:IN STD_LOGIC;
    c:OUT STD_LOGIC);
END COMPONENT;
SIGNAL x,y:STD_LOGIC;
BEGIN
u1:nd2 PORT MAP(a1,b1,x);                    -- 位置关联方式
u2:nd2 PORT MAP(a=>c1,c=>y,b=>d1);           -- 名字关联方式
u3:nd2 PORT MAP(x,y,c=>z1);                  -- 混合关联方式
END exa7;
```

4.5.5 生成语句

生成语句可以简化为有规则设计结构的逻辑描述。生成语句有一种复制作用,在设计中,只要根据某些条件,设定好某一元件或设计单位,就可以利用生成语句复制一组完全相同的并行元件或设计单元电路结构。生成语句的语句格式有如下两种形式:

```
[标号:]FOR  循环变量 IN  取值范围 GENERATE
    说明;
              BEGIN
    并行语句;
              END GENERATE [标号];
[标号:]IF  条件 GENERATE
    说明;
```

```
        BEGIN
    并行语句；
        END GENERATE [标号]；
```

这两种语句格式都是由如下四部分组成的：

① 生成方式：有FOR语句结构或IF语句结构，用于规定并行语句的复制方式。

② 说明部分：这部分包括对元件数据类型、子程序和数据对象做的一些局部说明。

③ 并行语句：生成语句结构中的并行语句是用来“COPY”的基本单元，主要包括元件、进程语句、块语句、并行过程调用语句、并行信号赋值语句甚至生成语。这表示生成语句允许存在嵌套结构，因而可用于生成元件的多维阵列结构。

④ 标号：生成语句中的标号并不是必需的，但如果在嵌套生成语句结构中，就是很重要的。

对于FOR语句结构，主要是用来描述设计中一些有规律的单元结构，其生成参数及其取值范围的含义和运行方式与LOOP语句十分相似。但需注意，从软件运行的角度上看，FOR语句格式中生成参数（循环变量）的递增方式具有顺序的性质，但是最后生成的设计结构却是完全并行的，这就是为什么必须用并行语句来作为生成设计单元的缘故。

生成参数（循环变量）是自动产生的，它是一个局部变量，根据取值范围自动递增或递减。取值范围的语句格式与LOOP语句是相同的，有两种形式；

```
表达式    TO      表达式；       -- 递增方式，如 1 TO 5
表达式  DOWNTO    表达式；       -- 递减方式，如 5 DOWNTO 1
```

其中的表达式必须是整数。

生成语句的典型应用是存储器阵列和寄存器。下面例4.32以4位移位寄存器为例，说明FOR－GENERATE模式生成语句的优点和使用方法。图4－10所示电路是由边沿D触发器组成的4位移位寄存器，其中第一个触发器的输入端用来接收4位移位寄存器的输入信号，其余的每一个触发器的输入端均与左面一个触发器的Q端相连。

【例4.32】

```
LIBRARY IEEE;
USE IEEE.STD_LOGIC_1164.ALL;
ENTITY dd IS
PORT(x:IN STD_LOGIC;
cp:IN STD_LOGIC;
y:OUT STD_LOGIC);
```

```
END dd;
ARCHITECTURE structure OF dd IS
COMPONENT dff
          PORT(d:IN STD_LOGIC;
               clk:IN STD_LOGIC;
                q:OUT STD_LOGIC);
END COMPONENT;
      SIGNAL q:STD_LOGIC_VECTOR(4 DOWNTO 0);
BEGIN
      q(0)<=x;
      label1:FOR i IN 0 TO 3 GENERATE
            dffx:dff  PORT MAP (q(i),cp,q(i+1));
      END GENERATE  label1;
      y<=  q(4);
END structure;
```

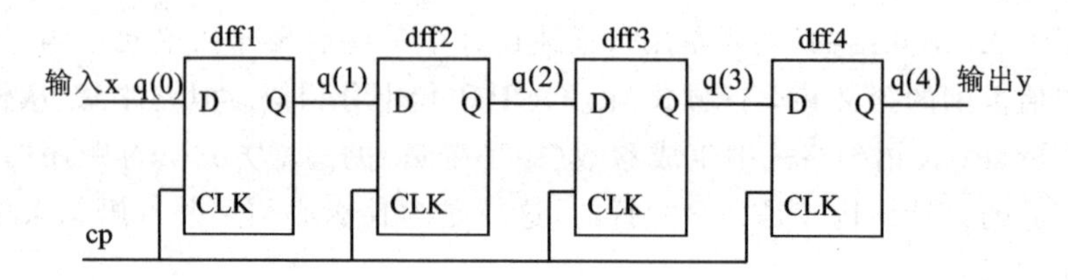

图 4-10 生成语句产生的4个相同电路来构成4位移位寄存器

4.5.6 子程序和并行过程调用语句

子程序是一个 VHDL 程序模块,子程序和进程(PROCESS)一样,是利用顺序语句来定义和完成算法的,可以在结构体的不同部分调用子程序,以便更有效地来完成重复的设计工作。子程序不能从所在的结构体的其他块或进程结构中直接读取信号值或者向信号赋值,而只能通过子程序调用及与子程序的界面端口进行通用。

子程序有两种类型,即过程(PROCEDURE)和函数(FUNCTION)。过程的参量可以为 IN、OUT 或 INOUT 方式。函数一般只用于计算数值,参量只能是 IN 信号与常量。

过程没有返回值,但是可以通过改变过程参数值的方法向过程的调用者传递信息;函数只能返回一个值。过程一般被看作一种语句结构,而函数通常是表达式的一部分。过程可以单独存在,而函数通常作为语句的一部分调用。

1. 过　程

过程调用前需要将过程的实质内容装入程序包(PACKAGE)中,过程分为过程首和过程体两部分。过程首不是必需的,过程体可以独立存在和使用。

(1) 过程首

过程首由过程名和参数表组成。参数表用于对常数、变量和信号三类数据对象目标作出说明,并用关键词 IN、OUT 和 INOUT 定义这些参数的工作模式,即信息的流向。过程首的语句格式为:

PROCEDURE 过程名(参数表);

【例 4.33】

```
PROCEDURE AA1(VARIABLE X,Y:INOUT REAL);
PROCEDURE BB2 (CONSTANT X1:IN INTEGER;
               VARIABLE Y1:OUT INTEGER);
PROCEDURE CC3 (SIGNAL Z:INOUT BIT);
```

如果只定义了 IN 模式而未定义目标参量类型,则默认为常量;若只定义了 INOUT 或 OUT,则默认目标参量类型是变量。

(2) 过程体

过程体放在程序包的包体(PACKAGE BODY)中,其格式为:

```
PROCEDURE  过程名(参数表) IS          -- 过程体开始
[说明部分];
BEGIN
顺序语句;
END PROCEDURE  过程名;                -- 过程体结束
```

过程调用就是执行一个给定名字和参数的过程。调用过程的语句格式如下:

过程名[([形参名=>]实参表达式{,[形参名=>] 实参表达式})];

其中,括号中的实参表达式称为实参,它可以是一个具体的数值,也可以是一个标识符,是当前调用程序中过程形参的接受体。在此调用格式中,形参名即为当前欲调用的过程中已说明的参数名,即与实参表达式相联系的形参名。被调用中的形参名与调用语句中的实参表达式的对应关系有位置关联法和名字关联法两种,位置关联可以省去形参名。

一个过程的调用有 3 个步骤:首先将 IN 和 INOUT 模式的实参值赋给欲调用的过程中与它们对应的形参;然后执行这个过程;最后将过程中 IN 和 INOUT 模式的形参值赋还给对应的实参。

实际上,一个过程对应的硬件结构中,其标识符形参的输入/输出是与其内部逻辑相连的。在例 4.33 中定义了一个名为 SWAP 的局部过程(没有放在程序包中的过程),这个过程的功能是对两个数的大小进行比较。调用 SWAP 后,就能找出最大值和最小值。

【例 4.34】

```
LIBRARY IEEE;
USE IEEE.STD_LOGIC_1164.ALL;
    ENTITY   SORT   IS
      GENERIC(limit:INTEGER:=255);
     PORT(ena:IN BIT; inp1,inp2:IN INTEGER RANGE 0 TO limit;
          min_out,max_out:OUT INTEGER RANGE 0 TO limit);
    END SORT;
    ARCHITECTURE   ART   OF   SORT IS
     PROCEDURE   SWAP(SIGNAL in1,in2:IN INTEGER RANGE 0 TO limit;
    SIGNAL min,max:OUT INTEGER RANGE 0 TO limit) IS -- SWAP的形参名为 in1,in2,min,max
        BEGIN                                       -- 开始描述本过程的逻辑功能
          IF(in1>in2)THEN                           -- 检测数据
            max<=in1;
            min<=in2;
          ELSE
            max<=in2;
            min<=in1;
          END  IF;
    END  PROCEDURE SWAP;                            -- 过程 SWAP 定义结束
      BEGIN
       PROCESS(ena)                                 -- 进程开始
        BEGIN
          IF(ena='1')THEN
            SWAP(inp1,inp2,min_out,max_out);        -- 过程 SWAP 定义结束
          END IF;
      END  PROCESS;
END ART;
```

2. 函　数

函数调用与过程调用是十分相似的,不同之处是,调用函数将返还一个指定数据类型的值,函数的参量只能是输入值。一般地,函数定义由两部分组成,即函数首和函数体。

(1) 函数首

函数首是由函数名、参数表和返回值的数据类型三部分组成的。函数首的名称即为函数的名称,需放在关键词 FUNCTION 之后,它可以是普通的标识符,也可以是运算符(这时必须加上双引号)。函数的参数表是用来定义输入值的,它可以是信号或常数,参数名需放在关键词 CONSANT 或 SIGNAL 之后,若没有特别的说明,则参数被默认为常数。如果要将一个已编制好的函数并入程序包,则函数首必须放在程序包的说明部分,而函数体需放在程序包的包体内。如果只是在一个结构体中

定义并调用函数,则仅需函数体即可。由此可见,函数首的作用只是作为程序包的有关此函数的一个接口界面。函数首的表达格式如下:

FUNCTION　函数名(参数表) RETURN 数据类型;　　-- 函数首

【例 4.35】

```
LIBRARY IEEE;
USE IEEE.STD_LOGIC_1164.ALL;
PACKAGE dfad IS                                    -- 程序包
    FUNCTION  FUNC1(A,B:REAL) RETURN REAL;         -- 声明函数首
    …
```

以下是另外两种不同函数首的写法:

```
FUNCTION  "*"(A,B:INTEGER) RETURN INTEGER;         -- 注意函数名*要用引号括住
FUNCTION  AS2(SIGNAL IN1,IN2:REAL) RETURN REAL;    -- 注意信号参量的写法
```

以上是三个不同的函数首,它们都放在某一程序包的说明部分。

(2) 函数体

函数体包括对数据类型、常数、变量等的局部说明,以及用来完成规定算法或者转换的顺序语句,并以关键词 END FUNCTION 以及函数名结尾。一旦函数被调用,就将执行这部分语句。函数体的表达格式如下:

FUNCTION　函数名(参数表) RETURN 数据类型 IS　　-- 函数体开始
[说明部分];
BEGIN
顺序语句;
RETURN 返回变量名;
END FUNCTION　函数名;　　-- 函数体结束

【例 4.36】

```
LIBRARY IEEE;
USE IEEE.STD_LOGIC_1164.ALL;
ENTITY uu IS
PORT(X1,X2,Y1,Y2:IN STD_LOGIC_VECTOR(3 DOWNTO 0);
     W,Z:OUT STD_LOGIC_VECTOR(3 DOWNTO 0));
END UU;
ARCHITECTURE struc OF UU IS
FUNCTION  MIN(A,B:IN STD_LOGIC_VECTOR) RETURN STD_LOGIC_VECTOR IS   -- 声明函数体
BEGIN
IF(A<B) THEN RETURN A;
```

```
ELSE RETURN B;
END IF;
END MIN;
BEGIN
W<=MIN(X1,Y1);                        -- 调用函数
PROCESS(X2,Y2)
BEGIN
Z<=MIN(X2,Y2);                        -- 调用函数
END PROCESS;
END struc;
```

函数调用语句的格式为:

函数名(关联参数表);

函数调用语句是出现在结构体和块中的并行语句。通过函数的调用来完成某些数据的运算或转换。例 4.36 中的函数调用语句 MIN (X1,Y1),只有函数体,没有函数首,这是因为它只在程序包体内调用。

习　题

4.1 判断下列 VHDL 标识符是否合法,若有错误,则指出原因。

2#01#,10#1F#,8#987#,8#123#,2#12#,16#0AE#;

73HC45,\88HC77\;

CLC/RS,\N4/SCLC\,A20%。

4.2 说明 VHDL 中的 3 种数据对象的功能特点和使用方法。

4.3 说明端口模式 BUFFER 与 INOUT 有何异同点。

4.4 VHDL 设计中常用到哪些库?

4.5 画出与下例实体描述对应的原理图符号。

①

```
ENTITY bufs IS
    PORT (din   : IN   STD_LOGIC_VECTOR(7 DOWNTO 0);
          dout  : OUT  STD_LOGIC_VECTOR(7 DOWNTO 0);
          en    : IN   STD_LOGIC);
END bufs;
```

②

```
ENTITY test1 IS
PORT (clk, d : IN BIT;
          q : OUT BIT);
EDB test1;
```

4.6 根据图 4－11 所示的原理图，用 VHDL 程序来描述其功能。

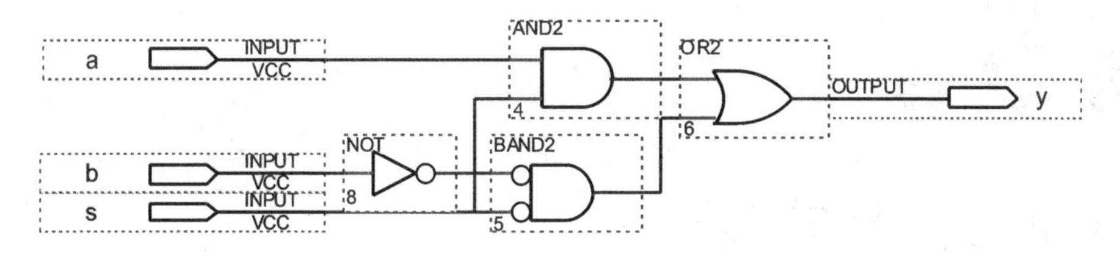

图 4－11 习题 4.6 的原理图

4.7 试用 VHDL 并行信号赋值语句分别描述下列器件的功能：

① 3－8 译码器。

② 8 选 1 数据选择器。

4.8 比较信号与变量，说明它们之间的区别。

4.9 用 VHDL 语言描述一个 BCD－七段码译码器。输入、输出均为高电平有效。

4.10 用 VHDL 描述一个 N 分频器。N 默认值为 10。

4.11 试用 VHDL 描述由两输入端“与非”门构成的一位全加器的电路结构。

4.12 用 VHDL 设计 8 位同步二进制加减法计数器，输入为时钟端 CLK 和异步清除端 CLR，UPDOWN 是加减控制端，当 UPDOWN 为 1 时执行加法计数，为 0 时执行减法计数；进位输出端为 C。

4.13 用元件例化生成语句设计一位全加器。

4.14 用 VHDL 生成语句描述一个由 n 个一位全减器构成的 n 位减法器。n 的默认值为 4。

第 5 章

EDA 技术应用

本章通过用硬件描述语言 VHDL 实现的设计实例，进一步介绍 EDA 技术在组合逻辑、时序逻辑电路设计及一些常用数字系统中的综合应用。

5.1 组合逻辑电路的设计

组合逻辑电路的输出只与当前的输入有关，而与历史状态无关，即组合逻辑电路没有记忆功能。通常，组合逻辑电路可由基本的门电路组成。

5.1.1 门电路的设计

【例 5.1】 反相器。

```
LIBRARY IEEE;
USE IEEE.STD_LOGIC_1164.ALL;              -- IEEE 库使用说明
ENTITY not1 IS
PORT( a:  IN STD_LOGIC;                   -- 实体端口说明
      y:  OUT STD_LOGIC);
END not1;
ARCHITECTURE exa1 OF not1 IS
BEGIN
y< = NOT a;                               -- 结构体功能描述语句
END exa1;
```

【例 5.2】 2 输入“异或”门。

```
LIBRARY IEEE;
USE IEEE.STD_LOGIC_1164.ALL;
ENTITY xor2 IS
PORT( a, b:  IN STD_LOGIC;
      y:  OUT STD_LOGIC);
END xor2;
ARCHITECTURE exa2 OF xor2 IS
BEGIN
```

```
y<= a XOR b;                        -- 结构体功能描述语句
END exa2;
```

【例5.3】 三态门。

```
LIBRARY IEEE;
USE IEEE.STD_LOGIC_1164.ALL;
ENTITY tri_gate IS
PORT( a,en:  IN STD_LOGIC;
      y:  OUT STD_LOGIC);
END tri_gate;
ARCHITECTURE exa3 OF tri_gate IS
BEGIN
PROCESS(a,en)
BEGIN
IF(en = '1')THEN                    -- 结构体功能描述语句
   y<= a;
ELSE
   y =<'Z';
END IF;
END PROCESS;
END exa3;
```

本例中使用了IF语句来实现三态门的功能，其仿真波形如图5-1所示：当使用端en为'1'时，y=a；否则y='Z'，仿真结果正确。

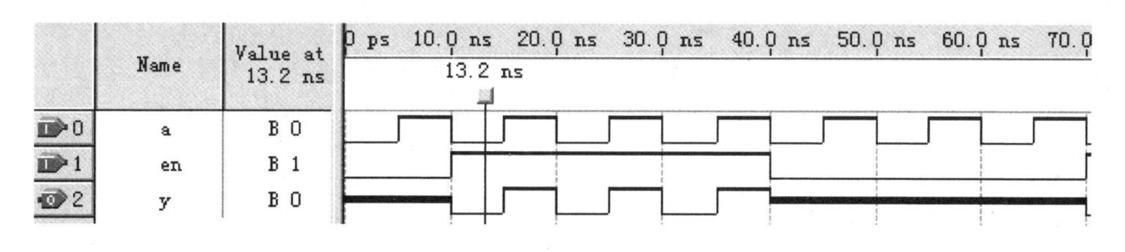

图5-1 三态门仿真图

5.1.2 编码器的设计

在实际的数字系统中，为了区分一系列不同的事物，设计人员经常将其中的每一个事物用一个二进制代码来表示，这就是编码的含义。在二值逻辑电路中，信号都是以高、低电平的形式来表示的，因此编码器的逻辑功能就是把输入的每一个高、低电平的信号编写成一个对应的二进制代码。根据上面编码器的逻辑功能不难看出，编码器的工作原理实际上就是将2^N个输入信号转化为N位编码输出的过程。

下面以数字电路中常用的8线-3线编码器为例，介绍普通编码器的VHDL语言程序设计。8线-3线编码器对8个输入信号d_7～d_0进行编码，输出为3位二进制

代码 $y_2y_1y_0$,输入信号为低电平有效。真值表如表 5-1 所列。

表 5-1　8 线-3 线编码器真值表

输入								输出		
d_7	d_6	d_5	d_4	d_3	d_2	d_1	d_0	y_2	y_1	y_0
0	1	1	1	1	1	1	1	1	1	1
1	0	1	1	1	1	1	1	1	1	0
1	1	0	1	1	1	1	1	1	0	1
1	1	1	0	1	1	1	1	1	0	0
1	1	1	1	0	1	1	1	0	1	1
1	1	1	1	1	0	1	1	0	1	0
1	1	1	1	1	1	0	1	0	0	1
1	1	1	1	1	1	1	0	0	0	0

用 VHDL 描述的 8 线-3 线编码器源程序如例 5.4 所示。

【例 5.4】

```
LIBRARY IEEE;
USE IEEE.STD_LOGIC_1164.ALL;
ENTITY encoder8_3 IS
          PORT (d   : IN  STD_LOGIC_VECTOR(7 DOWNTO 0);
                y   : OUT STD_LOGIC_VECTOR (2 DOWNTO 0));
END encoder8_3;
ARCHITECTURE rtl OF encoder8_3 IS
BEGIN
     PROCESS (d)
     BEGIN
          CASE d IS
               WHEN "01111111"  => y <= "111";
               WHEN "10111111"  => y <= "110";
               WHEN "11011111"  => y <= "101";
               WHEN "11101111"  => y <= "100";
               WHEN "11110111"  => y <= "011";
               WHEN "11111011"  => y <= "010";
               WHEN "11111101"  => y <= "001";
               WHEN "11111110"  => y <= "000";
               WHEN OTHERS     => y <= "ZZZ";
          END CASE;
     END PROCESS;
END rtl;
```

8 线-3 线编码器电路的仿真波形如图 5－2 所示。从图中可以看出，当 d＝“01111111”时，y＝“111”；当 d＝“10111111”时，y＝“110”等，仿真结果正确。

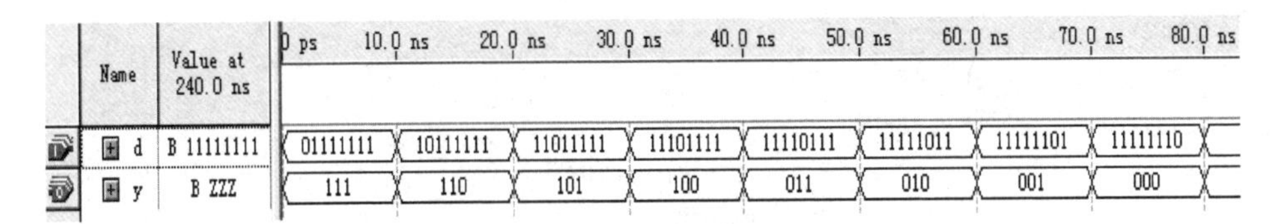

图 5－2　8 线-3 线编码器电路的仿真波形

5.1.3　译码器的设计

译码是编码的逆过程，其功能是将具有特定含义的二进制代码转换成对应的输出信号，具有译码功能的逻辑电路称为译码器。通常，根据译码器电路的逻辑功能和特点，将译码器分为二进制译码器、二-十进制译码器和七段显示译码器。

1. 二进制译码器

二进制译码器的输入是一组二进制代码，输出是一组与输入代码一一对应的高、低电平信号。二进制译码器一般具有 n 个输入端、2^n 个输出端。74LS138 是常用的一种二进制译码器，它具有 3 个输入端、8 个输出端。真值表如表 5－2 所列。其工作原理是：当译码器的输入使能端 $g_1=1$、$g_{2A}+g_{2B}=0$ 时，译码器处于工作状态，根据输入信号的不同组合，可译出 8 个输出信号，输出为低电平有效；否则译码器不能工作，输出端被封锁为高电平。

表 5－2　74LS138 译码器的真值表

输入						输出							
g_1	g_{2A}	g_{2B}	c	b	a	y_0	y_1	y_2	y_3	y_4	y_5	y_6	y_7
X	1	X	X	X	X	1	1	1	1	1	1	1	1
X	X	1	X	X	X	1	1	1	1	1	1	1	1
0	X	X	X	X	X	1	1	1	1	1	1	1	1
1	0	0	0	0	0	0	1	1	1	1	1	1	1
1	0	0	0	0	1	1	0	1	1	1	1	1	1
1	0	0	0	1	0	1	1	0	1	1	1	1	1
1	0	0	0	1	1	1	1	1	0	1	1	1	1
1	0	0	1	0	0	1	1	1	1	0	1	1	1
1	0	0	1	0	1	1	1	1	1	1	0	1	1
1	0	0	1	1	0	1	1	1	1	1	1	0	1
1	0	0	1	1	1	1	1	1	1	1	1	1	0

用 VHDL 描述的 74LS138 译码器的源程序如例 5.5 所示。

【例 5.5】

```
LIBRARY IEEE;
USE IEEE.STD_LOGIC_1164.ALL;
ENTITY decoder_74LS138 IS
            PORT (g1,g2a,g2b   : IN   STD_LOGIC;
                  a,b,c: IN   STD_LOGIC;
         y      : OUT STD_LOGIC_VECTOR (7 DOWNTO 0));
END decoder_74LS138;
ARCHITECTURE rtl OF decoder_74LS138 IS
     SIGNAL   comb    : STD_LOGIC_VECTOR (2 DOWNTO 0);
BEGIN
     comb <= c & b & a;
     PROCESS (g1,g2a,g2b,comb)
     BEGIN
          IF (g1 = '1' AND g2a = '0' AND g2b = '0') THEN
               CASE comb IS
                    WHEN "000"  => y <= "11111110";
                    WHEN "001"  => y <= "11111101";
                    WHEN "010"  => y <= "11111011";
                    WHEN "011"  => y <= "11110111";
                    WHEN "100"  => y <= "11101111";
                    WHEN "101"  => y <= "11011111";
                    WHEN "110"  => y <= "10111111";
                    WHEN "111"  => y <= "01111111";
                    WHEN OTHERS => y   <= "XXXXXXXX";
               END CASE;
          ELSE
               y <= "11111111";
          END IF;
     END PROCESS;
END rtl;
```

74LS138 译码器电路的仿真波形如图 5-3 所示。从图中可以看出，当 g_1、g_{2a} 和 g_{2b} 三种信号中的任一信号为任意值时，y 为“XXXXXXXX”；当 g_1＝‘1’、g_{2a}＝‘0’和

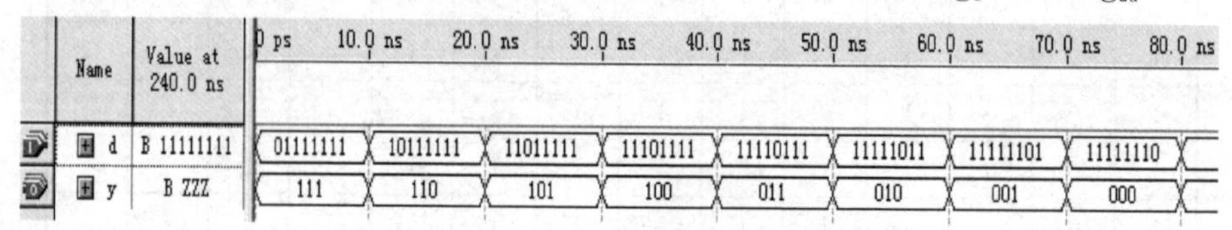

图 5-3　74LS138 译码器电路的仿真波形

g_{2b}＝‘0’时，c、b、a 分别赋初值时，结果 y 是正确的。

2. 二-十进制译码器

二-十进制码是指用 4 位二进制码来表示 1 位十进制数中 0～9 这十个数码，简称 BCD 码。二-十进制译码器是实现 8421－BCD 码至十进制译码的电路。其真值表如表 5－3 所列，输出为高电平有效。

表 5－3　二-十进制译码器真值表

输　入				输　出									
d	c	b	a	y_0	y_1	y_2	y_3	y_4	y_5	y_6	y_7	y_8	y_9
0	0	0	0	1	0	0	0	0	0	0	0	0	0
0	0	0	1	0	1	0	0	0	0	0	0	0	0
0	0	1	0	0	0	1	0	0	0	0	0	0	0
0	0	1	1	0	0	0	1	0	0	0	0	0	0
0	1	0	0	0	0	0	0	1	0	0	0	0	0
0	1	0	1	0	0	0	0	0	1	0	0	0	0
0	1	1	0	0	0	0	0	0	0	1	0	0	0
0	1	1	1	0	0	0	0	0	0	0	1	0	0
1	0	0	0	0	0	0	0	0	0	0	0	1	0
1	0	0	1	0	0	0	0	0	0	0	0	0	1

用 VHDL 描述的二-十进制译码器的源程序如例 5.6 所示。

【例 5.6】

```
LIBRARY IEEE;
USE IEEE.STD_LOGIC_1164.ALL;
ENTITY decoder8421_10 IS
            PORT (a,b,c,d : IN  STD_LOGIC;
                   y   : OUT STD_LOGIC_VECTOR(9 DOWNTO 0));
END decoder8421_10;
ARCHITECTURE rtl OF decoder8421_10 IS
     SIGNAl  comb   : OUT STD_LOGIC_VECTOR (3 DOWNTO 0);
BEGIN
     comb <= d & c & b & a;
     PROCESS (comb)
     BEGIN
          CASE comb IS
               WHEN "0000"  => y <= "0000000001";
               WHEN "0001"  => y <= "0000000010";
               WHEN "0010"  => y <= "0000000100";
```

```
                WHEN "0011"  => y <= "0000001000";
                WHEN "0100"  => y <= "0000010000";
                WHEN "0101"  => y <= "0000100000";
                WHEN "0110"  => y <= "0001000000";
                WHEN "0111"  => y <= "0010000000";
                WHEN "1000"  => y <= "0100000000";
                WHEN "1001"  => y <= "1000000000";
                WHEN OTHERS  => y <= "XXXXXXXXXX";
            END CASE;
        END PROCESS;
    END rtl;
```

二-十进制译码器电路的仿真波形如图 5-4 所示。从图中可以看出,当 a、b、c 和 d 四路信号赋初值时,结果 y 是正确的。

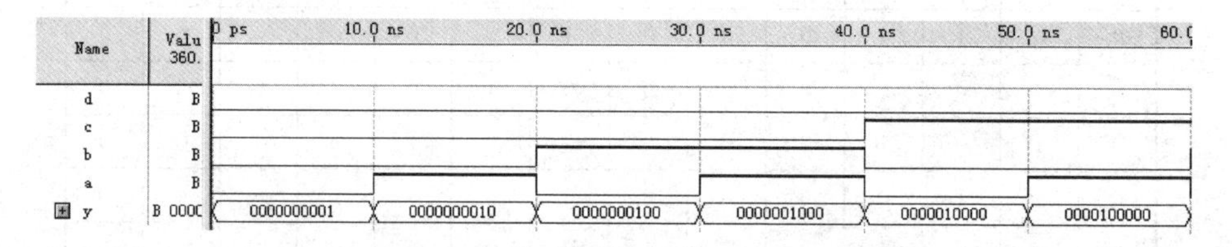

图 5-4　二-十进制译码器电路的仿真波形

3. 七段显示译码器

七段显示译码器是指将十进制的代码译成数码管显示对应的段。对于共阴极数码管,译码器输出高电平有效,其真值表如表 5-4 所列。

表 5-4　七段显示译码器真值表

输　入				输　出						
d_3	d_2	d_1	d_0	a	b	c	d	e	f	g
0	0	0	0	1	1	1	1	1	1	0
0	0	0	1	0	1	1	0	0	0	0
0	0	1	0	1	1	0	1	1	0	1
0	0	1	1	1	1	1	1	0	0	1
0	1	0	0	0	1	1	0	0	1	1
0	1	0	1	1	0	1	1	0	1	1
0	1	1	0	1	0	1	1	1	1	1
0	1	1	1	1	1	1	0	0	0	0
1	0	0	0	1	1	1	1	1	1	1
1	0	0	1	1	1	1	1	0	1	1

用 VHDL 描述的七段显示译码器的源程序如例 5.7 所示。

【例 5.7】

```
LIBRARY IEEE;
USE IEEE.STD_LOGIC_1164.ALL;
ENTITY dec7s is
    PORT( d:IN BIT_VECTOR(3 DOWNTO 0);
      led7s:OUT BIT_VECTOR(7 DOWNTO 0));
END;
ARCHITECTURE rtl of dec7s IS
BEGIN
    PROCESS(d)
     BEGIN
        CASE d(3 DOWNTO 0) IS
               -- 数码显示管七段码 gfedcba
            WHEN "0000" = >led7s< = "00111111";
            WHEN "0001" = >led7s< = "00000110";
            WHEN "0010" = >led7s< = "01011011";
            WHEN "0011" = >led7s< = "01001111";
            WHEN "0100" = >led7s< = "01100110";
            WHEN "0101" = >led7s< = "01101101";
            WHEN "0110" = >led7s< = "01111101";
            WHEN "0111" = >led7s< = "00000111";
            WHEN "1000" = >led7s< = "01111111";
            WHEN "1001" = >led7s< = "01101111";
            WHEN OTHERS = >led7s< = "00000000";
       END CASE;
   END PROCESS;
END rtl;
```

七段显示译码器电路的仿真波形如图 5－5 所示。从图中可以看出，当 d 信号赋值时，结果 led7s 是正确的。

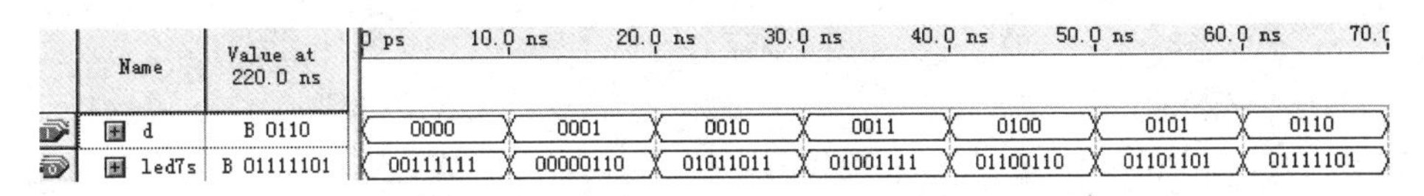

图 5－5　七段显示译码器电路的仿真波形

5.1.4　数据选择器的设计

数据选择是指经过选择，把多路数据中的某一路数据传送到公共数据线上。实现数据选择功能的逻辑电路称为数据选择器。它的作用相当于多个输入的单刀多掷开关。通常,选择器有 2^N 个输入信号,1 个输出信号,同时还有 N 条数据选择线。常用的数据选择器有 4 选 1、8 选 1 和 16 选 1 等类型。下面以 8 选 1 数据选择器为例,介绍数据选择器的 VHDL 设计,真值表如表 5-5 所列,其工作原理为:根据数据选择输入端 s2、s1、s0 的不同组合,将 A[7～0]相应的输入信号传到输出端 y。

表 5-5　8 选 1 数据选择器真值表

s2	s1	s0	y
0	0	0	A[0]
0	0	1	A[1]
0	1	0	A[2]
0	1	1	A[3]
1	0	0	A[4]
1	0	1	A[5]
1	1	0	A[6]
1	1	1	A[7]

用 VHDL 描述的 8 选 1 数据选择器的源程序如例 5.8 所示。

【例 5.8】

```
LIBRARY IEEE;
USE IEEE.STD_LOGIC_1164.ALL;
ENTITY mux81 IS
PORT( s2,s1,s0:  IN STD_LOGIC;
        A:  IN STD_LOGIC_VECTOR (7 DOWNTO 0);
         y:  OUT STD_LOGIC);
END mux81;
ARCHITECTURE rtl OF mux81 IS
SIGNAL s:STD_LOGIC_VECTOR (2 DOWNTO 0);
BEGIN
    s<=s2&s1&s0;
    PROCESS(s2,s1,s0)
     BEGIN
        CASE s IS
        WHEN "000"=>y<=A(0);
        WHEN "001"=>y<=A(1);
        WHEN "010"=>y<=A(2);
        WHEN "011"=>y<=A(3);
        WHEN "100"=>y<=A(4);
        WHEN "101"=>y<=A(5);
        WHEN "110"=>y<=A(6);
```

```
            WHEN "111" => y <= A(7);
            WHEN OTHERS => y <= 'X';
    END CASE;
    END PROCESS;
    END rtl;
```

8 选 1 数据选择器电路的仿真波形如图 5－6 所示。从图中可以看出，当 s＝“000”、A＝“10011110”时，y＝A(0)＝‘0’，以此类推，结果与理论值符合。

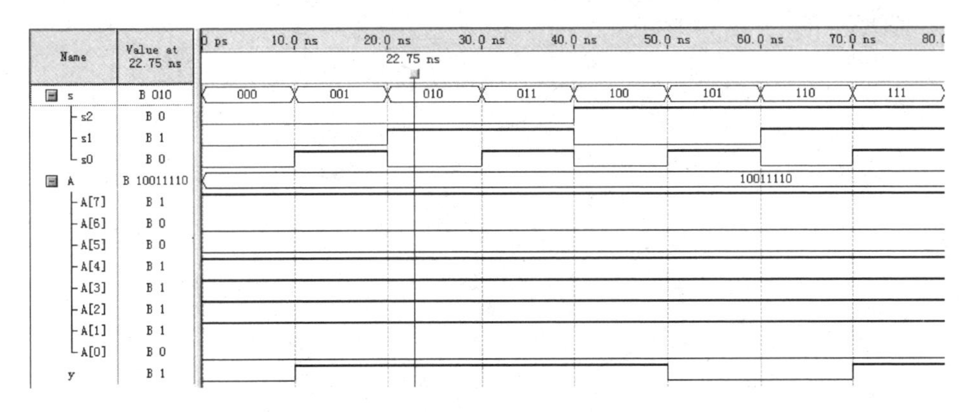

图 5－6 8 选 1 数据选择器电路的仿真波形

5.1.5 数值比较器的设计

在数字系统中，特别是在计算机中需要对两个数的大小进行比较。数值比较器就是对两个二进制数 A、B 进行比较的电路，比较结果有 A＞B、A＜B 以及 A＝B 三种情况。下面以 8 位二进制数值比较器为例，介绍数值比较器的设计。其中 a[7..0]和 b[7..0]是两个数据输入端，fa 是“大于”输出端，fb 是“小于”输出端，fe 是“等于”输出端。当 a[7..0]＞b[7..0]时，fa＝1；当 a[7..0]＜b[7..0]时，fb＝1；当a[7..0]＝b[7..0]时，fe＝1。真值表如表 5－6 所列。

表 5－6 8 位二进制数值比较器真值表

输　入	输　出		
a 和 b 的比较	fa	fb	fe
a＞b	1	0	0
a＜b	0	1	0
a＝b	0	0	1

用 VHDL 描述的 8 位二进制数值比较器源程序如例 5.9 所示。

【例 5.9】

```
LIBRARY IEEE;
USE IEEE.STD_LOGIC_1164.ALL;
ENTITY comp8 IS
PORT (a,b      : IN STD_LOGIC_VECTOR(7 DOWNTO 0);
        fa,fb,fe      : OUT STD_LOGIC);
END comp8;
ARCHITECTURE rtl OF comp8 IS
  BEGIN
       PROCESS(a,b)
        BEGIN
IF a > b THEN      fa <= '1';
                    fb <= '0';
                    fe <= '0';
         ELSIF a < b THEN      fa <= '0';
                    fb <= '1';
                    fe <= '0';
         ELSIF a = b THEN      fa <= '0';
                    fb <= '0';
                    fe <= '1';
         END IF;
   END PROCESS;
END rtl;
```

8 位二进制数值比较器电路的仿真波形如图 5-7 所示。从图中可以看出,当 a="11111111"和 b="111111100"时,fa='1'为真,fb='0'为假,fc='0'为假,因此 a>b,结果与理论上的分析一致。以此类推。

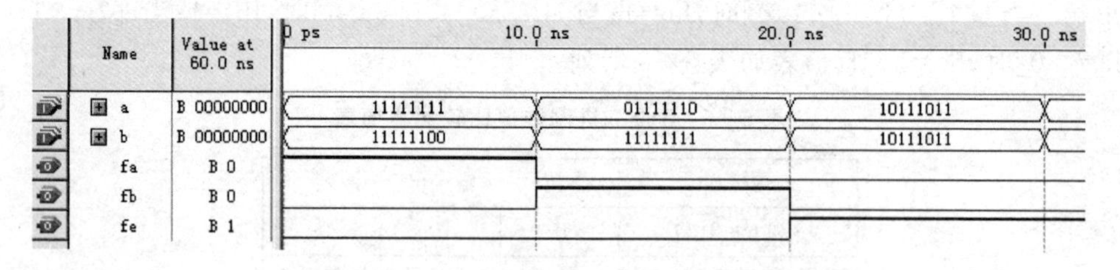

图 5-7 8 位二进制数值比较器电路的仿真波形

5.1.6 运算电路的设计

算术运算是数字系统的基本功能,更是计算机中不可缺少的组成单元。一般来说,运算器的种类很多,它可以是加法器、减法器、乘法器和除法器等算术运算单元。

1. 通用加法器

下面是一个有类属参数的通用向量加法器,其中两个向量的长度 N 是一个类属参数,在该元件被例化时确定 N 的值,因而具有通用性。

用 VHDL 描述的通用加法器源程序如例 5.10 所示。

【例 5.10】

```
LIBRARY IEEE;
USE IEEE.STD_LOGIC_1164.ALL;
USE IEEE.STD_LOGIC_UNSIGNED.ALL;
ENTITY g_add IS
    GENERIC(n:POSITIVE: = 4);
    PORT(a,b:IN STD_LOGIC_VECTOR(n - 1 DOWNTO 0);
         cin:IN STD_LOGIC;
         sum:OUT STD_LOGIC_VECTOR(n - 1 DOWNTO 0);
        cout:OUT STD_LOGIC);
END;
ARCHITECTURE rtl OF g_add IS
  SIGNAL s:STD_LOGIC_VECTOR(n DOWNTO 0);
BEGIN
  s< = ('0'&a) + b + cin;
  sum< = s(n - 1 DOWNTO 0);
 cout< = s(n);
END rtl;
```

通用加法器电路的仿真波形如图 5-8 所示。从图中可以看出,当 a="1000"、b="1101"和低位的进位 cin='0'时,和 sum="0101",向高位的进位 cout='1'。以此类推,结果与理论值符合。

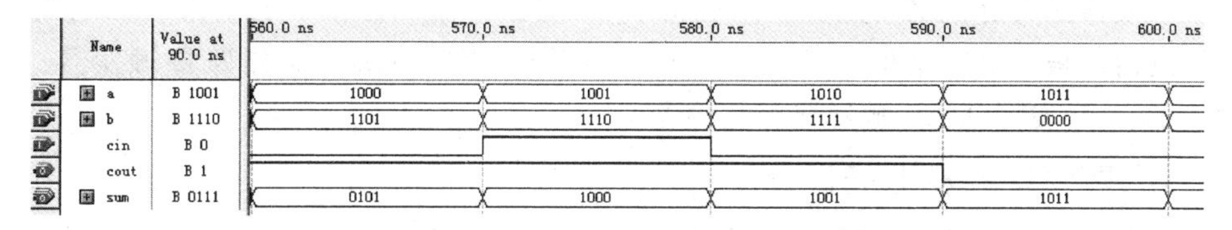

图 5-8　通用加法器电路的仿真波形

2. 向量乘法器

下面介绍 4 位向量乘法器的 VHDL 设计,源程序如例 5.11 所示。其中 a[3..0]和 b[3..0]是被乘数和乘数,其 q[7..0]是乘积输出端。

【例 5.11】

```
LIBRARY IEEE;
USE IEEE.STD_LOGIC_1164.ALL;
```

```
USE IEEE.STD_LOGIC_UNSIGNED.ALL;
ENTITY v_mult IS
PORT(a,b: IN  STD_LOGIC_VECTOR(3  DOWNTO   0);
q: OUT  STD_LOGIC_VECTOR(7  DOWNTO   0));
END v_mult ;
ARCHITECTURE rtl OF v_mult IS
BEGIN
q<=a*b;
END rtl;
```

4 位向量乘法器电路的仿真波形如图 5-9 所示。从图中可以看出,当 a="0010"、b="0001"时,乘法结果 q="00000010"。以此类推,结果与理论值符合。

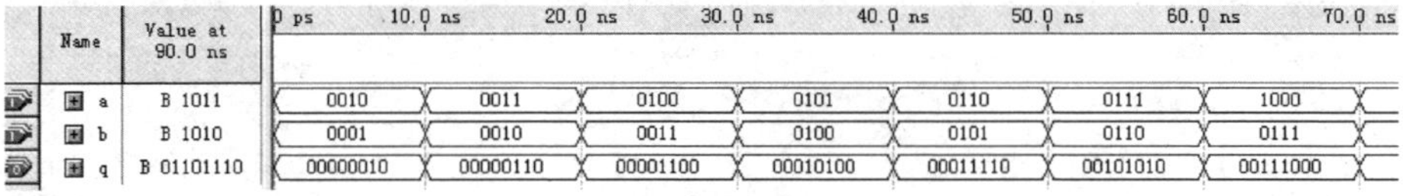

图 5-9　4 位向量乘法器电路的仿真波形

5.2　时序逻辑电路的设计

时序逻辑电路在任何时刻的输出不仅取决于当时的输入信号,而且还取决于电路原来的状态。由于时序电路具有"记忆"功能,因此在数字系统设计中应用广泛。常用的时序逻辑电路包括触发器、锁存器、寄存器和计数器等。

5.2.1　触发器的设计

触发器是具有记忆功能的基本逻辑单元,能够存储 1 位信号的基本单元电路称为触发器。根据电路结构形式和控制方式的不同,可以将触发器分为 D 触发器、JK 触发器、T 触发器和 RS 触发器等几种类型。

1. 基本 D 触发器的设计

在数字电路中,D 触发器是一种基本时序电路,它是构成数字电路系统的基础。一个基本的上升沿触发的 D 触发器的逻辑功能表如表 5-7 所列。

用 VHDL 描述的 D 触发器源程序如例 5.12 所示。

表 5-7　D 触发器的逻辑功能表

输　入		输　出
d	clk	q
X	0	保持
X	1	保持
0	↑	0
1	↑	1

【例 5.12】

```
LIBRARY IEEE;
USE IEEE.STD_LOGIC_1164.ALL;
ENTITY  basic_dff  IS
            PORT (d,clk   : IN  STD_LOGIC;
                  q,qn    : OUT STD_LOGIC);
END basic_dff;
ARCHITECTURE rtl OF basic_dff  IS
BEGIN
     PROCESS (clk)
         BEGIN
              IF (clk'EVENT AND clk  = '1') THEN
                  q   <= d;
                  qn <= NOT d;
              END IF;
         END PROCESS;
END rtl;
```

D 触发器电路仿真波形如图 5－10 所示。从图中可以看出，当时钟信号 clk 上升沿到来时，结果 q=d，qn 与 q 相反，结果与理论值符合。

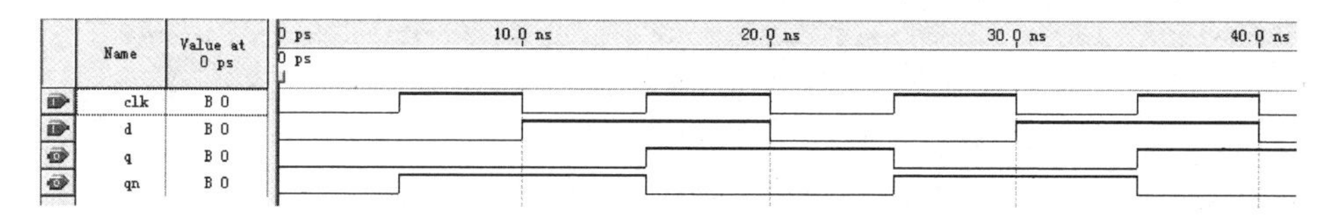

图 5－10　D 触发器电路的仿真波形

2. JK 触发器的设计

在数字电路中，JK 触发器也是一种较为常用的基本时序电路。带异步置位/复位端的 JK 触发器的逻辑功能如表 5－8 所列。

表 5－8　JK 触发器逻辑功能表

输入				输出		说明
				现态	次态	
S	R	CP	J　K	Q^n	Q^{n+1}	
0	1	X	X　X	0 1	1 1	置位
1	0	X	X　X	0 1	0 0	复位

续表 5-8

输入				输出		说明
				现态	次态	
S	R	CP	J　K	Q^n	Q^{n+1}	
1	1	↓	0　0	0	0	输出状态不变
			0　0	1	1	
1	1	↓	1　0	0	1	输出状态与J端相同
			1　0	1	1	
1	1	↓	0　1	0	0	
			0　1	1	0	
1	1	↓	1　1	0	1	每来一个CP,输出状态翻转一次
			1　1	1	0	

用 VHDL 描述的带异步置位/复位端的 JK 触发器源程序如例 5.13 所示。

【例 5.13】

```
LIBRARY IEEE;
USE IEEE.STD_LOGIC_1164.ALL;
ENTITY async_rsjkff IS
          PORT (j,k    : IN  STD_LOGIC;
                clk    : IN  STD_LOGIC;
                set    : IN  STD_LOGIC;
                reset  : IN  STD_LOGIC;
                q,qn   : OUT STD_LOGIC);
END async_rsjkff;
ARCHITECTURE rtl_arc OF async_rsjkff IS
     SIGNAL q_temp,qn_temp : STD_LOGIC;
BEGIN
     PROCESS (clk,set,reset)
         BEGIN
              IF (set = '0' AND reset = '1') THEN
                  q_temp   <= '1';
                  qn_temp <= '0';
              ELSIF (set = '1' AND reset = '0') THEN
                  q_temp   <= '0';
                  qn_temp <= '1';
              ELSIF (clk'EVENT AND clk = '1') THEN
                  IF (j = '0' AND k = '1') THEN
                      q_temp   <= '0';
                      qn_temp <= '1';
```

```
                ELSIF (j = '1' AND k = '0') THEN
                    q_temp   <= '1';
                    qn_temp <= '0';
                ELSIF (j = '1' AND k = '1') THEN
                    q_temp   <= NOT q_temp;
                    qn_temp <= NOT qn_temp;
                END IF;
            END IF;
            q   <= q_temp;
            qn <= qn_temp;
        END PROCESS;
END rtl_arc;
```

带异步置位/复位端的JK触发器电路仿真波形如图5-11所示。从图中可以看出，当置位信号 set=‘0’且复位端 reset=‘1’时，不管原来的输出状态 q 是何值都分别置‘1’；当置位信号 set=‘1’且复位端 reset=‘0’时，不管原来的输出状态 q 是何值都分别复位‘0’；当置位信号 set=‘1’且复位端 reset=‘1’，j=‘1’，k=‘0’，时钟信号 clk 下降沿到来时，不管原来的输出状态 q 是何值都分别与 j 值相同，结果与理论值符合。以此类推。

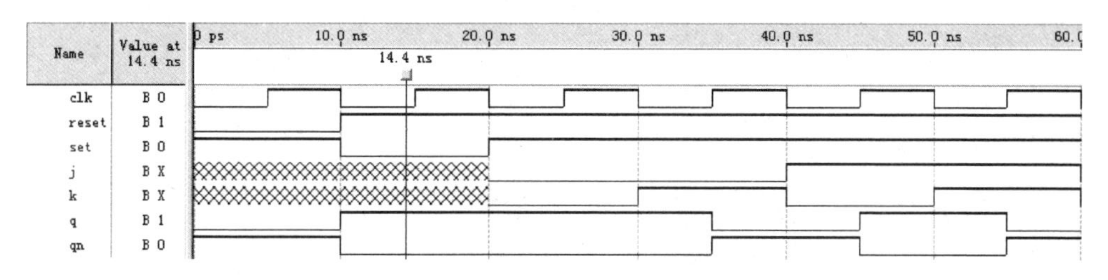

图 5-11 JK 触发器电路的仿真波形

5.2.2 锁存器的设计

锁存器是一种用来暂时保存数据的逻辑电路。下面以8位锁存器74LS373为例，介绍锁存器的设计方法。74LS373的逻辑符号如图5-12所示，功能表如表5-9所列。其逻辑功能为：当三态控制端口的信号有效(OE=0)并且数据控制端口的信号也有效(G=1)时，锁存器把输入端口的8位数据送到输出端口上去；当三态控制端口的信号有效(OE=0)而数据控制端口的信号无效(G=0)时，锁存器的输出端口将保持前一个状态；当三态控制端口的信号无效(OE=1)时，锁存器的输出端口将处于高阻状态。

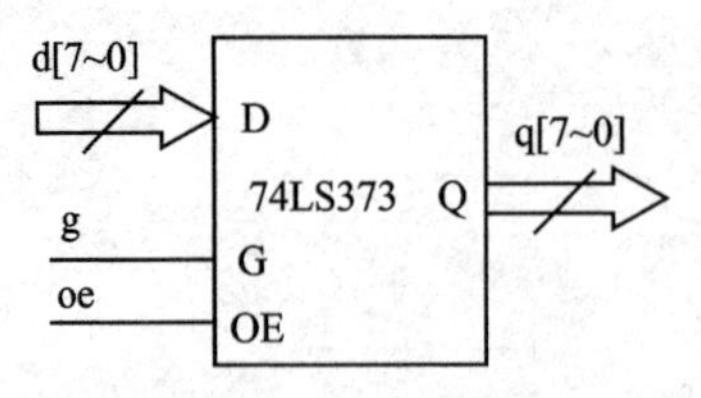

图 5-12 74LS373 的逻辑符号

表 5-9 锁存器 74LS373 的功能表

OE	G	D	Q
0	1	0	0
0	0	X	保持
1	X	X	高阻

用 VHDL 描述的 8 位锁存器 74LS373 的源程序如例 5.14 所示。

【例 5.14】

```
LIBRARY IEEE;
USE IEEE.STD_LOGIC_1164.ALL;
ENTITY latch_74LS373 IS
          PORT (d     : IN  STD_LOGIC_VECTOR(7 DOWNTO 0);
                oe,g : IN STD_LOGIC;
        q     : INOUT STD_LOGIC_VECTOR(7 DOWNTO 0));
END latch_74LS373;
ARCHITECTURE rtl OF latch_74LS373 IS
BEGIN
    PROCESS (oe,g)
        BEGIN
            IF (oe ='0') THEN
                IF (g ='1') THEN
                    q <= d;
                ELSE
                    q <= q;
                END IF;
            ELSE
                q <= "ZZZZZZZZ";
            END IF;
        END PROCESS;
END rtl;
```

8 位锁存器 74LS373 电路仿真波形如图 5-13 所示。从图中可以看出,当三态控制端口的信号有效 oe='0'并且数据控制端口的信号也有效 g='1'时,锁存器把输入端口的 8 位数据 d 送到输出端口 q;当三态控制端口的信号有效 oe='0'而数据控制端口的信号无效 g='0'时,锁存器的输出端口将保持前一个状态;当三态控制端口的信号无效 oe='1'时,锁存器的输出端口将处于高阻状态。结果与理论值符合。

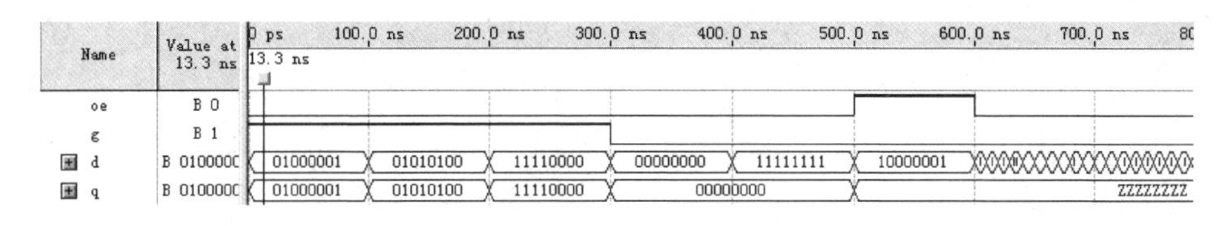

图 5 - 13　8 位锁存器 74LS373 的仿真波形

5.2.3　寄存器和移位寄存器的设计

1. 寄存器的设计

寄存器是数字系统中用来存储二进制数据的逻辑电路。1 个触发器可存储 1 位二进制数据,存储 n 位二进制数据的寄存器需要用 n 个触发器组成。寄存器与锁存器具有类似的功能,两者的区别在于:寄存器是同步时钟控制,而锁存器是电位信号控制。带使能端的 8 位寄存器的逻辑符号如图 5 - 14 所示,功能表见表 5 - 10。

图 5 - 14　带使能端的 8 位寄存器的逻辑符号

表 5 - 10　带使能端的 8 位寄存器的功能表

输　入			输　出
OE	CP	D	Q
0	↑	0	0
0	↑	1	1
0	0	X	保持
1	X	X	高阻

用 VHDL 描述的带使能端的 8 位寄存器的源程序如例 5.15 所示。

【例 5.15】

```
LIBRARY IEEE;
USE IEEE.STD_LOGIC_1164.ALL;
ENTITY reg8 IS
            PORT (d    : IN   STD_LOGIC_VECTOR(7 DOWNTO 0);
                   oe   : IN   STD_LOGIC;
                   clk : IN   STD_LOGIC;
          q     : INOUT STD_LOGIC_VECTOR(7 DOWNTO 0));
END reg8;
ARCHITECTURE rtl OF reg8 IS
BEGIN
     PROCESS (clk,oe)
         BEGIN
              IF (oe = '0') THEN
```

```
                IF (clk'EVENT AND clk = '1') THEN
                    q <= d;
                ElSE
                    q <= q;
                END IF;
            ELSE
                q <= "ZZZZZZZZ";
            END IF;
        END PROCESS;
END rtl;
```

带使能端的 8 位寄存器的电路仿真波形如图 5-15 所示。当使能端 oe='0',并且时钟信号 clk 上升沿到来时,寄存器把输入端口的 8 位数据 d 送到输出端口 q;当 oe='1'时,寄存器的输出端口将处于高阻状态。

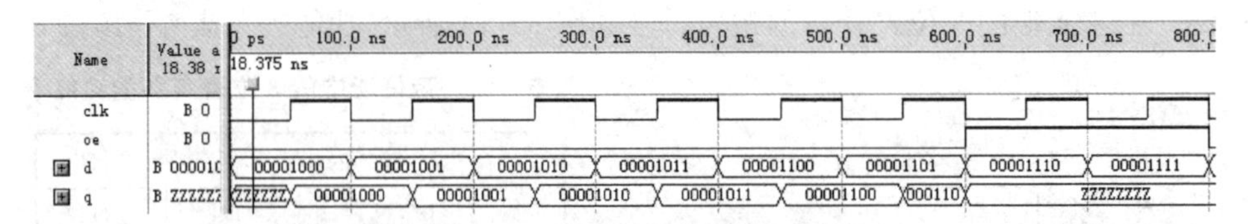

图 5-15　带使能端的 8 位寄存器的电路仿真波形

2. 移位寄存器的设计

移位寄存器除了具有寄存数码的功能外,还具有移位功能,即在移位脉冲作用下,能够把寄存器中的数依次向右或向左移,它是一个同步时序逻辑电路。可预加载循环移位寄存器逻辑符号如图 5-16 所示。

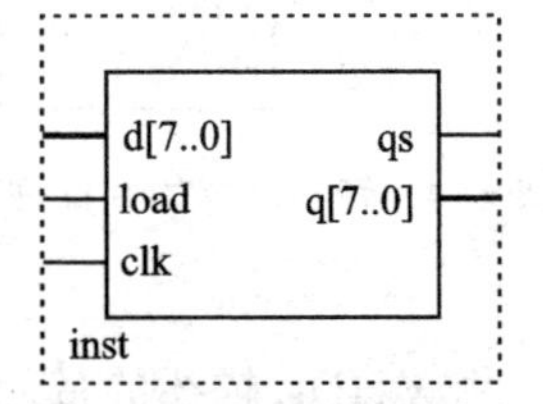

图 5-16　可预加载循环移位寄存器的逻辑符号

用 VHDL 描述可预加载循环移位寄存器的源程序如例 5.16 所示。

【例 5.16】

```
LIBRARY IEEE;
USE IEEE.STD_LOGIC_1164.ALL;
ENTITY  shiftre IS
        PORT (d    : IN  STD_LOGIC_VECTOR(7 DOWNTO 0);
              load  : IN  STD_LOGIC;
              clk : IN  STD_LOGIC;
              qs:BUFFER STD_LOGIC;
              q : BUFFER STD_LOGIC_VECTOR(7 DOWNTO 0));
END shiftre;
ARCHITECTURE rtl OF shiftre IS
BEGIN
```

```
        PROCESS (clk,load,d)
            BEGIN
               IF (clk'EVENT AND clk  = '1') THEN
                     IF load = '1' THEN
                         q <= d;
                         qs<= '0';
                     ElSE
                         qs <= q(0);
                         q(6 DOWNTO 0)<= q(7 DOWNTO 1);
                         q(7)<= qs;
                     END IF;
                END IF;
            END PROCESS;
    END rtl;
```

可预加载循环移位寄存器的波形如图 5－17 所示。从图中可以看出，当时钟信号 clk 上升沿到来时，如果加载信号有效即 load＝‘1’，则寄存器把输入端口的 8 位数据 d＝“00100011”送到输出端口 q；当加载信号 load＝‘0’，时钟信号 clk 上升沿到来时，q 高 7 位向右移一位，最高位 q(7)等于 q 的前一次状态的 q(0)，在移动脉冲的作用下，q 的移动以此类推。结果正确。

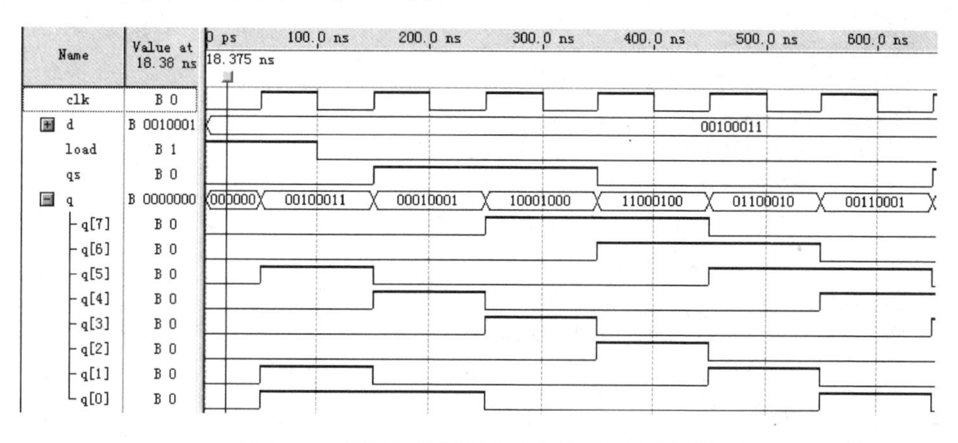

图 5－17　可预加载循环移位寄存器的仿真波形

5.2.4　计数器的设计

在数字系统中，计数器是应用最为广泛的时序逻辑电路。计数器的基本功能是记忆时钟脉冲的个数，它是用几个触发器的状态，按照一定的规律随时钟变化来记忆时钟的个数。常用的计数器包括二进制计数器、十进制计数器、加法计数器、减法计数器、同步计数器和异步计数器等。

1. 4 位二进制计数器的设计

下面将以一个带有异步复位、同步预置数、同步使能和进位输出端的 4 位二进制计数器为例,介绍计数器的 VHDL 设计。该 4 位二进制计数器的逻辑符号如图 5－18 所示,功能表如表 5－11 所列。当 4 位二进制计数器计数值为“1111”时,进位输出端 CO 为‘1’,程序中设定同步预置数为“1010”。

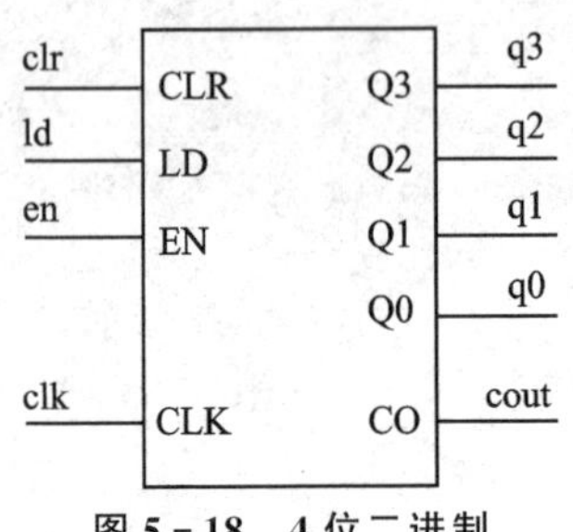

图 5－18　4 位二进制计数器的逻辑符号

表 5－11　4 位二进制计数器的功能表

输入				输出			
CLR	LD	EN	CLK	Q3	Q2	Q1	Q0
1	X	X	X	0	0	0	0
0	1	X	↑	预置数			
0	0	1	↑	加 1 计数			
0	0	0	X	保持			

用 VHDL 描述的带使能端的 4 位二进制计数器的源程序如例 5.17 所示。

【例 5.17】

```
LIBRARY IEEE;
USE IEEE.STD_LOGIC_1164.ALL;
USE IEEE.STD_LOGIC_ARITH.ALL;
USE IEEE.STD_LOGIC_UNSIGNED.ALL;
ENTITY counter IS
           PORT (clk     : IN  STD_LOGIC;
                 clr     : IN  STD_LOGIC;
                 ld      : IN  STD_LOGIC;
                 en      : IN  STD_LOGIC;
                 cout    : OUT  STD_LOGIC;
                 q       : BUFFER STD_LOGIC_VECTOR(3 DOWNTO 0));
END counter;
ARCHITECTURE rtl OF counter IS
BEGIN
     PROCESS (clk,clr)
     BEGIN
          IF (clr = '1') THEN
               q <= (OTHERS => '0');
          ELSIF (clk'EVENT AND clk = '1') THEN
               IF (ld = '1') THEN
                    q <= "1010";
               ELSIF (en = '1') THEN
```

```
                q <= q +1;
            ELSE
                q <= q;
            END IF;
        END IF;
    END PROCESS;
    cout <= '1' WHEN q = "1111" AND en = '1'
            ELSE '0';
END rtl;
```

带使能端的 4 位二进制计数器的仿真波形如图 5－19 所示。从图中可以看出，当 clr 为‘1’时，计数器清零；当 clr 是‘0’且时钟信号 clk 上升沿到来时，如果加载信号有效即 ld=‘1’，则计数器置数 q=“1010”；当加载信号 ld=‘0’时，若使能端 en 为‘1’，则计数器加 1 计数，否则计数值保持。以此类推，结果是正确的。

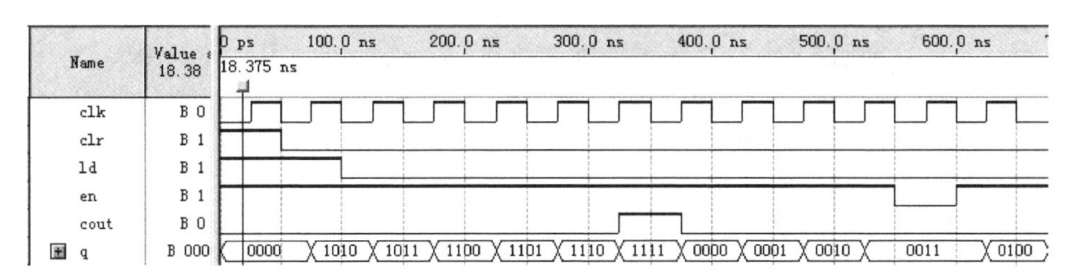

图 5－19　带使能端的 4 位二进制计数器的仿真波形

2. 数控分频器的设计

数控分频器的功能就是当在输入端给定不同输入数据时，将对输入的时钟信号有不同的分频比，数控分频器就是用计数值可并行预置的加法计数器设计完成的，方法是将计数溢出位与预置数加载输入信号相连即可。

【例 5.18】

```
LIBRARY IEEE;
USE IEEE.STD_LOGIC_1164.ALL;
USE IEEE.STD_LOGIC_UNSIGNED.ALL;
ENTITY DVF IS
    PORT (    CLK   : IN STD_LOGIC;
                D   : IN STD_LOGIC_VECTOR(1 DOWNTO 0);
             FOUT : OUT STD_LOGIC    );
END;
ARCHITECTURE one OF DVF IS
    SIGNAL    FULL : STD_LOGIC;
BEGIN
  P_REG: PROCESS(CLK)
```

```
    VARIABLE CNT8 : STD_LOGIC_VECTOR(1 DOWNTO 0);
    BEGIN
       IF CLK'EVENT AND CLK = '1' THEN
           IF CNT8 = "11" THEN
           CNT8 := D;   -- 当 CNT8 计数计满时,输入数据 D 被同步预置给计数器 CNT8
               FULL <= '1'; -- 同时使溢出标志信号 FULL 输出为高电平
                 ELSE   CNT8 := CNT8 + 1;   -- 否则继续作加 1 计数
                     FULL <= '0'; -- 且输出溢出标志信号 FULL 为低电平
             END IF;
       END IF;
END PROCESS P_REG ;
    P_DIV: PROCESS(FULL)
      VARIABLE CNT2 : STD_LOGIC;
    BEGIN
    IF FULL'EVENT AND FULL = '1' THEN
      CNT2 := NOT CNT2; -- 如果溢出标志信号 FULL 为高电平,D 触发器输出取反
          IF CNT2 = '1' THEN  FOUT <= '1'; ELSE FOUT <= '0';
         END IF;
    END IF;
     END PROCESS P_DIV ;
END;
```

数控分频器的仿真波形如图 5-20 所示。从图中可以看出,当时钟信号 clk 上升沿到来时,如果输入端 D=‘10’,则分频器的输出 FOUT 是时钟信号的 4 分频,FULL 是时钟信号的 2 分频。当在输入端给定不同输入数据时,将对输入的时钟信号有不同的分频比,数控分频器就是用计数值可并行预置的加法计数器设计完成的。

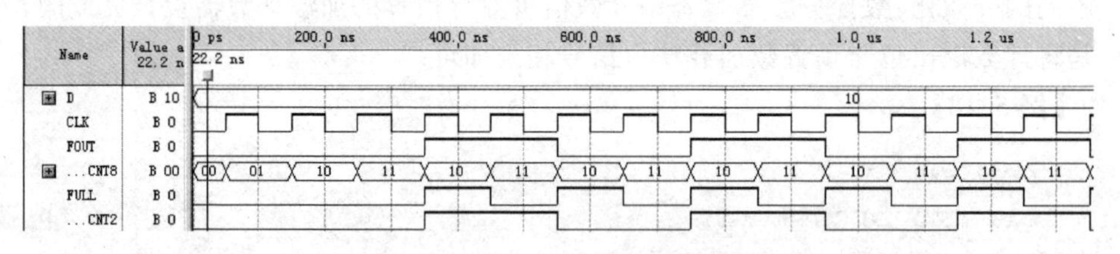

图 5-20 数控分频器的仿真波形

5.3 存储器的设计

半导体存储器的种类很多,从功能上可以分为只读存储器 ROM(Read Only Memory)和随机存储器 RAM(Random Access Memory)两大类。ROM 和 RAM 属于通用大规模器件,一般不需要自行设计,特别是采用 PLD 器件进行设计时。但是在数字系统中,有时也需要设计一些小型的存储器件,用于特定的用途,如临时存放

数据、构成查表运算等。此类器件的特点为地址与存储内容直接对应，设计时将输入地址作为给出输出内容的条件。

5.3.1　只读存储器的设计

ROM 的内容是初始设计电路时就写入到内部的，通常采用电路的固定结构来实现存储。ROM 只需设置数据输出端口和地址输入端口。下面一个简单 8×8 位 ROM 的设计。

【例 5.19】

```
LIBRARY IEEE;
USE IEEE.STD_LOGIC_1164.ALL;
ENTITY rom1 IS
    PORT(addr :  IN   INTEGER RANGE 0 TO 7;
           ena:  IN   STD_LOGIC;
             q:  OUT   STD_LOGIC_VECTOR(7 DOWNTO 0));
END rom1;
ARCHITECTURE  a  OF rom1 IS
BEGIN
PROCESS (ena,addr)
      BEGIN
        IF (ena = '1') THEN q< = "ZZZZZZZZ";ELSE
        CASE addr IS
            WHEN 0  =>   q< = "01000001";
            WHEN 1  =>   q< = "01000010";
            WHEN 2  =>   q< = "01000011";
            WHEN 3  =>   q< = "01000100";
            WHEN 4  =>   q< = "01000101";
            WHEN 5  =>   q< = "01000110";
            WHEN 6  =>   q< = "01000111";
            WHEN 7  =>   q< = "01001000";
        END CASE;
END IF;
    END PROCESS ;
END a;
```

由 VHDL 源代码生成的 8×8 位 ROM 的元件符号如图 5－21 所示，其中 addr[2..0]是地址输入端，ena 是使能控制输入端，当 ena＝1 时，ROM 不能工作，输出 q[7..0]为高阻态，eba＝0 时，ROM 工作，其输出的数据由输入地址决定。

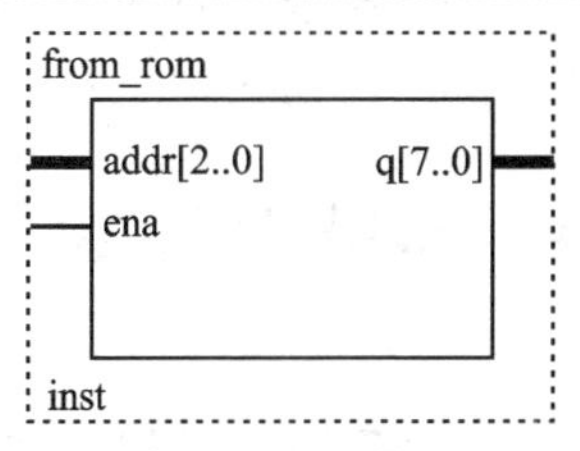

图 5－21　VHDL 源代码生成的 8×8 位 ROM 的元件符号

5.3.2　随机存储器 RAM 的设计

RAM 的用途是存储数据，其指标为存储容量和字长；RAM 的内部可以分为地址译码和存储单元两部分。下面是一个简单的 16×8 位 RAM 的设计实例。

【例 5.20】

```
LIBRARY IEEE;
USE IEEE.STD_LOGIC_1164.ALL;
USE IEEE.STD_LOGIC_UNSIGNED.ALL;
ENTITY ram IS
PORT(clk,wr,cs: IN   STD_LOGIC;                              -- 写和读允许
       adr: IN   STD_LOGIC_VECTOR(3 DOWNTO 0);               -- 4 位地址线
       d: INOUT   STD_LOGIC_VECTOR(7 DOWNTO 0));             -- 8 位数据
END ram;
ARCHITECTURE ex OF ram IS
SUBTYPE word IS STD_LOGIC_VECTOR(7 DOWNTO 0);
TYPE memory IS ARRAY (0 TO 15) OF word;
SIGNAL adr_in: INTEGER RANGE 0 TO 15;
SIGNAL sram: memory;
BEGIN
adr_in<=conv_integer(adr);
PROCESS(clk)
BEGIN
IF (clk'EVENT AND clk='1')THEN
  IF(cs='1' AND wr='1')THEN
  Sram(adr_in)<=d;
  END IF;
IF (wr='0' AND cs='1')THEN
  d<=sram(adr_in);
  END IF;
END IF;
END PROCESS;
END ex;
```

RAM 的内部可以分为地址译码和存储单元两部分。外部端口为：wr 为写读控制，cs 为片选，d 为数据端口，adr 为地址端口。上面程序的 RAM 是由每个 8 位数组作为成一个字，共存储 16 个字构成的数组，以地址为下标，通过读/写控制模式实现对特定地址上字的读出或写入。

5.4　EDA 技术设计实例

5.4.1　任意分频器的 VHDL 设计

在数字系统的设计中，经常需要用到不同的频率，如在数字时钟的设计中，需要

频率为1 Hz的秒计时脉冲，整点报时需要1 024 Hz的扬声器驱动脉冲，数码管动态显示片选电路需要32 768 Hz的扫描脉冲等。

而在实际的EDA开发板中一般提供一些固定频率的晶振，如100 MHz、50 MHz、11.059 2 MHz等，要从高频率的晶振经过分频得到不同频率的低频脉冲信号，就需要任意分频电路。例如，将附录AAltera公司的DE2－70开发板的50 MHz晶振通过分频得到1 Hz的秒脉冲信号，就是实现当输入50 M个脉冲时输出一个秒脉冲。其实现算法如式5－1所示。

$$(\text{xxxx})_H = (\text{晶振频率})/(\text{需要得到的频率}) - 1 \qquad (5-1)$$

其中：xxxx为输出脉冲需要转换时的计数值，转换为十六进制数值。实现时在VHDL程序的结构体中定义信号语句：

SIGNAL CNTER：INTEGER RANGE 0 TO 16＃ xxxx ＃。

例如：将50 MHz的晶振分频为1 Hz的秒脉冲信号，则将参数代入式5－1。

$$(\text{xxxx})_H = (\text{晶振频率})/(\text{需要得到的频率}) - 1 = 50\ 000\ 000/1 - 1 = (2FAF07F)_H$$

则将50 MHz的晶振分频为1 Hz的秒脉冲信号对应的VHDL程序f1Hz.vhd如下：

```
LIBRARY IEEE;
USE IEEE.STD_LOGIC_1164.ALL;
USE IEEE.STD_LOGIC_UNSIGNED.ALL;
ENTITY f1Hz IS
    PORT( CLK: IN  STD_LOGIC;          -- 输入CLK为频率50 MHz的晶振脉冲信号
    NEWCLK: OUT  STD_LOGIC);           -- 输出NEWCLK为频率1 Hz的秒脉冲信号
END f1Hz;
ARCHITECTURE ONE OF f1Hz IS
    SIGNAL CNTER :INTEGER RANGE 0 TO 16#2FAF07F#;
    BEGIN
    PROCESS (CLK)
    BEGIN
        IF CLK'EVENT AND CLK = '1'  THEN
        IF CNTER = 16#2FAF07F #  THEN CNTER<= 0;
        ELSE CNTER<= CNTER + 1;
        END IF;
        END IF;
    END PROCESS;
    PROCESS(CNTER)
    BEGIN
    IF CNTER = 16#2FAF07F #  THEN NEWCLK<= '1';
     ELSE NEWCLK<= '0';
```

```
        END IF;
        END PROCESS;
    END ONE;
```

又如：将 50 MHz 晶振分频为 1 024 Hz 扬声器驱动脉冲信号，则将参数代入式 5－1。

$(xxxx)_H$＝(晶振频率)/(需要得到的频率)－1＝50 000 000/1 024－1＝$(BEBB)_H$

则将 50 MHz 晶振分频为 1 024 Hz 脉冲信号对应的 VHDL 程序 f1024Hz. vhd 如下：

```
    LIBRARY IEEE;
    USE IEEE.STD_LOGIC_1164.ALL;
    USE IEEE.STD_LOGIC_UNSIGNED.ALL;
    ENTITY f1024Hz IS
        PORT( CLK: IN   STD_LOGIC;        -- 输入 CLK 为频率 50 MHz 的晶振脉冲信号
        NEWCLK: OUT   STD_LOGIC);        -- 输出 NEWCLK 为频率 1 024 Hz 的扬声器驱动脉冲信号
    END f1024Hz;
    ARCHITECTURE ONE OF f1024Hz IS
        SIGNAL CNTER :INTEGER RANGE 0 TO 16#BEBB#;
        BEGIN
        PROCESS (CLK)
        BEGIN
            IF CLK'EVENT AND CLK = '1' THEN
            IF CNTER = 16#BEBB#  THEN CNTER<= 0;
            ELSE CNTER<= CNTER + 1;
            END IF;
            END IF;
        END PROCESS;
        PROCESS(CNTER)
        BEGIN
            IF CNTER = 16#BEBB#  THEN NEWCLK<= '1';
            ELSE NEWCLK<= '0';
            END IF;
        END PROCESS;
    END ONE;
```

再如：将 50 MHz 晶振分频为 32 768 Hz 数码管动态显示片选扫描脉冲信号，则将参数代入式 5－1。

$(xxxx)_H$＝(晶振频率)/(需要得到的频率)－1＝50 000 000/32 768－1＝$(5F4)_H$

则将 50 MHz 晶振分频为 32 768 Hz 脉冲信号对应的 VHDL 程序 f32768Hz. vhd 如下：

```
LIBRARY IEEE;
USE IEEE.STD_LOGIC_1164.ALL;
USE IEEE.STD_LOGIC_UNSIGNED.ALL;
ENTITY f32768Hz IS
    PORT( CLK:IN STD_LOGIC;            -- 输入 CLK 为频率 50 MHz 的晶振脉冲信号
    NEWCLK:OUT STD_LOGIC);             -- 输出 NEWCLK 为频率 32 768 Hz 的片选扫描脉冲信号
END f32768Hz;
ARCHITECTURE ONE OF f32768Hz IS
    SIGNAL CNTER :INTEGER RANGE 0 TO 16#5F4#;
    BEGIN
    PROCESS (CLK)
    BEGIN
        IF CLK'EVENT AND CLK = '1' THEN
        IF CNTER = 16#5F4# THEN CNTER<= 0;
        ELSE CNTER<= CNTER + 1;
        END IF;
        END IF;
    END PROCESS;
    PROCESS(CNTER)
    BEGIN
        IF CNTER = 16#5F4# THEN NEWCLK<= '1';
        ELSE NEWCLK<= '0';
        END IF;
    END PROCESS;
END ONE;
```

5.4.2　序列检测器的设计

1. 设计原理

序列检测器可用于检测一组由二进制码组成的脉冲序列信号。当序列检测器连续收到串行输入的二进制码后，如果这组码与序列检测器中预先设置的码组相同，则输出 1；否则输出 0。因为这种检测器要求检测到连续一组二进制码，所以就要求检测器具有记忆功能，在比较的过程中能够记住连续相同的位数情况，只有在连续的检测中所收到的每一位码都与预置数的对应码相同，才输出 1；否则，在这过程中，任何一位不相同都将重新开始检测。

2. 序列检测器的 VHDL 程序设计

8 位序列检测器的 VHDL 程序如下：

```
LIBRARY IEEE;
USE IEEE.STD_LOGIC_1164.ALL;
```

```
ENTITY seqcheck IS
    PORT( datain: IN  STD_LOGIC;                          -- 串行输入传输数据位
          clk,clr: IN  STD_LOGIC;                         -- 时钟信号,复位信号
             x: IN  STD_LOGIC_VECTOR(7 DOWNTO 0);        -- 8 位待检测序列
          output: OUT STD_LOGIC); -- 检测结果输出,检测到相同序列输出 1,否则输出 0
END ENTITY seqcheck;
ARCHITECTURE one OF seqcheck IS
    SIGNAL s : INTEGERRANGE 0 TO 8;
    BEGIN
    PROCESS (clk, clr) IS
    BEGIN
        IF clr = '1' THEN s<=0;
        ELSIF clk'EVENT AND clk = '1' THEN
            CASE s IS
            WHEN 0 => IF datain=x(7) THEN s<=1;ELSE s<=0;END IF;
            WHEN 1 => IF datain=x(6) THEN s<=2;ELSE s<=0;END IF;
            WHEN 2 => IF datain=x(5) THEN s<=3;ELSE s<=0;END IF;
            WHEN 3 => IF datain=x(4) THEN s<=4;ELSE s<=0;END IF;
            WHEN 4 => IF datain=x(3) THEN s<=5;ELSE s<=0;END IF;
            WHEN 5 => IF datain=x(2) THEN s<=6;ELSE s<=0;END IF;
            WHEN 6 => IF datain=x(1) THEN s<=7;ELSE s<=0;END IF;
            WHEN 7 => IF datain=x(0) THEN s<=8;ELSE s<=0;END IF;
            WHEN OTHERS => s<=0;
            END CASE;
        END IF;
    END PROCESS;
    PROCESS(s) IS
        BEGIN
            IF s=8  THEN  output<='1';
            ELSE  output<='0';
            END IF;
    END PROCESS;
END ARCHITECTURE one;
```

8 位序列检测器 VHDL 程序的逻辑图如图 5-22 所示。

3. 仿真分析

8 位序列检测器的仿真波形图如图 5-23 所示。其中 clk 为工作时钟信号,clr 为复位信号,高电平有效,datain 为串行输入数据位,x 为待检测的序列,可根据需要进行设置,本实验设置为 11100100。从仿真图可以看出,当检测到 datain 连续输入 11100100 时,检测结果 output 输出为 1;否则输出为 0。

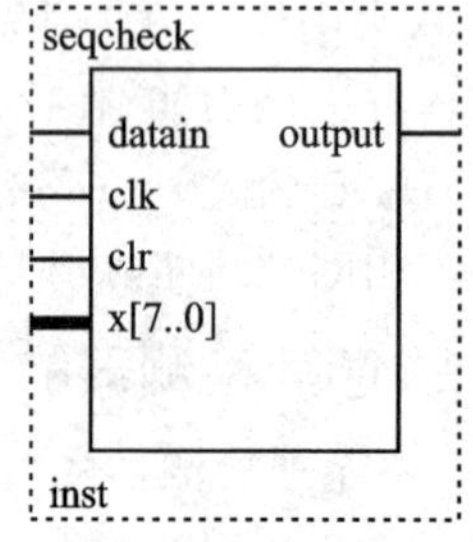

图 5-22 8 位序列检测器的逻辑图

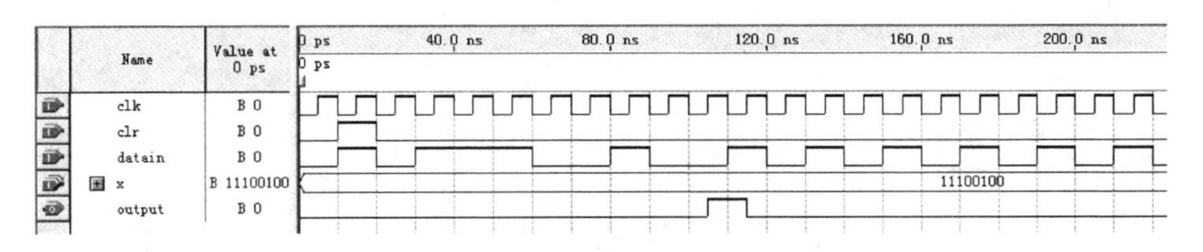

图 5－23　8 位序列检测器的仿真图

习　　题

5.1 设计一个 1 位全加器。

5.2 设计一个 4 线- 16 线译码器。

5.3 设计一个十进制计数器。

5.4 设计一个六进制计数器和一个十进制计数器，然后以它们为基本元件设计一个六十进制计数器。

5.5 设计一个 4 位二进制减法计数器。

5.6 设计一个 8 位循环移位寄存器。

5.7 设计一个 16 分频器。

5.8 某通信接收机的同步信号为巴克码 1110010。设计一个检测器，其输入为串行码 x，输出为检测结果 y，当检测到巴克码时，输出 1。

第6章

EDA技术实验

本章介绍EDA技术有关的实验内容，包含EDA基础实验、EDA综合实验及EDA设计实验。

6.1 EDA基础实验

6.1.1 实验1——EDA软件的熟悉与使用

1. 实验目的

① 熟悉Altera公司EDA设计工具软件Quartus II的使用方法。

② 熟悉EDA技术实验箱的结构与组成。

2. 实验原理

参考教材Quartus II开发软件的使用方法。

3. 实验仪器

① 计算机。

② EDA技术实验箱。

4. 实验内容

① 在教师指导下完成Quartus II软件的安装，熟悉Quartus II软件主要菜单命令功能。

② 熟悉EDA技术实验箱结构、组成，了解各模块的基本作用，了解I/O分布情况。

③ 参考1位全加器的设计实例，按照设计流程完成新建项目文件、编译、仿真、分配引脚、编程下载等操作，掌握采用Quartus II软件设计流程。

5. 实验报告

① 绘制出Quartus II软件设计的详细流程图。

② 描述Quartus II软件是如何进行目标器件选择、I/O分配和锁定引脚的。

③ 描述Quartus II软件Help菜单功能，如何有效地使用它。

④ 写出EDA技术实验箱的I/O分布情况。

6. 思考题

在进行一个完整的 EDA 实验流程时应注意什么？

6.1.2　实验 2——1 位半加器的设计

1. 实验目的

① 掌握 Quartus II 软件设计流程。

② 熟悉原理图输入设计方法。

2. 实验原理

1 位半加器可以用一个“与门”、一个“异或”门组成。设加数和被加数分别为 a、b，和为 so、进位为 co，则半加器表达式为：co＝a and b；so＝a xor b。

3. 实验仪器

① 计算机（预装 Quartus II 软件）。

② EDA 技术实验箱。

4. 实验内容

① 为 1 位半加器工程设计建立一个文件夹 E:\ h_adder。

② 在 Quartus II 软件中，先建立 1 位半加器的工程项目 h_adder。

③ 在 Quartus II 原理图编辑窗口，输入 1 位半加器设计电路，如图 6－1 所示。

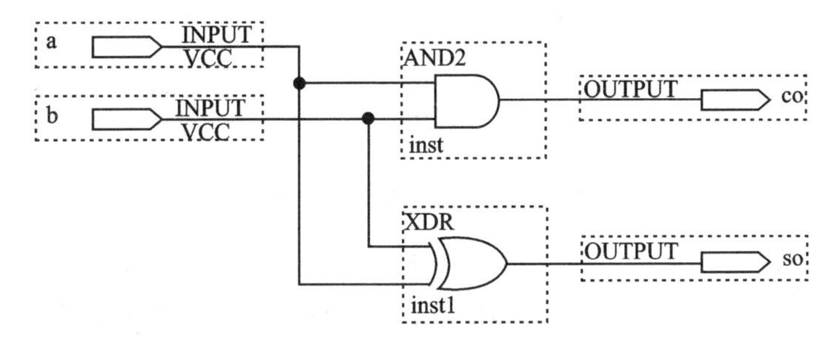

图 6－1　1 位半加器

④ 对 1 位半加器设计项目进行编译、仿真，验证设计电路的逻辑功能，其功能仿真波形如图 6－2 所示。

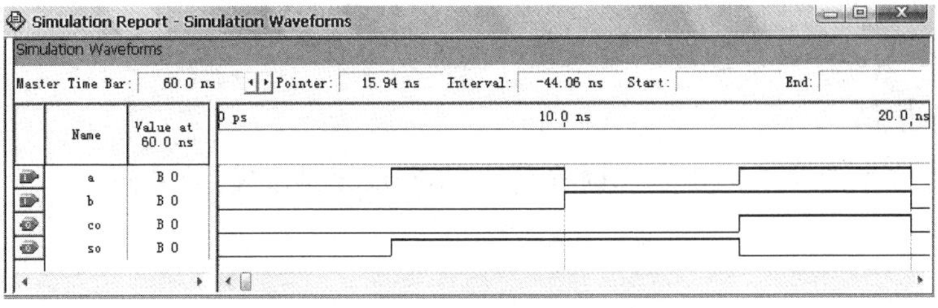

图 6－2　1 位半加器的功能仿真波形

⑤ 生成元件符号。将 1 位半加器设计电路生成对应的元件符号,如图 6－3 所示。这个元件符号可以被其他图形设计文件调用,实现多层次的系统电路设计。例如,可以用来设计 1 位全加器。

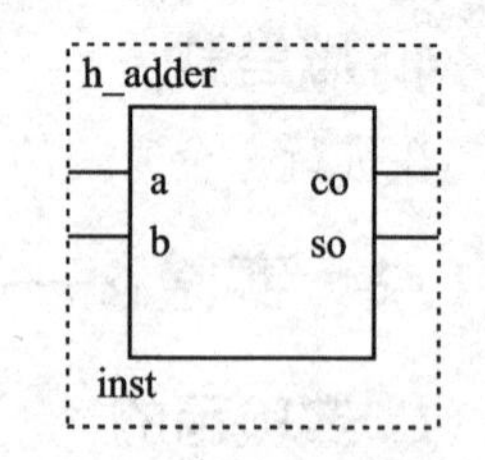

图 6－3　半加器元件符号

⑥ 引脚锁定。根据 EDA 实验箱的引脚信息,确定设计电路的输入、输出端与目标芯片引脚的连接关系,进行引脚锁定。

⑦ 编程下载。(注:在选择下载文件时,如图 6－4 所示,对于 FPGA 器件,如 EP1K30QC208－2,选择的是配置文件,文件类型为“.sof”,如 h_adder.sof;对于 CPLD 器件,如 EPM7128SLC84－10 或 FPGA 器件的配置芯片,如 EPC2,选择的是编程文件,文件类型为“.pof”,如 h_adder.pof。)

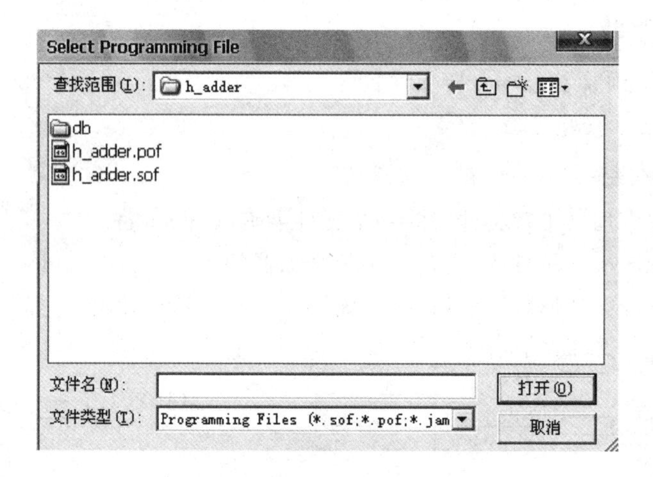

图 6－4　选择下载文件对话框

⑧ 设计电路硬件调试。将配置文件 h_adder.sof 下载到 EDA 技术实验箱的 FPGA 目标芯片后,根据半加器的原理设置半加器两个输入端 a、b 的不同按键 K1、K2 组合,然后验证半加器的和输出“so”和进位输出“co”,即观察发光二极管 LED1、LED2 是否显示正确。至此,完整的半加器的设计流程结束。

5. 实验报告

① 列出 1 位半加器的真值表,画出功能仿真波形图。

② 总结 Quartus II 原理图输入设计法的流程。

6. 思考题

对比 1 位半加器功能仿真和时序仿真的波形,说明它们的异同点。

6.1.3　实验3——1位全加器的设计

1. 实验目的

① 掌握 Quartus II 软件设计流程。

② 熟悉原理图输入的层次化设计方法。

2. 实验原理

1位全加器可以用两个半加器及一个“或”门连接而成，半加器可以用一个“与门”、一个“异或”门组成。在设计1位全加器时，可以先设计底层文件——半加器，再设计顶层文件——全加器。设全加器的输入分别为加数 ain、被加数 bin、低位来的进位 cin，输出为和 sum、进位 cout，则 $sum = ain \oplus bin \oplus cin$，$cout = (ain \oplus bin)cin + ain \cdot bin$。

3. 实验仪器

① 计算机（预装 Quartus II 软件）。

② EDA 技术实验箱。

4. 实验内容

① 在 Quartus II 软件中，先建立1位全加器的工程项目 f_adder，并保存在文件夹 E:\ f_adder。

② 在全加器工程项目 f_adder 中，利用原理图输入方法设计半加器文件 h_ adder，如图6-5所示，并生成元件符号，如图6-6所示。（**注意：**在这一步骤中先不要进行编译。）

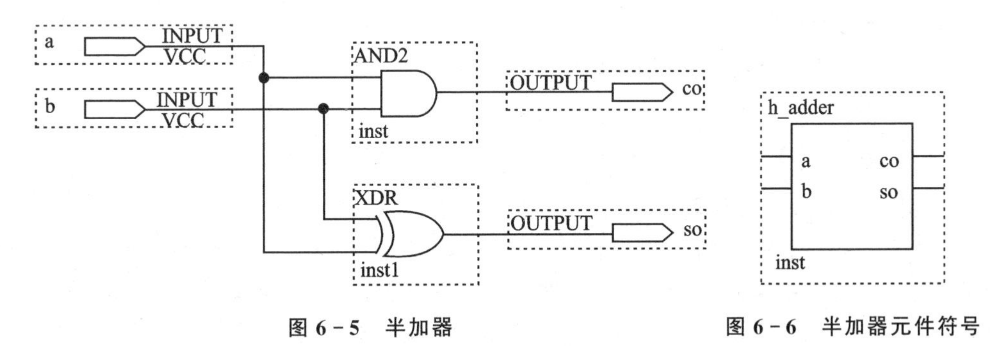

图6-5　半加器　　　图6-6　半加器元件符号

③ 利用层次化设计方法设计1位全加器，即1位全加器可以用两个半加器及一个“或”门连接而成，如图6-7所示。

④ 对1位全加器的工程项目 f_adder 进行编译、仿真，验证设计电路的逻辑功能。

⑤ 根据实验箱的 I/O 分布进行引脚锁定，编程下载，最后进行硬件测试，验证设计电路的正确性。即将拨位开关 K1、K2、K3 分别作为全加器输入的加数 ain、被加

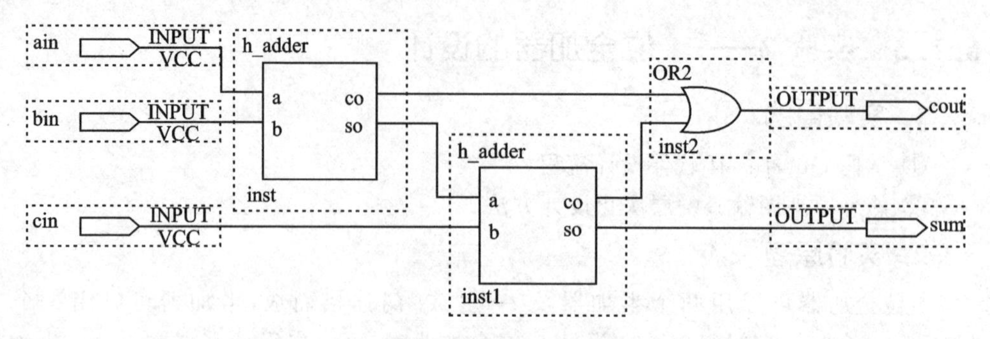

图 6-7　1 位全加器

数 bin、低位来的进位 cin,LED1、LED2 分别作为全加器进位 cout 和全加和 sum,记录全加器的实验结果,填入实验报告。灯亮表示'1'(高电平),灯灭表示'0'(低电平)。

5. 实验报告

① 列出全加器的真值表,打印或画出全加器的仿真波形图。

② 用文字描述出怎样实现层次化设计。

6. 思考题

多位全加器是在 1 位全加器的原理上扩展而成的,参考 1 位全加器的层次化设计方法,设计 4 位串行进位加法器。

6.1.4　实验 4——译码器实验

1. 实验目的

① 熟悉常用译码器的功能逻辑。

② 熟悉 EDA 实验箱数码管显示模块。

2. 实验原理

(1) 3 线-8 线译码器

3 线-8 线译码器 74138 的元件符号如图 6-8 所示,其地址输入端为 C、B、A;其输出端为 Y7N～Y0N,低电平有效;G1、G2AN、G2BN 是使能控制端,当 G1=1、G2AN=G2BN=0 时,译码器工作,否则译码器禁止工作,全部输出为无效电平(高电平)。其真值表如表 6-1 所列,L 为低电平,H 为高电平,X 为任意态(H 或 L)。

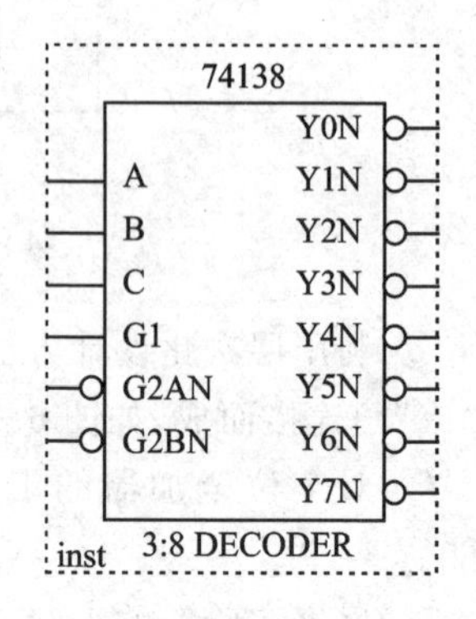

图 6-8　74138 的元件符号

表 6－1　74138 的真值表

输　入					输　出							
使　能		选　择			Y0N	Y1N	Y2N	Y3N	Y4N	Y5N	Y6N	Y7N
G1	G2*	C	B	A								
X	H	X	X	X	H	H	H	H	H	H	H	H
L	X	X	X	X	H	H	H	H	H	H	H	H
H	L	L	L	L	L	H	H	H	H	H	H	H
H	L	L	L	H	H	L	H	H	H	H	H	H
H	L	L	H	L	H	H	L	H	H	H	H	H
H	L	L	H	H	H	H	H	L	H	H	H	H
H	L	H	L	L	H	H	H	H	L	H	H	H
H	L	H	L	H	H	H	H	H	H	L	H	H
H	L	H	H	L	H	H	H	H	H	H	L	H
H	L	H	H	H	H	H	H	H	H	H	H	L

* G2＝G2AN＋G2BN

(2) BCD－7 段码译码器

BCD－7 段码译码器 74248 的元件符号如图 6－9 所示，该芯片主要为共阴极数码管提供七段码。74248 芯片真值表及对应显示符号如表 6－2 所列。L 为低电平，H 为高电平，X 为任意态(H 或 L)，—表示全灭，即数码管不亮的状态。在 BCD－7 段码译码器原理图中，74248 芯片的 RBON 引脚(数码管的 h 引脚即小数点)悬空没有用，故本实验所显示的符号不含有小数点。另外，考虑到动态显示数码管有 8 个(SM8～SM1)，sel2～sel0 作为选择数码管的位选信号。

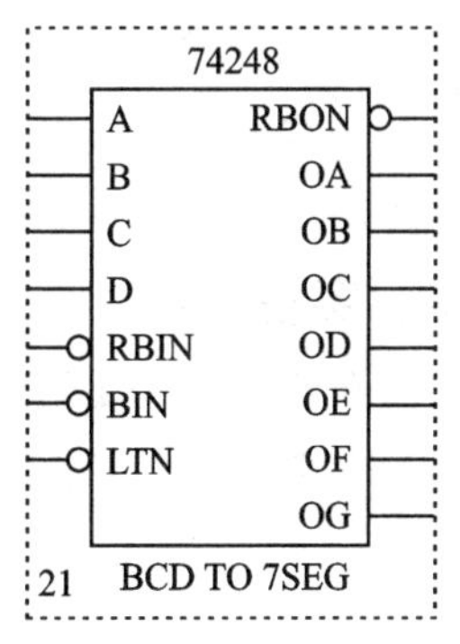

图 6－9　74248 的元件符号

表 6－2　BCD－7 段码译码器真值表

输　入							输　出								
LTN	RBIN	BIN	D	C	B	A	OA	OB	OC	OD	OE	OF	OG	RBON	DISPLAY
H	H	H	L	L	L	L	H	H	H	H	H	H	L	H	0.
H	L	H	L	L	L	L	L	L	L	L	L	L	L	L	—
H	X	H	L	L	L	H	L	H	H	L	L	L	L	H	1.
H	X	H	L	L	H	L	H	H	L	H	H	L	H	H	2.
H	X	H	L	L	H	H	H	H	H	H	L	L	H	H	3.
H	X	H	L	H	L	L	L	H	H	L	L	H	H	H	4.
H	X	H	L	H	L	H	H	L	H	H	L	H	H	H	5.

续表 6 - 2

输　入							输　出								
H	X	H	L	H	H	L	H	L	H	H	H	H	H	H	6.
H	X	H	L	H	H	H	H	H	H	L	L	L	L	H	7.
H	X	H	H	L	L	L	H	H	H	H	H	H	H	H	8.
H	X	H	H	L	L	H	H	H	H	H	L	H	H	H	9.
H	X	H	H	L	H	L	L	L	L	H	H	L	H	H	⊂.
H	X	H	H	L	H	H	L	L	H	H	L	L	H	H	⊃.
H	X	H	H	H	L	L	L	H	L	L	L	H	H	H	⊔.
H	X	H	H	H	L	H	H	L	L	H	L	H	H	H	⊆.
H	X	H	H	H	H	L	L	L	L	H	H	H	H	H	⊏.
H	X	H	H	H	H	H	L	L	L	L	L	L	L	H	.
L	X	H	X	X	X	X	H	H	H	H	H	H	H	H	8.
H	X	L	X	X	X	X	L	L	L	L	L	L	L	H	.

3. 实验仪器

① 计算机(预装 Quartus II 软件)。

② EDA 技术实验箱。

4. 实验内容

① 在 Quartus II 软件中,建立 decoder3_8 设计项目,并用原理图输入方法设计 3 线-8 线译码器 74138 的电路如图 6 - 10 所示。

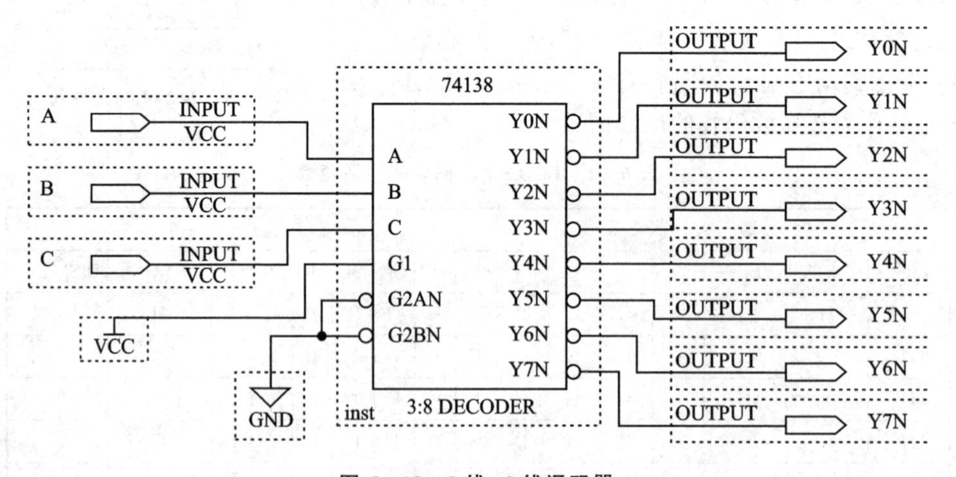

图 6 - 10　3 线-8 线译码器

② 对实验电路进行编译、仿真、锁定引脚并下载到目标芯片进行验证。3 线-8 线译码器的三个输入 C、B、A 分别对应拨位开关 K1、K2、K3,译码输出 Y0N～Y7N

分别对应LED1～LED8，观察实验结果。

③ 关闭以上项目，在Quartus II软件中，重新建立BCD74248设计项目，并用原理图输入方法设计BCD—7段数码显示译码器电路，如图6－11所示。

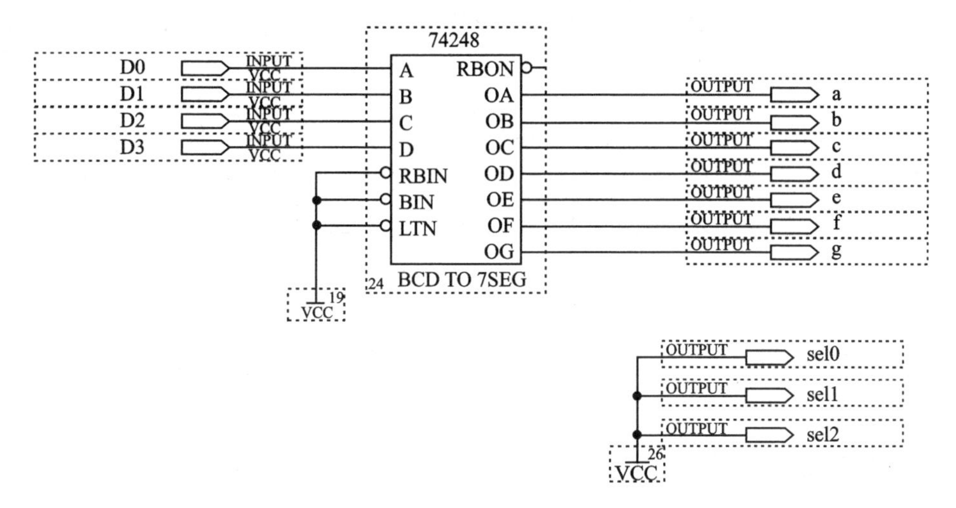

图6－11　BCD－7段码译码器

④ 将BCD－7段码译码器的4个输入D3、D2、D1、D0分别对应拨位开关K1、K2、K3、K4，译码输出a～g和段码a～g相对应，sel0、sel1、sel2对应数码管的位选A、B、C，用于选择用来显示的数码管，观察实验结果。

5. 实验报告

① 记录实验结果。

② 观察74138和74248的内部结构，根据观察写出各输出端的逻辑表达式。

6. 思考题

参考3线-8线译码器74138的原理，利用2片74138设计4线-16线译码器。

6.1.5　实验5——基于LPM_ROM的九九乘法器

1. 实验目的

学习LPM宏功能模块设计方法。

2. 实验原理

Quartus II中提供了宏功能元件库，该库中有多种实用的参数可更改的宏功能块，每一模块的功能、VHDL组件定义、端口列表、参数含义及使用方法都可在help菜单中的Megafunctions/LPM菜单对应的帮助栏中找到。设置好参数的九九乘法器如图6－12所示。基于LPM_ROM的九九乘法器设计原理如下：其中ad[3..0]作为被乘数和乘法表的列选地址；ad[7..4]作为乘数和乘法表的行选地址，clk为地

址锁存时钟,q[7..0]为所选地址对应的乘法结果。然后根据九九乘法器原理建立乘法表文本文件,乘法表文本文件必须以 MIF 为扩展名,保存的路径要与参数设计的文件路径一致。例如:被乘数 ad[3..0]=4,乘数 ad[7..4]=5,则在 LPM_ROM 中第 5 列、第 6 行所寄存的数据为 20,即为所得结果,通过 q[7..0]输出。根据以上原理即可建立如下的乘法表文件 ROM_DADA. MIF。

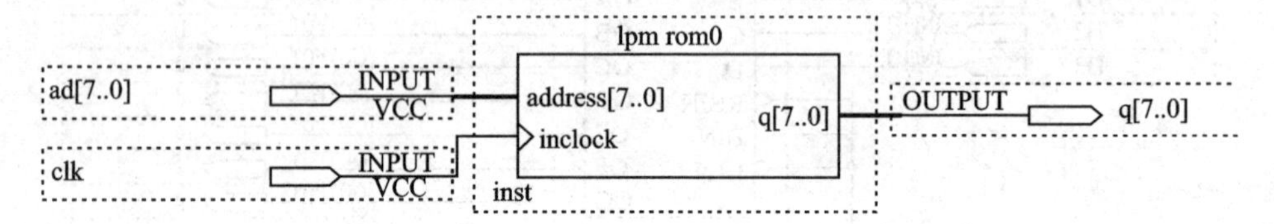

图 6-12 基于 LPM_ROM 的九九乘法器

3. 实验仪器

① 计算机(预装 Quartus II 软件)。

② EDA 技术实验箱。

4. 实验内容

① 新建一个工程项目 multiplier99。

② 选择 Quartus II 主窗口的 File 菜单下的"New…"命令,在出现的窗口中选择 Other Files 菜单下的 Memory Initialization File 命令,按要求输入九九乘法器的数据,如表 6-3 所列,并保存为所需的路径、文件名为 ROM_DADA. MIF。

表 6-3 基于 LPM_ROM 的九九乘法器数据表

ROM_DATA.mif

Addr	+0	+1	+2	+3	+4	+5	+6	+7	+8	+9	+a	+b	+c	+d	+e	+f
00	00	00	00	00	00	00	00	00	00	00	00	00	00	00	00	00
10	00	01	02	03	04	05	06	07	08	09	00	00	00	00	00	00
20	00	02	04	06	08	10	12	14	16	18	00	00	00	00	00	00
30	00	03	06	09	12	15	18	21	24	27	00	00	00	00	00	00
40	00	04	08	12	16	20	24	28	32	36	00	00	00	00	00	00
50	00	05	10	15	20	25	30	35	40	45	00	00	00	00	00	00
60	00	06	12	18	24	30	36	42	48	54	00	00	00	00	00	00
70	00	07	14	21	28	35	42	49	56	63	00	00	00	00	00	00
80	00	08	16	24	32	40	48	56	64	72	00	00	00	00	00	00
90	00	09	18	27	36	45	54	63	72	81	00	00	00	00	00	00
a0	00	00	00	00	00	00	00	00	00	00	00	00	00	00	00	00
b0	00	00	00	00	00	00	00	00	00	00	00	00	00	00	00	00
c0	00	00	00	00	00	00	00	00	00	00	00	00	00	00	00	00
d0	00	00	00	00	00	00	00	00	00	00	00	00	00	00	00	00
e0	00	00	00	00	00	00	00	00	00	00	00	00	00	00	00	00
f0	00	00	00	00	00	00	00	00	00	00	00	00	00	00	00	00

③ 在 Quartus II 软件中，利用原理图输入方式，建立如图 6－12 所示的基于 LPM_ROM 的九九乘法器，其对应的数据文件为 ROM_DATA. MIF 文件。

④ 对设计项目进行编译、仿真、锁定引脚，并下载到目标芯片进行验证。

5. 实验报告

① 记录仿真波形，验证设计电路的逻辑功能。

② 用拨位开关输入乘数和被乘数数据，观察并记录输出结果。

6. 思考题

如何利用宏功能模块进行 RAM 的设计？

6.1.6 实验 6——数据选择器的 VHDL 设计

1. 实验目的

① 掌握简单的 VHDL 程序设计。

② 掌握用 VHDL 对基本组合逻辑电路的建模。

2. 实验原理

在数字系统设计时，需要从多个数据源中选择一个输出，这时就需要用到多路选择器。下面给出了 4 选一、被选择数字宽度为 3 位的数字选择器 VHDL 源代码模型，其元件符号如图 6－13 所示。

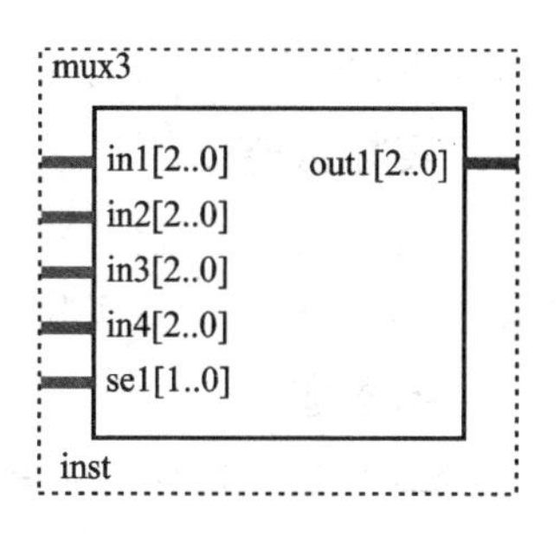

图 6－13 数据选择器的元件符号

```
LIBRARY IEEE;
USE IEEE.STD_LOGIC_1164.ALL;
ENTITY mux3 IS
PORT(in1,in2,in3,in4 : IN STD_LOGIC_VECTOR(2 DOWNTO 0);
     sel : IN STD_LOGIC_VECTOR(1 DOWNTO 0);
     out1 : OUT STD_LOGIC_VECTOR(2 DOWNTO 0));
END mux3;
ARCHITECTURE arc_mux OF mux3 IS
BEGIN
  out1< = in1 WHEN sel = "00" ELSE
         in2 WHEN sel = "01" ELSE
         in3 WHEN sel = "10" ELSE
         in4 WHEN sel = "11";
END arc_mux;
```

3. 实验仪器

① 计算机（预装 Quartus II 软件）。

② EDA 技术实验箱。

4. 实验内容

① 新建一个设计项目 mux3。

② 在 QuartusII 软件中新建文本文件，输入自己设计的 VHDL 程序代码，并保存文件名为 mux3. vhd(**注意：文件名称要和实体名 mux3 相同**)。然后进行编译、仿真，其仿真波形如图 6－14 所示，锁定引脚并下载到目标芯片。

Name	Value at 0 ps	0 ps	10.0 ns	20.0 ns	30.0 ns	40.0 ns
in1	B 000	000	001	010	011	100
in2	B 010	010	011	100	101	110
in3	B 011	011	100	101	110	111
in4	B 100	100	101	110	111	000
sel	B 00	00	01	10	11	00
out1	B 000	000	011	101	111	100

图 6－14　数据选择器的仿真波形

③ 用拨位开关作为输入，LED 作为输出，分别验证结果的正确性。

5. 实验报告

① 列出数据选择器的真值表，打印或画出数据选择器的仿真波形图。

② 记录数据选择器实验结果。

6. 思考题

参考 4 位数据选择器的设计方法，设计出 8 位数据选择器。

6.1.7　实验 7——触发器实验

1. 实验目的

① 熟悉 D 触发器的 VHDL 设计方法。

② 熟悉 JK 触发器的 VHDL 设计方法。

2. 实验原理

触发器是最基本的时序电路，是指在时钟脉冲的触发下，引起输出信号改变的一种时序逻辑单元。

(1) D 触发器

dff4 是一个带异步复位和置位的 D 触发器，其 VHDL 程序如下，元件符号如图 6－15 所示。当时钟信号 clk、复位信号 clr 或者置位信号 prn 有跳变时激活进程。如果此时复位信号 clr 有效(高电平)，D 触发器 dff4 被复位，输出信号 q 为低电平；如果复位信号 clr 无效(低电平)，而置位信号有效(高电平)，D 触发器

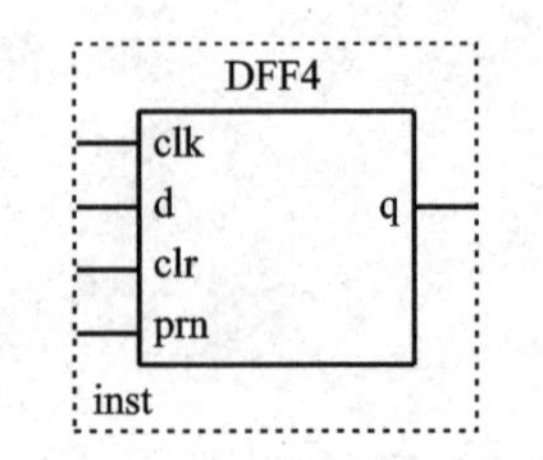

图 6－15　带异步置位、复位的 D 触发器的元件符号

dff4 被置位,输出信号 q 为高电平;如果复位信号 clr 和置位信号 prn 都无效(低电平),而且此时时钟出现上跳沿,则 D 触发器 dff4 的输出信号 q 与输入信号 d 一致,否则 D 触发器 dff4 的输出信号 q 保持原值。

```
LIBRARY IEEE;
USE IEEE.STD_LOGIC_1164.ALL;
ENTITY dff4 IS        -- 带异步置位和复位的 D 触发器
PORT(clk,d,clr,prn : IN STD_LOGIC;
     q : OUT STD_LOGIC);
END dff4;
ARCHITECTURE behav OF dff4 IS
BEGIN
PROCESS(clk,prn,clr)
BEGIN
IF(clr = '1') THEN
  q<= '0';
ELSIF(prn = '1') THEN
  q<= '1';
ELSIF(clk'EVENT AND clk = '1') THEN
  q<= d;
END IF;
END PROCESS;
END behav;
```

(2) JK 触发器

JK 触发器的真值表如表 6-4 所列。

jkff1 是一个基本的 JK 触发器类型。在时钟上升沿,根据 j、k 信号,输出信号 q 作相应的变化,其 VHDL 程序如下,元件符号如图 6-16 所示。

表 6-4　JK 触发器真值表

J	K	CLK	Q^{n+1}
0	0	↑	Q^n
1	0	↑	1
0	1	↑	0
1	1	↑	NOT Q^n
X	X	↓	Q^n

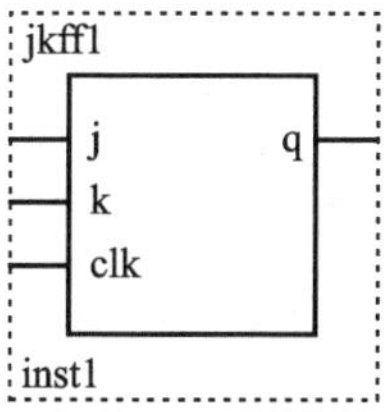

jkff1
j　q
k
clk
inst1

图 6-16　JK 触发器的元件符号

```
LIBRARY IEEE;
USE IEEE.STD_LOGIC_1164.ALL;
ENTITY jkff1 IS
PORT(j,k,clk : IN STD_LOGIC;
```

```
    q : OUT STD_LOGIC);
END jkff1;
ARCHITECTURE behav OF jkff1 IS
SIGNAL q_s : STD_LOGIC;
BEGIN
PROCESS(j,k,clk)
VARIABLE temp : STD_LOGIC_VECTOR(1 DOWNTO 0);
BEGIN
temp: = j & k;
If clk'EVENT AND clk = '1' THEN
CASE temp IS
WHEN "00" = >q_s< = q_s;
WHEN "01" = >q_s< = '0';
WHEN "10" = >q_s< = '1';
WHEN "11" = >q_s< = NOT q_s;
WHEN OTHERS = >q_s< = 'X';
End CASE;
END IF;
END PROCESS;
q< = q_s;
END behav;
```

3. 实验仪器

① 计算机(预装 Quartus II 软件)。

② EDA 技术实验箱。

4. 实验内容

① 在 Quartus II 软件,新建一个 D 触发器的设计项目 dff4。

② 在 Quartus II 的 VHDL 文本编辑窗口,输入 D 触发器的设计文件。

③ 编译 D 触发器的设计项目,并进行仿真,其仿真波形如图 6 - 17 所示,验证电路的逻辑功能。

④ 选择目标芯片,锁定引脚,并重新对设计项目进行编译后下载到目标芯片,验证设计电路的正确性。

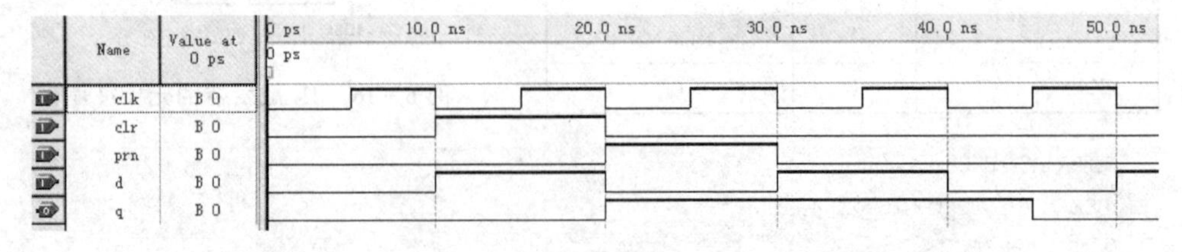

图 6 - 17　带异步置位、复位的 D 触发器的仿真波形

⑤ 重复上述步骤①～④，对JK触发器进行设计、验证，其仿真波形如图6-18所示。

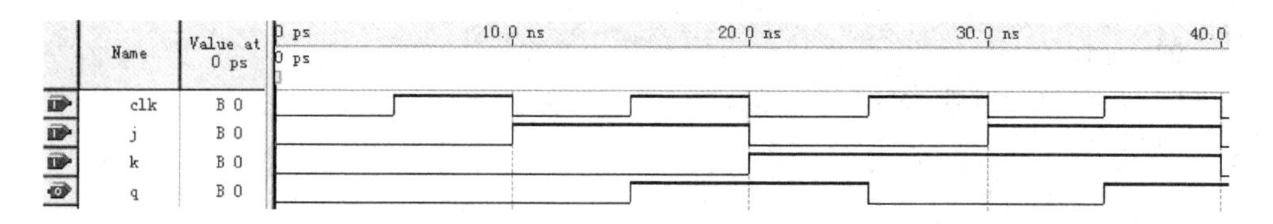

图6-18 JK触发器的仿真波形

5. 实验报告

根据实验内容写出实验报告，画出仿真波形图。

6. 思考题

参考D触发器和JK触发器的设计实验过程，设计RS、T触发器，并进行仿真、验证。

6.1.8 实验8——计数器实验

1. 实验目的

① 用VHDL文本输入法设计4位二进制加法计数器电路。

② 进一步熟悉时序电路的设计、仿真和硬件测试。

2. 实验原理

4位二进制加法计数器的元件符号如图6-19所示，CLK是时钟输入端，上升沿有效；CLRN是复位输入端，低电平有效；Q[3..0]是计数器的状态输出端；COUT是进位输出端。

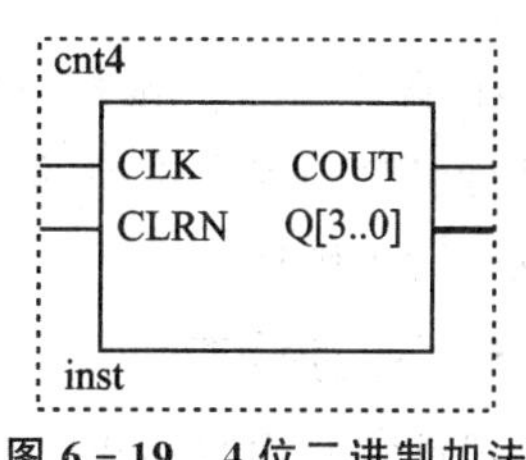

图6-19 4位二进制加法计数器的元件符号

3. 实验仪器

① 计算机(预装Quartus II软件)。

② EDA技术实验箱。

4. 实验内容

① 新建计数器设计项目cnt4。

② 设计输入。

在Quartus II的VHDL文本编辑窗口，输入4位二进制加法计数器的VHDL文本文件，并以cnt4.vhd为文件名保存于工程目录中。

```
LIBRARY IEEE;
USE IEEE.STD_LOGIC_1164.ALL;
ENTITY cnt4 IS
```

```
        PORT( CLK,CLRN:IN STD_LOGIC;
                       COUT:OUT STD_LOGIC;
                          Q:BUFFERINTEGERRANGE 0 TO 15);
END cnt4;
ARCHITECTURE one OF cnt4 IS
BEGIN
     PROCESS(CLK)
     BEGIN
       IF CLRN = '0' THEN Q< = 0;
          ELSIF CLK'EVENT AND CLK = '1' THEN
               IF Q = 15 THEN Q< = 0;
               ELSE Q< = Q + 1;
               END IF;
      END IF;
         IF Q = 15 THEN COUT< = '1';
         ELSE COUT< = '0';
         END IF;
     END PROCESS;
END one;
```

③ 仿真。在 Quartus II 环境下,对设计文件进行编译,然后打开一个新的波形编辑窗口,编辑 4 位二进制加法计数器设计电路的仿真文件,验证设计电路的逻辑功能。

④ 硬件测试。选择目标芯片,确定输入、输出端口与目标芯片引脚的连接关系,并进行引脚锁定后重新编译,将编程下载文件下载到目标芯片进行硬件测试,验证设计电路的正确性。

5. 实验报告

根据实验内容写出实验报告,画出仿真波形图。

6. 思考题

参考 4 位二进制加法计数器的设计方法,设计十进制加法计数器电路。

6.2 EDA 综合实验

6.2.1 实验 9——数码管显示控制实验

1. 实验目的

熟悉数码管显示控制原理。

2. 实验原理

(1) 8个数码管SM1～SM8同步循环显示数字

参考如图6-20所示的原理图进行设计。数码管显示的数字通过4个D触发器级连而成的4位二进制计数器提供,计数时钟CLK选择1 Hz,即每秒变化一次。计数结果D3～D0经74248译为7段码供数码管显示。数码管位选信号时钟CLKA为32 768 Hz,通过计数器7493输出为数码管提供位选信号SEL2、SEL1、SEL0,要实现8个数码管SM1～SM8都循环显示,必须满足8位都选中一遍后才可以改变计数数据,显然选择的32 768 Hz远大于1 Hz,所以此设计能满足8位数码管按1 s循环显示。

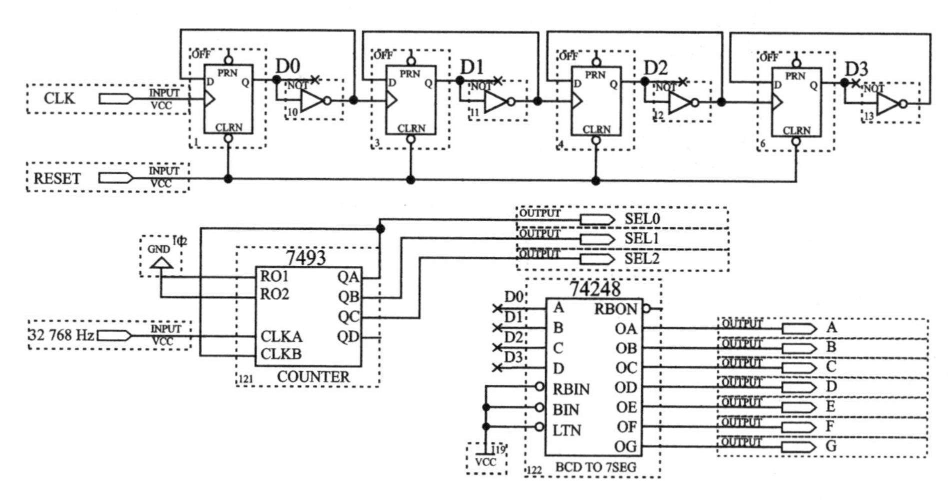

图6-20 8个数码管SM1～SM8同步循环显示数字实验图

(2) 8位数码管分别显示不同数字

要实现8个数码管显示不同的数字,就要对每个数码管要显示的数据进行输出控制,如图6-21所示。图中采用了74138来控制,当A2～A0为000时,对应SEL2～SEL0为000,选中数码管SM1,通过74138控制计数器D3～D0输出到74248译码,这样完成一个数码管数据的显示,其他7个原理相同。

根据上面介绍的原理,显示控制顶层电路图如图6-22所示。以此为器件设计8位数码管分别显示不同数字,给定D[31..0]数据和循环计数输出量A2～A0即可。

3. 实验仪器

① 计算机(预装Quartus II软件)。

② EDA技术实验箱。

4. 实验内容

① 新建数码管显示工程项目smdisplay。

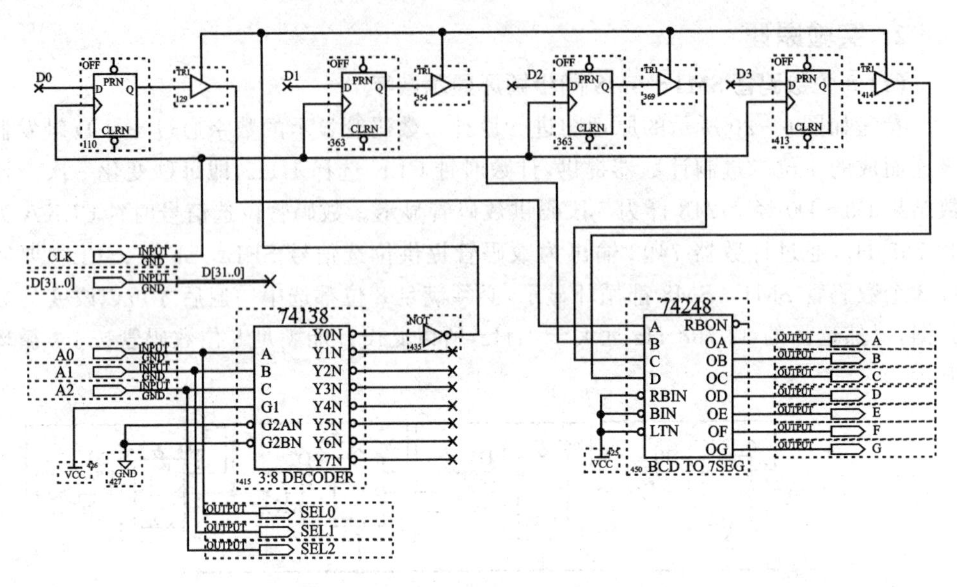

图 6－21　8 位数码管分别显示不同数字实验图

② 在 Quartus II 软件中新建原理图文件，输入自己设计的原理图，编译、仿真，锁定引脚并下载到目标芯片。

③ 对于实验内容 1，如图 6－20 所示，将计数时钟 CLK 接 1 Hz，位选信号时钟接 32 768 Hz，拨位开关 K1 作为复位 RESET 控制。观察数码管 SM1～SM8 是否按 1 s 循环显示数字。

④ 对于实验内容 2，如图 6－21 所示，将计数时钟 CLK 接 1 Hz，位选信号时钟接 32 768 Hz，给定 D[31..0]数据和循环计数输出量 A2～A0，观察数码管 SM1～SM8 显示不同数字。

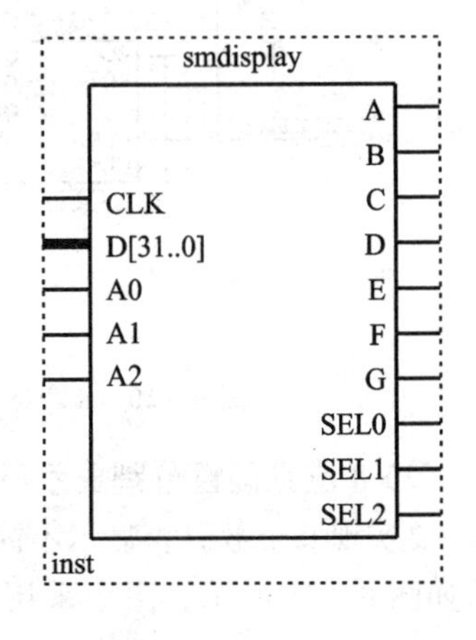

图 6－22　显示控制顶层图

5. 实验报告

根据实验内容写出实验报告。

6. 思考题

在数码管的显示中，静态显示数码管和动态显示数码管的控制方式的区别。

6.2.2　实验 10——计数、译码和显示电路设计

1. 实验目的

熟悉用 VHDL 语言设计计数、译码和显示电路。

2. 实验原理

十进制计数器完成对时钟脉冲的计数，并将计数结果通过显示译码器进行译码，最后由七段数码管进行显示。

3. 实验仪器

① 计算机(预装 Quartus II 软件)。

② EDA 技术实验箱。

4. 实验内容

① 新建工程项目 top。

② 在 Quartus II 的 VHDL 文本编辑窗口，输入十进制加法计数器的 VHDL 文本文件，并以 cnt10.vhd 为文件名保存于工程目录 top 中，其计数器元件符号如图 6-23 所示，仿真波形如图 6-24 所示。

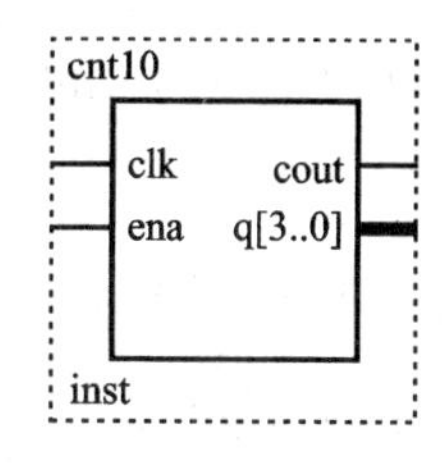

图 6-23　计数器元件符号

```
LIBRARY IEEE;
USE IEEE.STD_LOGIC_1164.ALL;
ENTITY cnt10   IS
    PORT(clk,ena:IN STD_LOGIC;
        cout:OUT STD_LOGIC;
        q:BUFFERINTEGERRANGE 0 TO 9);
END cnt10 ;
ARCHITECTURE one OF cnt10   IS
BEGIN
PROCESS(clk,ena)
    BEGIN
        IF clk'EVENT AND clk = '1' THEN
            IF ena = '1' THEN
                IF q = 9 THEN q< = 0;
                          cout< = '0';
                  ELSIF q = 8 THEN q< = q + 1;
                               cout< = '1';
                  ELSE q< = q + 1;
                  END IF;
                END IF;
            END IF;
       END PROCESS;
END one;
```

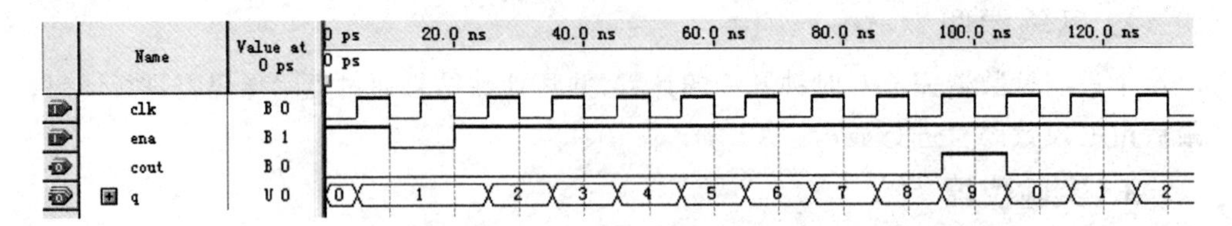

图 6-24 计数器仿真波形图

③ 在 Quartus II 的 VHDL 文本编辑窗口,输入显示译码电路的 VHDL 文本文件,并以 DELED.vhd 为文件名保存于工程目录 top 中,其显示译码电路元件符号如图 6-25 所示。

```
LIBRARY IEEE;
USE IEEE.STD_LOGIC_1164.ALL;
ENTITY DELED IS
PORT(
     S: IN STD_LOGIC_VECTOR(3 DOWNTO 0);
     a,b,c,d,e,f,g,h: OUT STD_LOGIC);
END DELED;
ARCHITECTURE BEHAV OF DELED IS
SIGNAL DATA:STD_LOGIC_VECTOR(3 DOWNTO 0);
SIGNAL DOUT:STD_LOGIC_VECTOR(7 DOWNTO 0);
BEGIN
DATA<=S;
PROCESS(DATA)
BEGIN
CASE  DATA IS
WHEN "0000"=>DOUT<="00111111";
WHEN "0001"=>DOUT<="00000110";
WHEN "0010"=>DOUT<="01011011";
WHEN "0011"=>DOUT<="01001111";
WHEN "0100"=>DOUT<="01100110";
WHEN "0101"=>DOUT<="01101101";
WHEN "0110"=>DOUT<="01111101";
WHEN "0111"=>DOUT<="00000111";
WHEN "1000"=>DOUT<="01111111";
WHEN "1001"=>DOUT<="01101111";
WHEN "1010"=>DOUT<="01110111";
WHEN "1011"=>DOUT<="01111100";
WHEN "1100"=>DOUT<="00111001";
WHEN "1101"=>DOUT<="01011110";
WHEN "1110"=>DOUT<="01111001";
```

```
WHEN "1111" => DOUT <= "01110001";
WHEN OTHERS => DOUT <= "00000000";
END CASE;
END PROCESS;
h <= DOUT(7);
g <= DOUT(6);
f <= DOUT(5);
e <= DOUT(4);
d <= DOUT(3);
c <= DOUT(2);
b <= DOUT(1);
a <= DOUT(0);
END BEHAV;
```

④ 设计十进制计数、译码和显示电路的顶层文件 top.bdf。在工程项目 top 下，在 Quartus II 的原理图编辑窗口，将十进制计数器的元件符号 cnt10 和显示译码电路元件符号 DELED 调出，并按图 6-26 所示连接，完成的顶层文件用 top.bdf 作为文件名存入工程目录 top 中，其仿真波形如图 6-27 所示。

⑤ 引脚锁定及编程下载。根据 EDA 技术实验箱 FPGA 目标芯片引脚排列图进行引脚锁定，如果是动态显示，需要添加位选信号 sel2、sel1、sel0，如图 6-28 所示，就可以下载到目标芯片进行验证了。

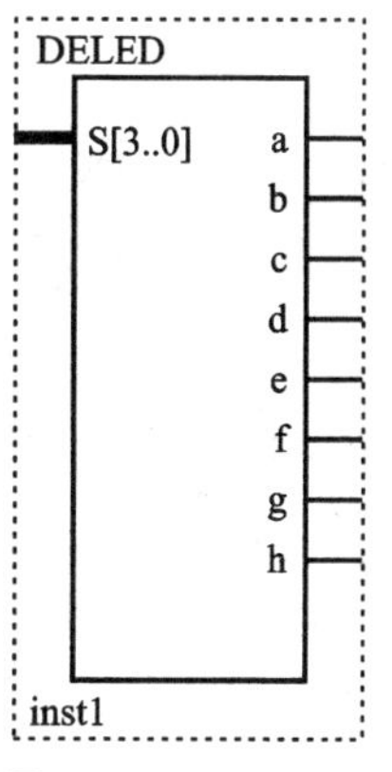

图 6-25 显示译码电路元件符号

5. 实验报告

根据实验内容写出实验报告。

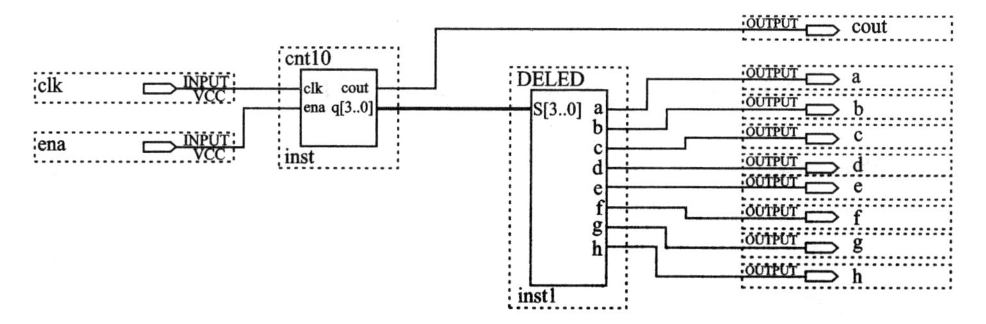

图 6-26 十进制计数、译码和显示电路图

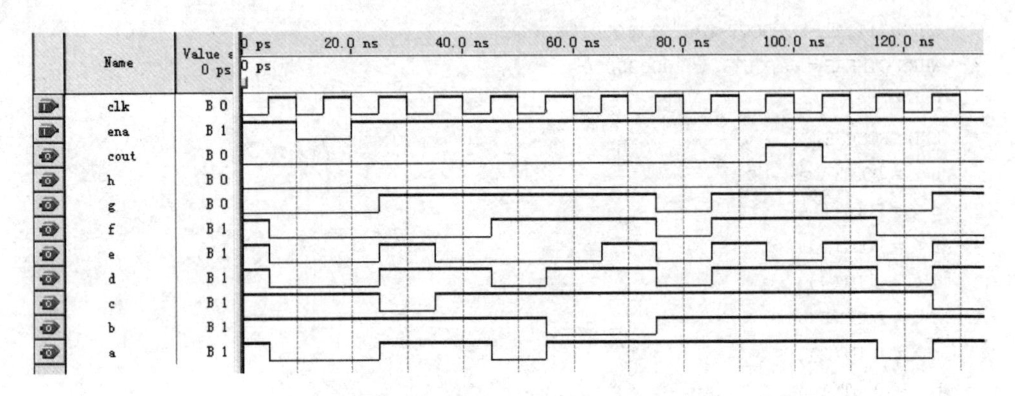

图 6 - 27　十进制计数、译码和显示仿真波形图

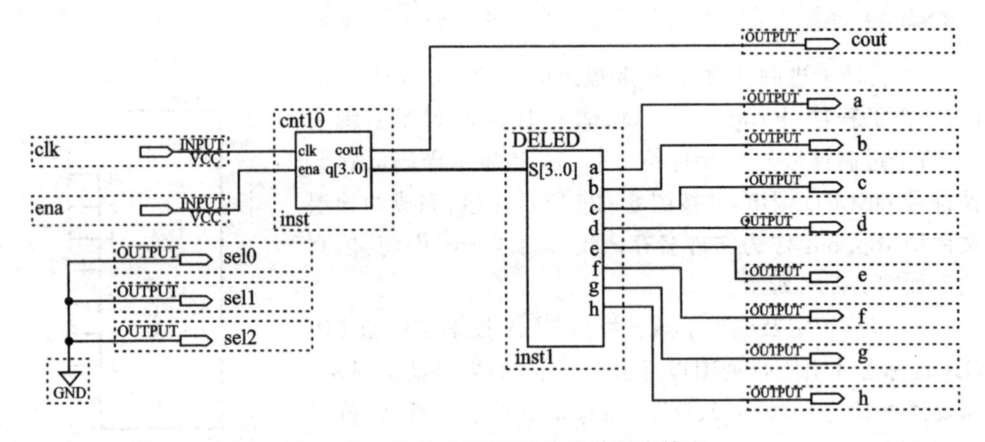

图 6 - 28　计数、译码和显示电路引脚锁定

6. 思考题

参考十进制加法计数器的设计方法,设计二十四进制和六十进制计数、译码和显示电路。

6.2.3　实验 11——2 位十进制数字频率计

1. 实验目的

① 掌握时序逻辑电路综合应用。

② 熟悉数字频率计的工作原理。

2. 实验原理

(1) 功能划分

频率计的实现一般采用的方法是在 1 s 的标准脉宽内对被测信号脉冲进行计数,计数结果即为所测频率。从原理上可将上述过程划分为三个功能模块,如图 6 - 29 所示。

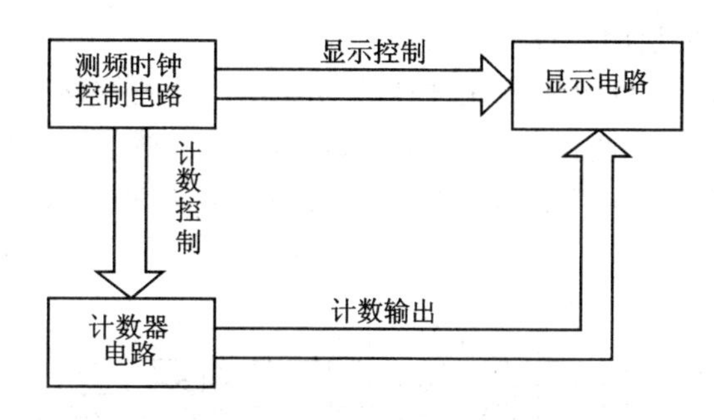

图6-29 频率计原理框图

测频控制电路负责产生测频控制时序,计数电路负责计数并锁存计数结果,显示电路负责将计数结果用静态或动态的方式在数码管上显示出来。

(2)功能模块的实现

1)测频时序控制电路模块的实现

测频时序控制模块如图6-30所示,其顶层文件如图6-31所示。

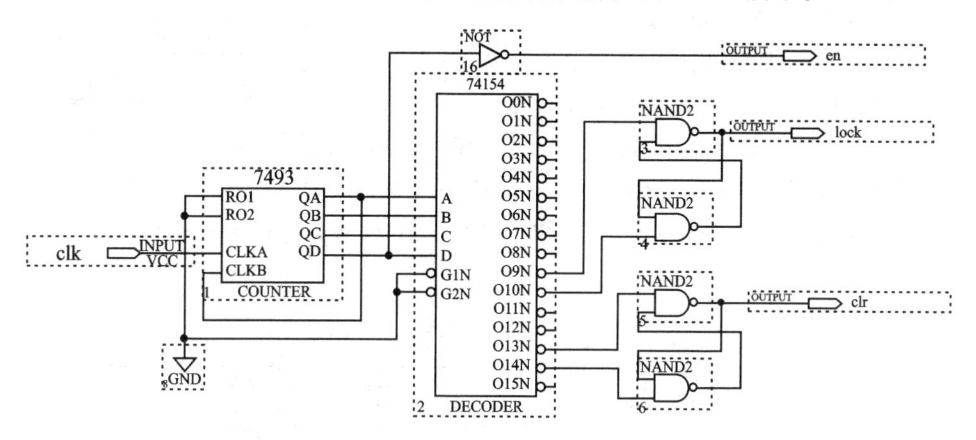

图6-30 测频时序控制模块图

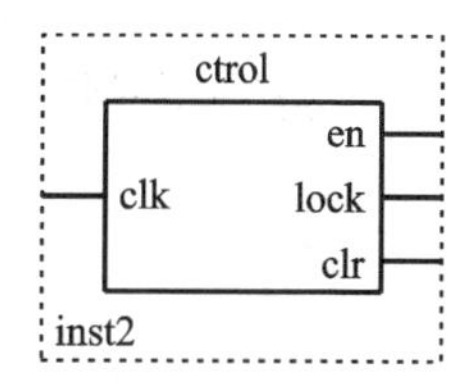

图6-31 测频时序控制顶层图

clk为8 Hz基准输入时钟,en为计数器提供1 s的标准脉宽,lock为锁存计数数据的控制信号,clr为计数器清零信号。图中采用了4位二进制计数器7493,4线-16线译码器74154和两个RS触发器。8 Hz的基准时钟clk经过7493计数输出4位二进制数,QD为0.5 Hz,刚好产生了1 s的标准正负脉宽信号en。在1 s的正脉宽时允许计数,在1 s的负脉宽禁止计数。在允许计数期间进行计数。在禁止计数期间,进行计数结果的锁存、显示以及在下一个1 s正脉冲到来之前计数器清零,准备新的计数测频等工作。这样就完成了自动测频的工作。

2) 计数器电路模块的实现

将 en 和 clk 相“与”便可实现允许计数与禁止计数的控制。计数器功能模块如图 6-32 所示,其顶层图如图 6-33 所示。en 为计数有效信号即为 1 s 的标准脉宽,clk 为待测输入频率,clr 为计数器清零信号,Q[7..0]为两位 BCD 输出,cout 为两位计数器进位信号。

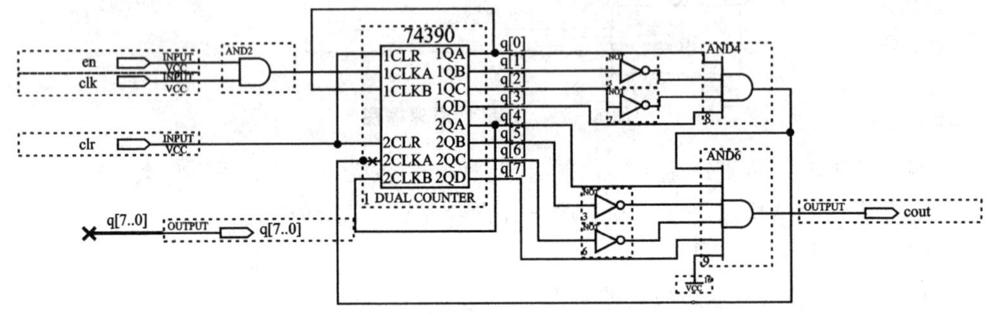

图 6-32 计数器功能模块图

3) 显示电路模块的实现

显示电路模块的设计可参考 BCD-7 段码译码器的设计。由于 74248 译码结果含有频率计中不应出现的 0~9 以外的字符,因此输入到显示模块的数据应为十进制的 BCD 码,这在计数器模块中完成。显示电路模块图如图 6-34 所示,其顶层文件实体如图 6-35 所示。

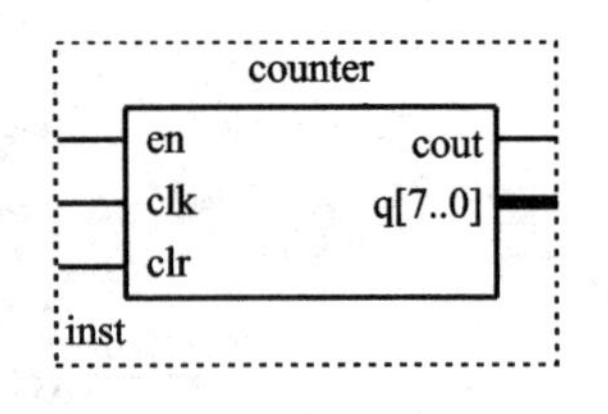

图 6-33 计数器功能模块顶层图

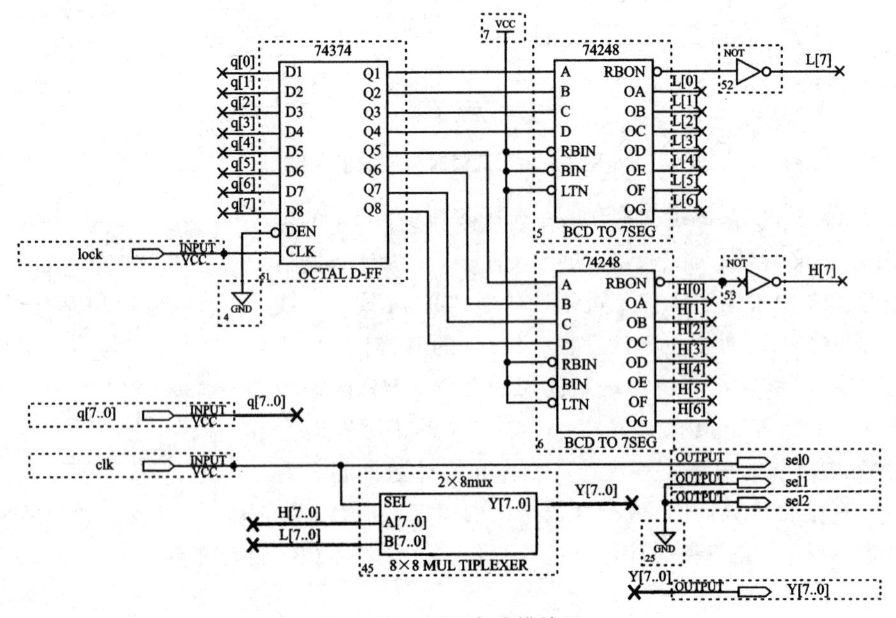

图 6-34 显示电路模块图

8 通道 D 触发器 74374 由 lock 控制锁存计数结果，输入计数结果为两个 4 位的 BCD 码，经过 74248 译为 7 段码送出，分为高位与低位共 2 位。在两路 8 位数据选择器选择后输出数码管位选信号，位选输入时钟通常选用 32 768 Hz。

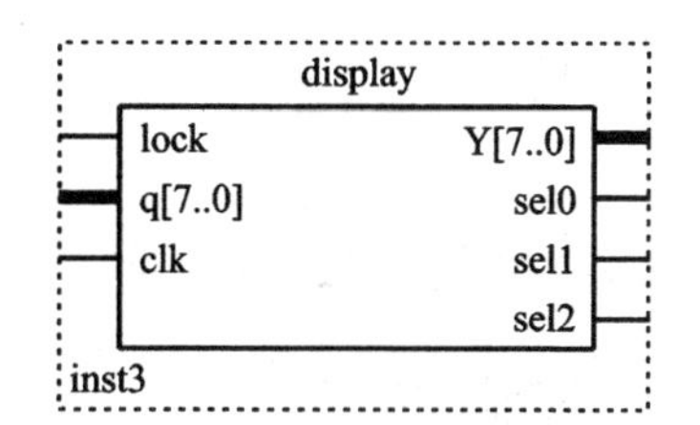

图 6－35　显示电路模块顶层图

3. 实验仪器

① 计算机（预装 Quartus II 软件）。

② EDA 技术实验箱。

4. 实验内容

① 新建频率计工程项目 fry。

② 在 Quartus II 软件中，分别建立测频时序控制电路 ctrol、计数器电路 counter、显示电路 display，并分别生成元件符号后，建立顶层总体实现电路原理图如图 6－36 所示。8 Hz 是基准时钟，通过 ctrol 模块产生 1 Hz 的 en 计数有效信号，及计数锁存信号 lock，计数清零信号 clr。32 768 Hz 是数码管显示扫描信号，可完成多位数码显示。fry 是待测频率，cout 是满 100 时的进位显示，可通过发光二极管显示，由于是自动测频，每隔 1 s 测频一次，故进位显示是闪烁发光，当测量两位数以上的频率值时要认真观察。在 2 位频率范围（99 Hz）内，输入不同的待测频率可以马上在数码管显示出测量值。

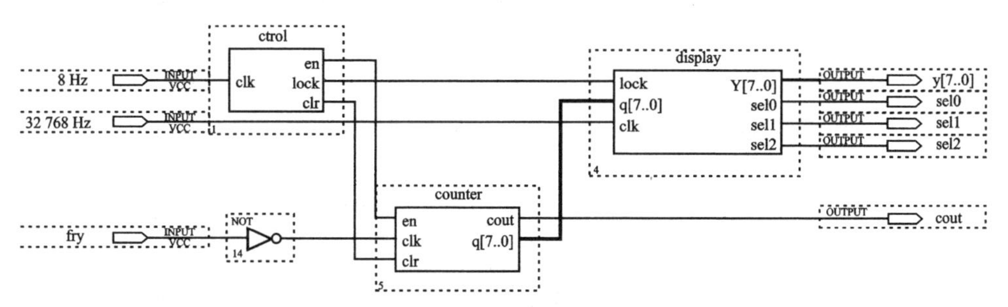

图 6－36　频率计总体实现原理图

③ 在 Quartus II 软件中对频率计设计项目进行编译、仿真、锁定引脚并下载到目标芯片。

④ 连接对应的时钟频率 8 Hz、32 768 Hz，如果 EDA 试验箱没有对应的频率，则需要通过分频电路实现。输入待测频率 fry，观察数码管输出频率值。当输入频率大于 2 位时，数码管只显示最低 2 位频率，如输入 65 536 Hz 时，显示 36。

5. 实验报告

根据实验内容写出实验报告的详细实验过程。

6. 思考题

参考 2 位十进制数字频率计的设计方法,设计 8 位十进制数字频率计。

6.2.4 实验 12——序列信号发生器

1. 实验目的

学习序列信号发生器原理。

2. 实验原理

在数字系统中经常需要一些串行周期性信号,在每个循环周期中,1 和 0 数码按一定的规则顺序排列,称为序列信号。序列信号可以用来作为数字系统的同步信号,也可以作为地址码等,因此在通信、雷达、遥控、遥测等领域都有广泛的应用。产生序列信号的电路称为序列信号发生器,本实验将设计一个通信中常用的巴克码(1110010)发生器。

(1) 数据选择器实现

由于巴克码的代码序列已经确定,因此可用 8 选 1 数据选择器 74151 实现,其实验原理如图 6-37 所示。将 74151 的 8 个数据输入端 D0~D6 分别按巴克码序列状态连接为 1110010,D7 悬空。用一个脉冲时钟 CLK 作为码产生时钟,经过一个 7 进制计数器(可用十进制计数器 74160/十六进制计数器 74161 接成),产生 000~110 三位地址选择信号连接在 74151 数据选择端 A、B、C。另外,为了便于观察代码产生结果,顺便将七进制计数器的计数结果接一个数码管。即当数码管显示 0 时,七进制计数器技术结果为 000,数据选择器地址输入 000,LED 显示第一位代码 1。当数码管显示 1 时,LED 显示第二位代码 1,依次类推,当数码管显示 6 时,LED 显示第 7

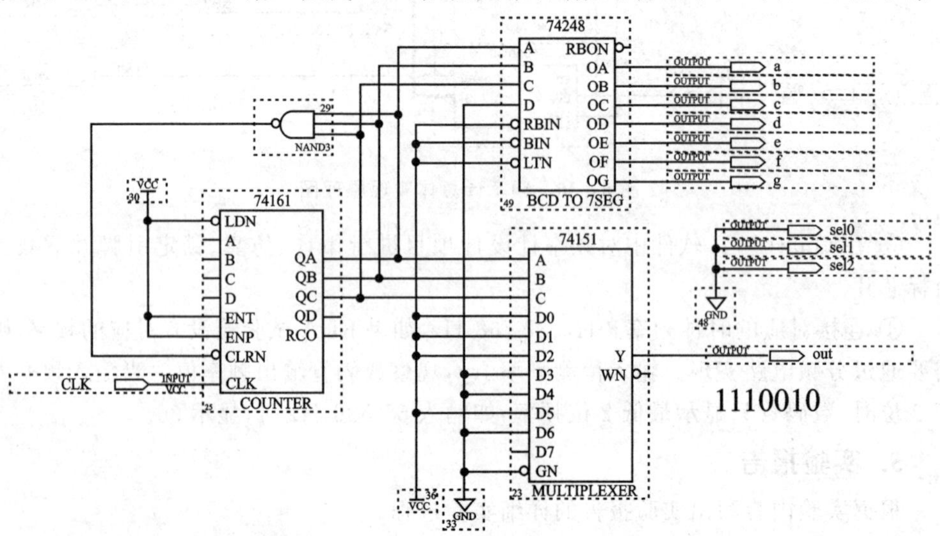

图 6-37 数据选择器实现的巴克码(1110010)发生器

位代码。如此循环,输出7位巴克码。

(2) 触发器实现

N 位触发器构成的计数器可产生 M 个($M \leqslant 2N$)代码。巴克码共7个代码,用3位触发器来实现,如图6-38所示。

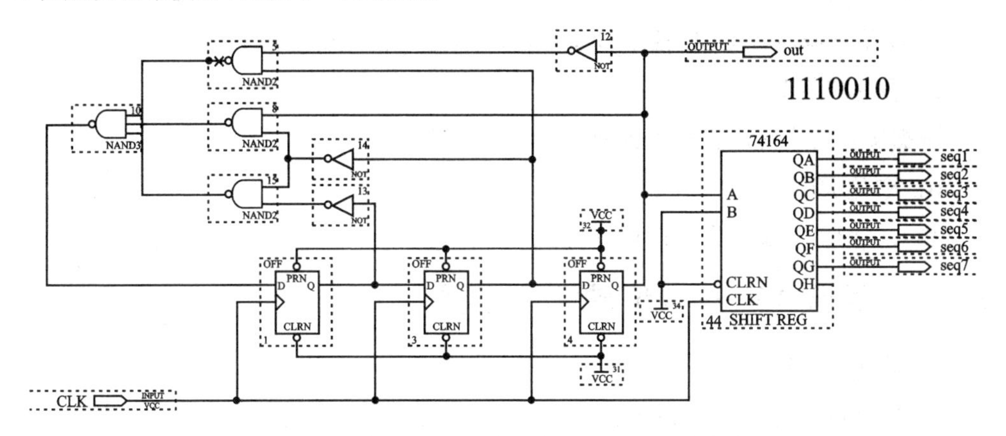

图6-38 触发器实现的巴克码(1110010)发生器

原理说明:对巴克码(1110010)列出的状态转移量Q3Q2Q1如表6-5所列。从序号0—6—0的转移过程中,无论哪位(Q3或Q2或Q1)输出,最终输出都是巴克码,只是开始的输出量不同。要从状态转移表中得出激励信号Y,从而循环输出巴克码。Y作为第一个触发器的输入,Q1与Y相关联,考虑到从0—6—0的转移过程Q1变为1时前一个状态即Y的状态为1,得出Q3Q2Q1为100、010、101、011时Y为1。三个触发器共有8种状态,巴克码没有000状态,共有7个有效状态量,为了循环输出不产生偏移状态000,就要求激励信号Y具有消除状态000的自启动特性,即一旦为000,马上转移到001,从而得出在000时Y为1,根据上面分析可用卡诺图化简得 $Y=\overline{Q_2}\,\overline{Q_1}+\overline{Q_2}Q_3+Q_2\overline{Q_3}$,从而完成了激励信号源Y的设计。其他任意长度的信号序列发生器的设计方法类似。

表6-5 巴克码(1110010)的状态转移量Q3Q2Q1表

序　号	Q3Q2Q1	序　号	Q3Q2Q1
0	111	4	010
1	110	5	101
2	100	6	011
3	001	0	111

3. 实验仪器

① 计算机(预装Quartus II软件)。

② EDA技术实验箱。

4. 实验内容

① 新建序列信号发生器工程项目。

② 在 Quartus II 软件中新建原理图文件,输入自己设计的原理图,编译、仿真,锁定引脚并下载到目标芯片。

③ 将信号源时钟 CLK 接 1 Hz,观察 LED 是否按照要求输出巴克码。

5. 实验报告

根据实验内容写出实验报告的详细实验过程。

6. 思考题

总结序列信号发生器的设计方法。

6.2.5 实验 13——8 位硬件加法器

1. 实验目的

① 学习硬件加法器的设计方法。

② 进一步熟悉层次化设计方法。

2. 实验原理

加法器是数字系统中的基本逻辑器件。多位加法器的构成有两种方式：并行进位和串行进位方式。并行进位加法器设有并行进位产生逻辑,运算速度快;串行进位方式是将全加器级连构成多位加法器。并行进位加法器通常比串行进位加法器占用更多的资源,随着位数的增加,相同位数的并行加法器与串行加法器的资源占用差距快速增大。一般情况下 4 位二进制并行加法器和串行级联加法器占用几乎相同的资源。这样,多位数加法器由 4 位二进制并行加法器级联是较好的选择。

本实验的 8 位二进制加法器即是由两个 4 位二进制并行加法器级联而成,ADD4 模块为 4 位二进制并行加法器,其 VHDL 程序如下,元件符号如图 6-39 所示,其顶层设计文件如图 6-40 所示。

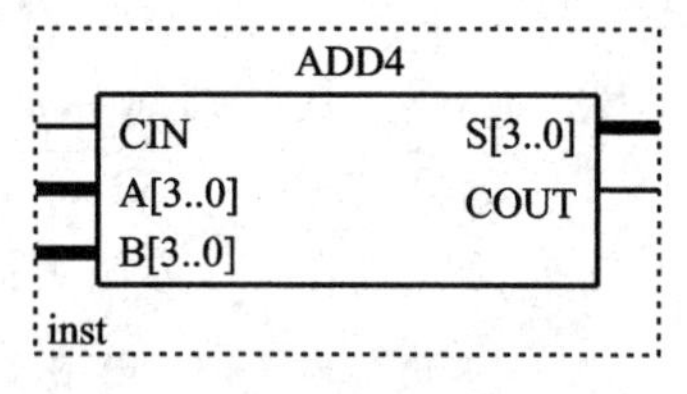

图 6-39 4 位二进制并行加法器元件符号

```
LIBRARY IEEE;
USE IEEE.STD_LOGIC_1164.ALL;
USE IEEE.STD_LOGIC_UNSIGNED.ALL;
ENTITY ADD4 IS
PORT(CIN :  IN STD_LOGIC;
A    :  IN STD_LOGIC_VECTOR(3 DOWNTO 0);
B    :  IN STD_LOGIC_VECTOR(3 DOWNTO 0);
S    : OUT STD_LOGIC_VECTOR(3 DOWNTO 0);
```

```
COUT: OUT STD_LOGIC);
END ADD4;
ARCHITECTURE BEHAV OF ADD4 IS
SIGNAL SINT:STD_LOGIC_VECTOR(4 DOWNTO 0);
SIGNAL AA,BB:STD_LOGIC_VECTOR(4 DOWNTO 0);
BEGIN
AA<='0' & A;
BB<='0' & B;
SINT<=AA+BB+CIN;
S<=SINT(3 DOWNTO 0);
COUT<=SINT(4);
END BEHAV;
```

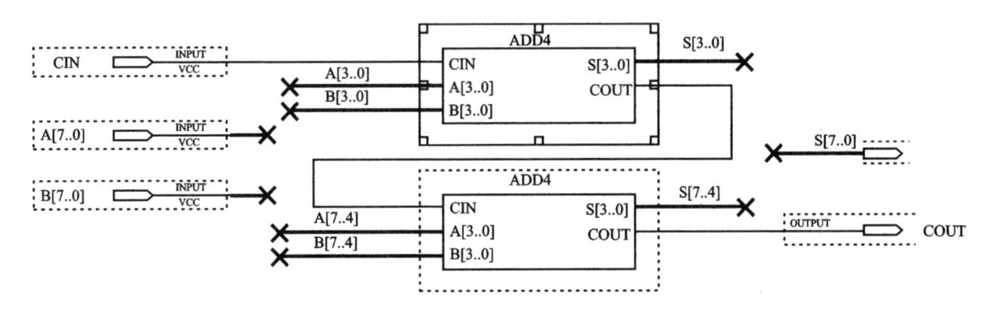

图6-40 8位硬件加法器电路原理图

3. 实验仪器

① 计算机(预装 Quartus II 软件)。

② EDA 技术实验箱。

4. 实验内容

① 在 Quartus II 软件中,先建立8位硬件加法器的工程项目 ADD8。

② 利用文本输入方法设计4位二进制并行加法器 ADD4.vhd,并生成元件符号。

③ 利用层次化设计方法设计8位硬件加法器,如图6-40所示,并进行编译、仿真,然后根据实验箱的I/O分布进行引脚锁定、编程下载,最后进行硬件测试,验证设计电路的正确性。

5. 实验报告

根据实验内容写出实验报告,包括 VHDL 程序设计、软件编译、仿真分析、引脚锁定情况、硬件测试和详细实验过程。

6. 思考题

如何利用数码管显示输入的加数、被加数和输出的和?

6.2.6 实验 14——D/A 接口电路与波形发生器设计

1. 实验目的

学习利用可编程逻辑器件设计 D/A 器件的接口控制电路。

2. 实验原理

本实验采用 8 位的 D/A 转换器 TLC7524,其引脚如图 6-41 所示。其中各引脚的功能分别为: $\overline{\text{WR}}$——写信号,低电平有效;OUT1/OUT2——电流输出 1 和 2,TLC7524 输出的 D/A 转换量是电流形式,因此必须接一个运放将电流信号变为电压信号;REF——基准电压;RFB——反馈电阻端;VDD、GND——电源和地;$\overline{\text{CS}}$——片选信号;DB0～DB7——D/A 转换的输入数据。

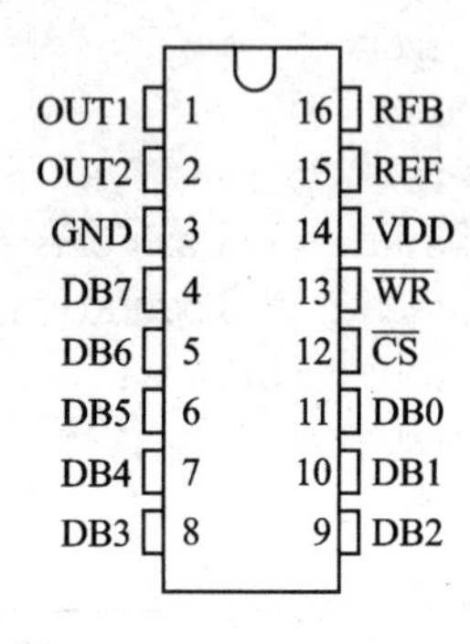

图 6-41 TLC7524 引脚图

3. 实验仪器

① 计算机(预装 Quartus II 软件)。

② EDA 技术实验箱。

4. 实验内容

① 新建一个工程设计项目 WAVE。

② 在 Quartus II 的文本编辑窗口,输入一个正弦波产生电路的 VHDL 设计程序 WAVE. VHD,(**提示**:输入连续的点即可显示为波形),如下所示:

```
LIBRARY IEEE;
USE IEEE.STD_LOGIC_1164.ALL;
ENTITY WAVE IS
PORT(CLK: IN STD_LOGIC;
DD: OUT INTEGER RANGE 255 DOWNTO 0);
END WAVE;
ARCHITECTURE BEHAV OF WAVE IS
SIGNAL Q : INTEGERRANGE 63 DOWNTO 0;
SIGNAL D : INTEGERRANGE 255 DOWNTO 0;
BEGIN
PROCESS(CLK)
BEGIN
IF CLK'EVENT AND CLK = '1' THEN
Q< = Q + 1;
END IF;
END PROCESS;
```

```
PROCESS(Q)
BEGIN
CASE Q IS
WHEN 00 = >D< = 255;WHEN 01 = >D< = 254;WHEN 02 = >D< = 252;WHEN 03 = >D< = 249;
WHEN 04 = >D< = 245;WHEN 05 = >D< = 239;WHEN 06 = >D< = 233;WHEN 07 = >D< = 225;
WHEN 08 = >D< = 217;WHEN 09 = >D< = 207;WHEN 10 = >D< = 197;WHEN 11 = >D< = 186;
WHEN 12 = >D< = 174;WHEN 13 = >D< = 162;WHEN 14 = >D< = 150;WHEN 15 = >D< = 137;
WHEN 16 = >D< = 124;WHEN 17 = >D< = 112;WHEN 18 = >D< = 99;WHEN 19 = >D< = 87;
WHEN 20 = >D< = 75;WHEN 21 = >D< = 64;WHEN 22 = >D< = 53;WHEN 23 = >D< = 43;
WHEN 24 = >D< = 34;WHEN 25 = >D< = 26;WHEN 26 = >D< = 19;WHEN 27 = >D< = 13;
WHEN 28 = >D< = 8;WHEN 29 = >D< = 4;WHEN 30 = >D< = 1;WHEN 31 = >D< = 0;
WHEN 32 = >D< = 0;WHEN 33 = >D< = 1;WHEN 34 = >D< = 4;WHEN 35 = >D< = 8;
WHEN 36 = >D< = 13;WHEN 37 = >D< = 19;WHEN 38 = >D< = 26;WHEN 39 = >D< = 34;
WHEN 40 = >D< = 43;WHEN 41 = >D< = 53;WHEN 42 = >D< = 64;WHEN 43 = >D< = 75;
WHEN 44 = >D< = 87;WHEN 45 = >D< = 99;WHEN 46 = >D< = 112;WHEN 47 = >D< = 124;
WHEN 48 = >D< = 137;WHEN 49 = >D< = 150;WHEN 50 = >D< = 162;WHEN 51 = >D< = 174;
WHEN 52 = >D< = 186;WHEN 53 = >D< = 197;WHEN 54 = >D< = 207;WHEN 55 = >D< = 217;
WHEN 56 = >D< = 225;WHEN 57 = >D< = 233;WHEN 58 = >D< = 239;WHEN 59 = >D< = 245;
WHEN 60 = >D< = 249;WHEN 61 = >D< = 252;WHEN 62 = >D< = 254;WHEN 63 = >D< = 255;
WHEN OTHERS = >NULL;
END CASE;
END PROCESS;
DD< = D;
END BEHAV;
```

③ 将 EDA 技术实验箱的时钟信号与设计电路时钟输入端 CLK 连接，并将设计电路的输出端 DD 接 D/A 转换模块的数据输入端，利用示波器可观察到经过 D/A 转换后的正弦波输出波形。正弦波的频率随着 D/A 器件输入待转换数据的速度而相应变化，即正弦波的频率为 CLK/64，本实验输入数据速度由 CLK 决定。

5. 实验报告

① 根据实验内容写出实验报告。

② 记录实验输出波形，并进行分析。

6. 思考题

修改 VHDL 设计程序，使电路输出三角波和矩形波。

6.2.7　实验 15——键盘控制电路设计

1. 实验目的

① 熟悉键盘扫描电路的工作原理。

② 掌握键盘接口控制电路的 FPGA 设计方法。

2. 实验原理

键盘是应用数字系统重要的人机接口,主要完成向处理器输入数据、传送命令等功能,是人工控制电子系统运行的重要手段。本实验介绍简单的键盘工作原理、键盘按键的识别过程以及键盘与 CPLD/FPGA 的接口。

键盘实质上是一个按键开关的集合,如图 6-42 所示。通常,按键所用的开关为机械弹性开关,利用了机械触点的合、断作用。一个电压信号通过机械触点的断开、闭合过程的波形如图 6-43 所示。由于机械触点的弹性作用,一个按键开关在闭合时不会马上稳定地接通,在断开时也不会立即断开,因而在闭合及断开的瞬间均伴随有一连串的抖动,抖动时间的长短由按键的机械特性决定,一般为 5～10 ms。

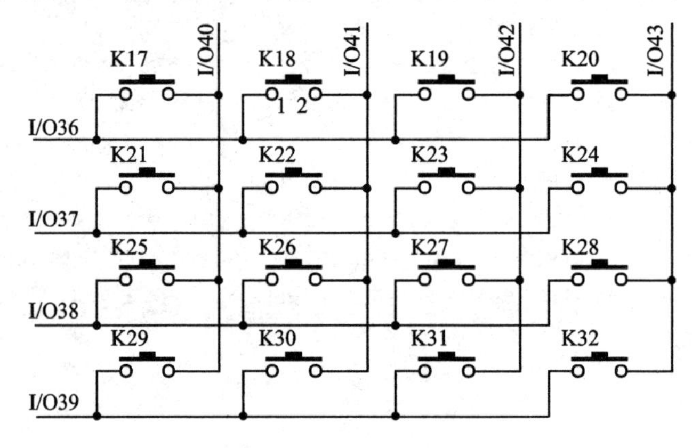

图 6-42　4×4 键盘

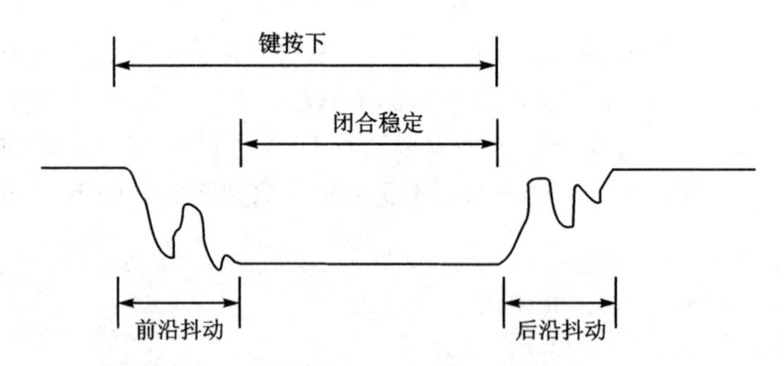

图 6-43　按键抖动信号波形

按键闭合稳定期的长短则是由操作人员的按键动作决定的,一般为十分之几秒到几秒的时间。另外,按键的闭合与否,反映在电压上就是呈现出高电平或低电平,如果低电平表示断开,那么高电平表示闭合,所以通过电平的高低状态的检测,便可以确认按键按下与否。图 6-44 为键盘控制电路的顶层原理图。

在图 6-44 中,COUNT 模块提供键盘的行扫描信号 Q[3..0]。在没有按键按下时,此时的使能信号 en 为高电平,行扫描输出信号 Q[3..0]的变化顺序为 0001→

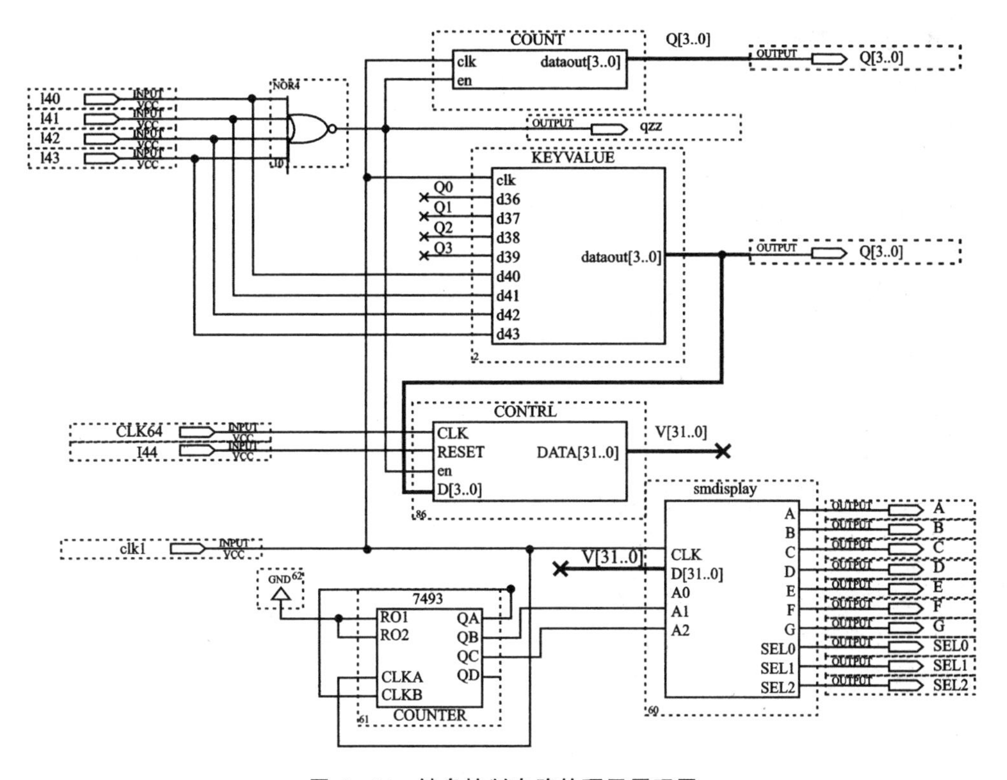

图6-44 键盘控制电路的顶层原理图

0010→0100→1000→0001依次周而复始(依次扫描4行按键)。当有按键按下时,此时的使能信号en为低电平,行扫描输出信号Q[3..0]停止扫描,并锁存当前的行扫描值,例如按下第一行的按键,那么Q[3..0]=0001。

KEYVALUE模块的主要功能是确定输入按键的键值,对输入按键的行信号Q[3..0]和列信号I4[3..0]的当前组合值进行判断来确定输入按键的键值。例如,当Q[3..0]=0100,I4[3..0]=1000时,则第3行、第4列输入的按键有效,在KEYVALUE模块中已定义了该键值。

CONTRL模块的主要功能是实现按键的消抖。进行延时后,判断是否有按键按下,要确保对按键键值的提取处于图6-43所示的闭合稳定时间范围内。这就对本模块的输入时钟信号有一定的要求,在本实验中该模块输入的时钟信号频率为64 Hz。

Smdisplay模块主要是完成数码管动态扫描和7段译码显示的功能。

3. 实验仪器

① 计算机(预装Quartus II软件)。

② EDA技术实验箱。

4. 实验内容

① 在 Quartus II 新建一个 4×4 键盘控制电路工程项目 key,并保存在 E:\key 文件夹。

② 在 Quartus II 软件的 VHDL 文本编辑器,分别输入键盘行扫描模块 COUNT.vhd、确定输入按键值模块 KEYVALUE.vhd、按键消抖模块 CONTRL.vhd、数码管动态扫描和 7 段译码显示模块 Smdisplay,并分别生成元件符号。其中键盘行扫描模块 COUNT 的 VHDL 程序如下:

```
USE IEEE.STD_LOGIC_1164.ALL;
USE IEEE.STD_LOGIC_UNSIGNED.ALL;
ENTITY COUNT IS
   PORT( CLK: IN STD_LOGIC;    -- 32768HZ
         EN: IN STD_LOGIC;
         DATAOUT: OUT STD_LOGIC_VECTOR(3 DOWNTO 0));
END;
ARCHITECTURE VALUE OF COUNT IS
   SIGNAL DATA:STD_LOGIC_VECTOR(1 DOWNTO 0);
BEGIN
P1: PROCESS(CLK)
BEGIN
 IF(CLK'EVENT AND CLK = '1')    THEN
    IF EN = '1' THEN
       DATA< = DATA + 1;
    END IF;
  END IF;
END PROCESS;
P2: PROCESS(DATA)
BEGIN
CASE DATA IS
  WHEN "00" = >DATAOUT< = "0001";
  WHEN "01" = >DATAOUT< = "0010";
  WHEN "10" = >DATAOUT< = "0100";
  WHEN "11" = >DATAOUT< = "1000";
  WHEN OTHERS = >DATAOUT< = "0001";
 END CASE;
END PROCESS;
END;
```

确定输入按键值模块 KEYVALUE 的 VHDL 程序如下:

```
LIBRARY IEEE;
USE IEEE.STD_LOGIC_1164.ALL;
```

```
USE IEEE.STD_LOGIC_UNSIGNED.ALL;
ENTITY KEYVALUE IS
   PORT( CLK: IN STD_LOGIC;
         D36,D37,D38,D39,D40,D41,D42,D43: IN STD_LOGIC;
         DATAOUT : OUT STD_LOGIC_VECTOR(3 DOWNTO 0));
END;
ARCHITECTURE VALUE OF KEYVALUE IS
   SIGNAL DATA: STD_LOGIC_VECTOR(7 DOWNTO 0);

BEGIN
P1: PROCESS(CLK)
BEGIN
  IF(CLK'EVENT AND CLK = '1') THEN
DATA< = D43&D42&D41&D40&D39&D38&D37&D36;
END IF;
END PROCESS;
P2:PROCESS(DATA)
 BEGIN
 CASE DATA IS
    WHEN B"00010001" = >DATAOUT< = "0000";
    WHEN B"00100001" = >DATAOUT< = "0001";
    WHEN B"01000001" = >DATAOUT< = "0010";
    WHEN B"10000001" = >DATAOUT< = "0011";
    WHEN B"00010010" = >DATAOUT< = "0100";
    WHEN B"00100010" = >DATAOUT< = "0101";
    WHEN B"01000010" = >DATAOUT< = "0110";
    WHEN B"10000010" = >DATAOUT< = "0111";
    WHEN B"00010100" = >DATAOUT< = "1000";
    WHEN B"00100100" = >DATAOUT< = "1001";
    WHEN B"01000100" = >DATAOUT< = "1010";
    WHEN B"10000100" = >DATAOUT< = "1011";
    WHEN B"00011000" = >DATAOUT< = "1100";
    WHEN B"00101000" = >DATAOUT< = "1101";
    WHEN B"01001000" = >DATAOUT< = "1110";
    WHEN B"10001000" = >DATAOUT< = "1111";
    WHEN OTHERS = >NULL;
 END CASE;
 END PROCESS;
END;
```

按键消抖模块 CONTRL 的 VHDL 程序如下：

```
LIBRARY IEEE;
USE IEEE.STD_LOGIC_1164.ALL;
USE IEEE.STD_LOGIC_UNSIGNED.ALL;
ENTITY  CONTRL  IS
PORT(CLK: IN STD_LOGIC;    -- 64 Hz
      RESET,EN:IN STD_LOGIC;
      D: IN STD_LOGIC_VECTOR(3 DOWNTO 0);
      DATA: BUFFER STD_LOGIC_VECTOR(31 DOWNTO 0));
END;
ARCHITECTURE BEHAV OF CONTRL IS
     SIGNAL TEMP:STD_LOGIC_VECTOR(31 DOWNTO 0);
SIGNAL DA:STD_LOGIC_VECTOR(2 DOWNTO 0);
SIGNAL KEY,S:STD_LOGIC_VECTOR(3 DOWNTO 0);
     SIGNAL OUT1:STD_LOGIC;
BEGIN
P1:PROCESS(CLK)
VARIABLE REG4:STD_LOGIC_VECTOR(3 DOWNTO 0);
BEGIN
IF(CLK'EVENT AND CLK = '1') THEN
REG4: = REG4(2 DOWNTO 0)&EN;
END IF;
KEY< = REG4;
END PROCESS;
OUT1< = KEY(0) AND KEY(1) AND KEY(2) AND KEY(3);
P2:PROCESS(OUT1,RESET)
BEGIN
IF RESET = '1' THEN
    TEMP< = "00000000000000000000000000000000";
ELSIF(OUT1'EVENT AND OUT1 = '1') THEN
      TEMP< = DATA(27 DOWNTO 0)&D(3 DOWNTO 0);
END IF;
END PROCESS;
DATA< = TEMP;
END BEHAV ;
```

数码管动态扫描和 7 段译码显示模块 Smdisplay 可参考实验 9 的内容。

③ 在 Quartus II 软件中新建原理图文件,输入图 6-44,编译、仿真、锁定引脚并下载到目标芯片。

④ 将时钟 CLK64 接 64 Hz,时钟 clk1 接 32 768 Hz,将清零控制开关 I44 置高电平时,数码管全部清零。将 I44 置低电平,此时处于等待按键输入状态。当按下 4×4 键盘的 0~F 任意键时,数码管会显示当前按下键的键值。

5. 实验报告

根据实验内容写出实验报告。

6.3 EDA设计实验

6.3.1 实验16——花样彩灯控制器的设计

1. 实验目的

掌握时序逻辑电路的设计方法。

2. 实验原理

花样彩灯控制器设计要求能显示4种花样,每种花样有不同的花型,且每种花样都能循环显示,4种花样之间可以进行切换。

3. 实验仪器

① 计算机(预装Quartus II软件)。

② EDA技术实验箱。

4. 实验内容

① 在Quartus II新建一个花样彩灯控制器的工程项目CAIDENG,并保存在E:\CAIDENG文件夹。

② 在Quartus II软件的VHDL文本编辑器,输入花样彩灯控制器的VHDL程序,并保存为CAIDENG.vhd。

```
LIBRARY IEEE;
USE IEEE.STD_LOGIC_1164.ALL;
USE IEEE.STD_LOGIC_ARITH.ALL;
USE IEEE.STD_LOGIC_UNSIGNED.ALL;
ENTITY CAIDENG IS
PORT(CLK:IN STD_LOGIC;
RST:IN STD_LOGIC;
SELMODE:IN STD_LOGIC_VECTOR(1 DOWNTO 0);
LIGHT:OUT STD_LOGIC_VECTOR(7 DOWNTO0));
END CAIDENG;
ARCHITECTURE CONTROL OF CAIDENG IS
SIGNAL CLK1MS :STD_LOGIC:='0';
SIGNAL CNT1:STD_LOGIC_VECTOR(3 DOWNTO 0):="0000";
SIGNAL CNT2:STD_LOGIC_VECTOR(2 DOWNTO 0):="00";
SIGNAL CNT3:STD_LOGIC_VECTOR(3 DOWNTO 0):="0000";
SIGNAL CNT4:STD_LOGIC_VECTOR(2DOWNTO 0):="00";
```

```
BEGIN
P1:PROCESS(CLK1MS)
BEGIN
IF(CLK1MS'EVENT  AND  CLK1MS = '1') THEN
IF SELMODE = "00"  THEN      -- 第 1 种彩灯花样
        IF CNT1 = "1111"  THEN  CNT1< = "0000";
ELSE CNT1< = CNT1 + 1;
END IF;
CASE CNT1 IS
WHEN "0000" = >LIGHT< = "10000000";
WHEN "0001" = >LIGHT< = "11000000";
WHEN "0010" = >LIGHT< = "11100000";
WHEN "0011" = >LIGHT< = "11110000";
WHEN "0100" = >LIGHT< = "11111000";
WHEN "0101" = >LIGHT< = "11111100";
WHEN "0110" = >LIGHT< = "11111110";
WHEN "0111" = >LIGHT< = "11111111";
WHEN "1000" = >LIGHT< = "11111110";
WHEN "1001" = >LIGHT< = "11111100";
WHEN "1010" = >LIGHT< = "11111000";
WHEN "1011" = >LIGHT< = "11100000";
WHEN "1100" = >LIGHT< = "11100000";
WHEN "1100" = >LIGHT< = "10000000";
WHEN "1100" = >LIGHT< = "10000000";
WHEN OTHERS = >LIGHT< = "00000000";
END CASE;
ELSIF SELMODE = "01"  THEN                -- 第 2 种彩灯花样
IF CNT2 = "11" THEN CNT2< = "00";
ELSE CNT2< = CNT2 + 1;
END IF;
CASE CNT2 IS
WHEN  "00" = >LIGHT< = "10000001";
WHEN  "01" = >LIGHT< = "11000011";
WHEN  "10" = >LIGHT< = "11100111";
WHEN  "11" = >LIGHT< = "11111111";
WHEN OTHERS = >LIGHT< = "00000000";
END CASE;
ELSIF SELMODE = "10" THEN      -- 第 3 种彩灯花样
IF CNT3 = "1111" THEN CNT3< = "0000";
ELSE CNT3< = CNT3 + 1;
END IF;
```

```
CASE CNT3 IS
WHEN "0000" = >LIGHT< = "11000000";
WHEN "0001" = >LIGHT< = "01100000";
WHEN "0010" = >LIGHT< = "00110000";
WHEN "0011" = >LIGHT< = "00011000";
WHEN "0100" = >LIGHT< = "00001100";
WHEN "0101" = >LIGHT< = "00000110";
WHEN "0110" = >LIGHT< = "00000011";
WHEN "0111" = >LIGHT< = "00000110";
WHEN "1000" = >LIGHT< = "00001100";
WHEN "1001" = >LIGHT< = "00011000";
WHEN "1010" = >LIGHT< = "00110000";
WHEN "1011" = >LIGHT< = "01100000";
WHEN "1100" = >LIGHT< = "11000000";
WHEN OTHERS = >LIGHT< = "00000000";
END CASE;
ELSIF SELMODE = "11" THEN        -- 第 4 种彩灯花样
IF CNT4 = "11" THEN CNT4< = "00";
ELSE CNT4< = CNT4 + 1;
END IF;
CASE CNT4 IS
WHEN  "00" = >LIGHT< = "00011000";
WHEN  "01" = >LIGHT< = "00111100";
WHEN  "10" = >LIGHT< = "01111110";
WHEN  "11" = >LIGHT< = "11111111";
WHEN OTHERS = >LIGHT< = "00000000";
END CASE;
END IF;
END IF;
END PROCESS P1;
P2:PROCESS(CLK)     -- 时钟分频模块,假设外部时钟 CLK 为 1 kHz,分频后 CLK1MS 得到 1 Hz
VARIABLE CNT: INTEGER RANGE 0 TO 1000;
BEGIN
IF(RST = '0') THEN CNT: = 0;
ELSIF(CLK'EVENT AND CLK = '1') THEN
IF CNT<999 THEN
CNT: = CNT + 1;
CLK1MS< = '0';
ELSE
CNT: = 0;
CLK1MS< = '1';
```

```
END IF;
END IF;
END PROCESS P2;
END CONTROL;
```

③ 对 CAIDENG 设计项目进行编译、引脚锁定,其中 CLK 引脚为外部输入时钟,此程序假定外部输入时钟为 1 kHz(在实际实验箱实验时,要根据实际的时钟情况修改时钟分频程序),经过分频后得到彩灯变化需要的 1 Hz 时钟。SELMODE 引脚为花样彩灯控制端口,SELMODE 分别为“00”、“01”、“10”和“11”,代表 4 种不同的花样。LIGHT 引脚为彩灯显示输出端口。

5. 实验报告

① 根据实验内容完成实验报告。

② 根据自己的喜好,修改程序以自行设计其他花样的彩灯显示。

6.3.2 实验 17——数字钟的设计

1. 实验目的

① 掌握时序逻辑电路综合应用。

② 掌握 CPLD/FPGA 的层次化设计方法。

2. 实验原理

数字钟实验主要实现以下功能(该实验的顶层原理图如图 6-45 所示)。

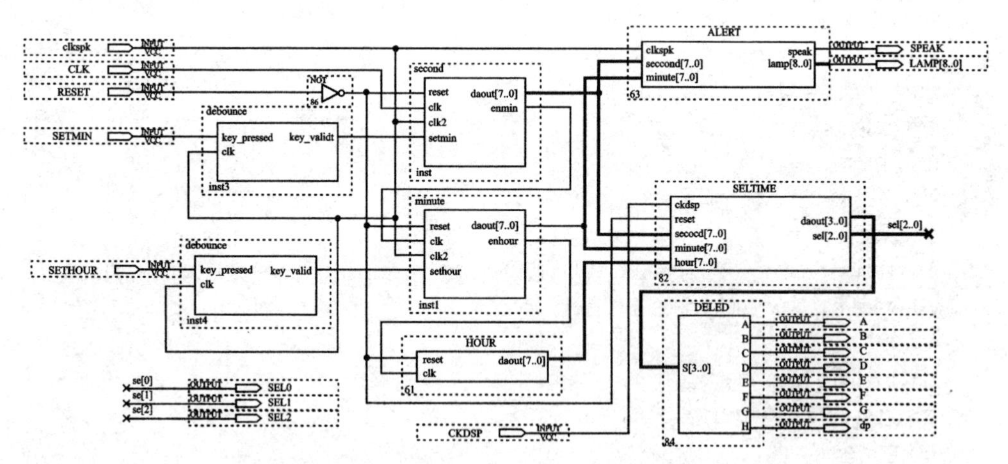

图 6-45 数字钟电路顶层原理图

(1) 时、分、秒计数显示功能

具有时、分、秒计数显示功能,以 24 小时循环计时。其中 second 模块为六十进制 BCD 码计数电路,实现秒计时功能;minute 模块为六十进制 BCD 码计数电路,实

现分计时功能；HOUR模块为二十四进制BCD码计数电路，实现小时计时功能。整个计数器具有清零、调分和调时的功能，而且在接近整点时间时能提供报时信号。其秒、分、时计数器的VHDL程序如下，元件符号分别如图6-46、图6-47、图6-48所示。

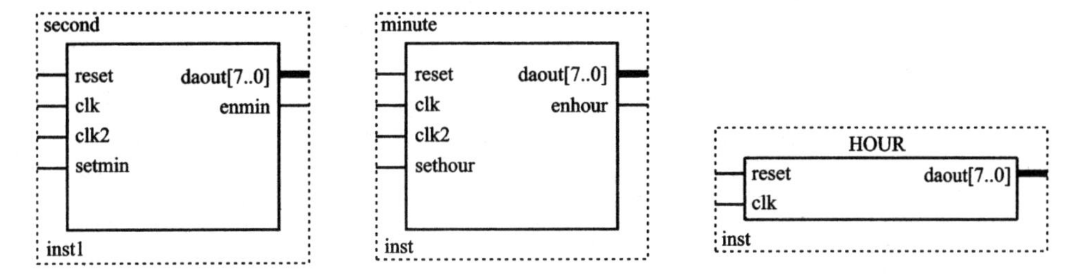

图6-46 秒计时器元件符号　图6-47 分计时器元件符号　图6-48 时计时器元件符号

1）秒计时器VHDL程序及其元件符号

```
LIBRARY IEEE;
USE IEEE.STD_LOGIC_1164.ALL;
USE IEEE.STD_LOGIC_UNSIGNED.ALL;
ENTITY second IS
PORT(reset,clk,clk2,setmin : IN STD_LOGIC;
     daout : OUT STD_LOGIC_VECTOR(7 DOWNTO 0);
     enmin : OUT STD_LOGIC);
END second;
ARCHITECTURE BEHAV OF second IS
SIGNAL COUNT    : STD_LOGIC_VECTOR(3 DOWNTO 0);
SIGNAL COUNTER    : STD_LOGIC_VECTOR(3 DOWNTO 0);
SIGNAL CARRY_OUT1 : STD_LOGIC;
SIGNAL CARRY_OUT2 : STD_LOGIC;
BEGIN
P1: PROCESS(reset,clk)
BEGIN
IF reset = '0' THEN
   COUNT< = "0000";
   COUNTER< = "0000";
ELSIF(clk'EVENT AND clk = '1') THEN
   IF (COUNTER<5) THEN
       IF (COUNT = 9) THEN
          COUNT< = "0000";
          COUNTER< = COUNTER + 1;
       ELSE
          COUNT< = COUNT + 1;
       END IF;
```

```
        CARRY_OUT1<='0';
      ELSE
        IF (COUNT=9) THEN
        COUNT<="0000";
        COUNTER<="0000";
        CARRY_OUT1<='1';
        ELSE
        COUNT<=COUNT+1;
        CARRY_OUT1<='0';
        END IF;
      END IF;
   END IF;
   IF(clk2'EVENT AND clk2='1') THEN
   enmin<=CARRY_OUT1 OR setmin;
   END IF;
   END PROCESS;
   daout(7 DOWNTO 4)<=COUNTER;
   daout(3 DOWNTO 0)<=COUNT;
   END BEHAV;
```

2）分计时器 VHDL 程序及其元件符号

```
   LIBRARY IEEE;
   USE IEEE.STD_LOGIC_1164.ALL;
   USE IEEE.STD_LOGIC_UNSIGNED.ALL;
   ENTITY minute IS
   PORT(reset,clk,clk2,sethour: IN STD_LOGIC;
        daout  : OUT STD_LOGIC_VECTOR(7 DOWNTO 0);
        enhour : OUT STD_LOGIC);
   END minute;
   ARCHITECTURE BEHAV OF minute IS
   SIGNAL COUNT     : STD_LOGIC_VECTOR(3 DOWNTO 0);
   SIGNAL COUNTER    : STD_LOGIC_VECTOR(3 DOWNTO 0);
   SIGNAL CARRY_OUT1 : STD_LOGIC;
   SIGNAL CARRY_OUT2 : STD_LOGIC;
   SIGNAL SETHOUR1 : STD_LOGIC;
   BEGIN
   P1: PROCESS(reset,clk)
   BEGIN
   IF reset='0' THEN
      COUNT<="0000";
      COUNTER<="0000";
```

```
ELSIF(clk'EVENT AND clk = '1') THEN
   IF (COUNTER<5) THEN
       IF (COUNT = 9) THEN
          COUNT<= "0000";
          COUNTER<= COUNTER + 1;
       ELSE
          COUNT<= COUNT + 1;
       END IF;
       CARRY_OUT1<= '0';
   ELSE
       IF (COUNT = 9) THEN
         COUNT<= "0000";
         COUNTER<= "0000";
         CARRY_OUT1<= '1';
       ELSE
       COUNT<= COUNT + 1;
       CARRY_OUT1<= '0';
       END IF;
   END IF;
 END IF;
IF(clk2'EVENT AND clk2 = '1') THEN
SETHOUR1<= SETHOUR;
END IF;
 END PROCESS;
 P2: PROCESS(clk)
BEGIN
IF(clk'EVENT AND clk = '0') THEN
   IF (COUNTER = 0) THEN
       IF (COUNT = 0) THEN
           CARRY_OUT2<= '0';
       END IF;
   ELSE
          CARRY_OUT2<= '1';
   END IF;
 END IF;
 END PROCESS;
daout(7 DOWNTO 4)<= COUNTER;
daout(3 DOWNTO 0)<= COUNT;
enhour<= (CARRY_OUT1 AND CARRY_OUT2) OR SETHOUR1;
END BEHAV;
```

3）时计时器 VHDL 程序及其元件符号

```
LIBRARY IEEE;
USE IEEE.STD_LOGIC_1164.ALL;
USE IEEE.STD_LOGIC_UNSIGNED.ALL;
ENTITY HOUR IS
PORT(reset,clk : IN STD_LOGIC;
     daout : OUT STD_LOGIC_VECTOR(7 DOWNTO 0));
END HOUR;
ARCHITECTURE BEHAV OF HOUR IS
SIGNAL COUNT    : STD_LOGIC_VECTOR(3 DOWNTO 0);
SIGNAL COUNTER    : STD_LOGIC_VECTOR(3 DOWNTO 0);
BEGIN
P1: PROCESS(reset,clk)
BEGIN
IF reset = '0' THEN
   COUNT< = "0000";
   COUNTER< = "0000";
ELSIF(clk'EVENT AND clk = '1') THEN
   IF (COUNTER<2) THEN
   IF (COUNT = 9) THEN
       COUNT< = "0000";
       COUNTER< = COUNTER + 1;
   ELSE
       COUNT< = COUNT + 1;
   END IF;
   ELSE
       IF (COUNT = 3) THEN
       COUNT< = "0000";
       COUNTER< = "0000";
   ELSE
       COUNT< = COUNT + 1;
   END IF;
   END IF;
   END IF;
   END PROCESS;
daout(7 DOWNTO 4)< = COUNTER;
daout(3 DOWNTO 0)< = COUNT;
END BEHAV;
```

(2) 数码管扫描片选驱动信号输出和 7 段码输出

有驱动 8 位七段共阴极扫描数码管的片选驱动信号输出和七段码输出。在图 6－45 中，SELTIME 模块产生 8 位数码管的扫描驱动信号 sel[2..0]和时钟显示数据(动态显示)daout[3..0]。DELED 模块则为数码管显示时钟数据的 7 段译码电路。其 VHDL 程序如下,元件符号分别如图 6-49、图 6-50 所示。

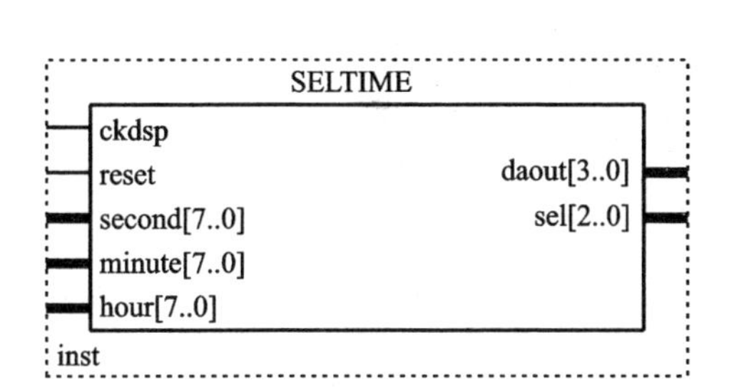

图 6-49 数码管的扫描及片选驱动元件符号

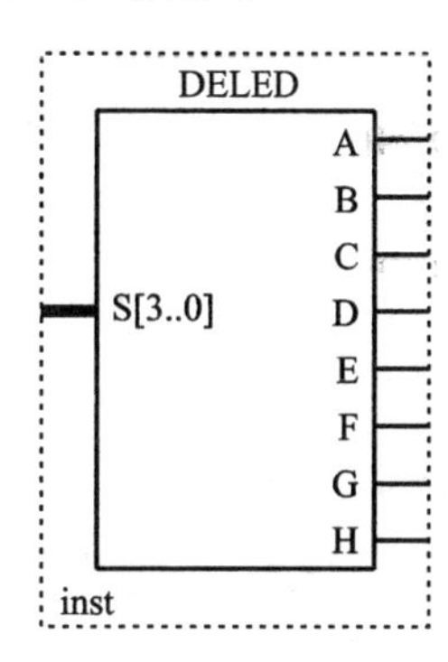

图 6-50 7段译码电路元件符号

1) 数码管扫描片选驱动 VHDL 程序及其元件符号

```
LIBRARY IEEE;
USE IEEE.STD_LOGIC_1164.ALL;
USE IEEE.STD_LOGIC_UNSIGNED.ALL;
ENTITY SELTIME IS
PORT(
     ckdsp : IN STD_LOGIC;
     reset : IN STD_LOGIC;
     second : IN STD_LOGIC_VECTOR(7 DOWNTO 0);
     minute : IN STD_LOGIC_VECTOR(7 DOWNTO 0);
     hour : IN STD_LOGIC_VECTOR(7 DOWNTO 0);
     daout : OUT STD_LOGIC_VECTOR(3 DOWNTO 0);
     sel : OUT STD_LOGIC_VECTOR(2 DOWNTO 0));
END SELTIME;
ARCHITECTURE BEHAV OF SELTIME IS
SIGNAL SEC : STD_LOGIC_VECTOR(2 DOWNTO 0);
BEGIN
PROCESS(reset,ckdsp)
BEGIN
IF(reset = '0') THEN
sec<= "000";
ELSIF(ckdsp'EVENT AND ckdsp = '1') THEN
IF(sec = "101") THEN
   sec<= "000";
ELSE
   sec<= sec + 1;
END IF;
```

```
END IF;
END PROCESS;
PROCESS(sec,second,minute,hour)
BEGIN
CASE sec IS
WHEN "000" =>daout<=second(3 DOWNTO 0);
WHEN "001" =>daout<=second(7 DOWNTO 4);
WHEN "010" =>daout<=minute(3 DOWNTO 0);
WHEN "011" =>daout<=minute(7 DOWNTO 4);
WHEN "100" =>daout<=HOUR(3 DOWNTO 0);
WHEN "101" =>daout<=HOUR(7 DOWNTO 4);
WHEN OTHERS =>daout<="XXXX";
END CASE;
END PROCESS;
sel<=SEC;
END BEHAV;
```

2) 7 段译码电路 VHDL 程序及元件符号

```
LIBRARY IEEE;
USE IEEE.STD_LOGIC_1164.ALL;
ENTITY DELED IS
PORT( s: IN STD_LOGIC_VECTOR(3 DOWNTO 0);
     A,B,C,D,E,F,G,H: OUT STD_LOGIC);
END DELED;
ARCHITECTURE BEHAV OF DELED IS
SIGNAL DATA:STD_LOGIC_VECTOR(3 DOWNTO 0);
SIGNAL DOUT:STD_LOGIC_VECTOR(7 DOWNTO 0);
BEGIN
DATA<=s;
PROCESS(DATA)
BEGIN
CASE  DATA IS
WHEN "0000" =>DOUT<="00111111";
WHEN "0001" =>DOUT<="00000110";
WHEN "0010" =>DOUT<="01011011";
WHEN "0011" =>DOUT<="01001111";
WHEN "0100" =>DOUT<="01100110";
WHEN "0101" =>DOUT<="01101101";
WHEN "0110" =>DOUT<="01111101";
WHEN "0111" =>DOUT<="00000111";
WHEN "1000" =>DOUT<="01111111";
```

```
WHEN "1001" = >DOUT< = "01101111";
WHEN "1010" = >DOUT< = "01110111";
WHEN "1011" = >DOUT< = "01111100";
WHEN "1100" = >DOUT< = "00111001";
WHEN "1101" = >DOUT< = "01011110";
WHEN "1110" = >DOUT< = "01111001";
WHEN "1111" = >DOUT< = "01110001";
WHEN OTHERS = >DOUT< = "00000000";
END CASE;
END PROCESS;
H< = DOUT(7);
G< = DOUT(6);
F< = DOUT(5);
E< = DOUT(4);
D< = DOUT(3);
C< = DOUT(2);
B< = DOUT(1);
A< = DOUT(0);
END BEHAV;
```

(3) 报时驱动信号

喇叭在整点时有报时驱动信号产生,以及 LED 灯根据设计的要求在整点时有花样显示信号产生。ALERT 模块则产生整点报时的驱动信号 speak 和 LED 灯花样显示信号 lamp[8..0]。在分位计数到 59 分时,秒位为 51 秒、53 秒、55 秒、57 秒、59 秒时扬声器会发出 1 秒左右的告警音,并且 51 秒、53 秒、55 秒、57 秒为低音,59 秒为高音。其 VHDL 程序如下,元件符号如图 6-51 所示。

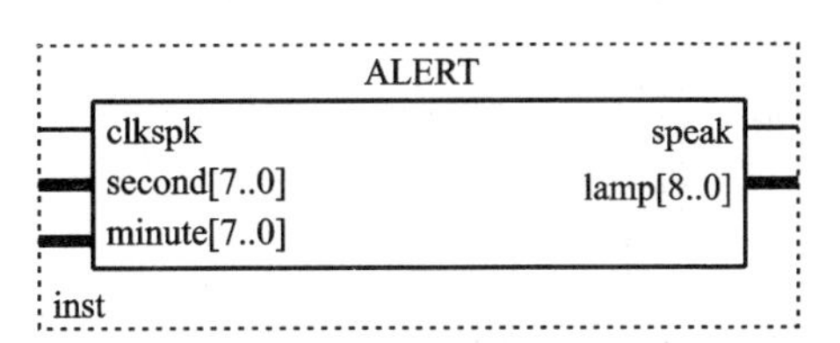

图 6-51 整点报时驱动电路元件

```
LIBRARY IEEE; -- 整点报时驱动 VHDL 程序
USE IEEE.STD_LOGIC_1164.ALL;
USE IEEE.STD_LOGIC_UNSIGNED.ALL;
ENTITY ALERT IS
PORT(
    clkspk : IN STD_LOGIC;
    second : IN STD_LOGIC_VECTOR(7 DOWNTO 0);
    minute : IN STD_LOGIC_VECTOR(7 DOWNTO 0);
    speak : OUT STD_LOGIC;
    lamp : OUT STD_LOGIC_VECTOR(8 DOWNTO 0));
END ALERT;
```

```
ARCHITECTURE BEHAV OF ALERT IS
SIGNAL DIVCLKSPK2 : STD_LOGIC;
BEGIN
P1: PROCESS(CLKSPK)
BEGIN
IF (clkspk'EVENT AND clkspk = '1') THEN
    DIVCLKSPK2<= NOT DIVCLKSPK2;
END IF;
END PROCESS;
P2: PROCESS(second,minute)
BEGIN
IF (minute = "01011001") THEN
CASE second IS
WHEN "01010001" =>LAMP<= "000000001";SPEAK<= DIVCLKSPK2;
WHEN "01010010" =>LAMP<= "000000010";SPEAK<= '0';
WHEN "01010011" =>LAMP<= "000000100";SPEAK<= DIVCLKSPK2;
WHEN "01010100" =>LAMP<= "000001000";SPEAK<= '0';
WHEN "01010101" =>LAMP<= "000010000";SPEAK<= DIVCLKSPK2;
WHEN "01010110" =>LAMP<= "000100000";SPEAK<= '0';
WHEN "01010111" =>LAMP<= "001000000";SPEAK<= DIVCLKSPK2;
WHEN "01011000" =>LAMP<= "010000000";SPEAK<= '0';
WHEN "01011001" =>LAMP<= "100000000";SPEAK<= CLKSPK;
WHEN OTHERS =>LAMP<= "000000000";
END CASE;
END IF;
END PROCESS;
END BEHAV;
```

(4) 按键抖动消除模块

在 second 模块与 minute 模块之前加入了按键抖动消除模块 debounce。抖动消除电路实际就是一个倒数计数器,主要目的是避免按键时键盘产生的按键抖动效应使按键输入信号(在程序中用 key_pressed 表示)产生不必要的抖动变化,而造成重复统计按键次数的结果。因此,只需将按键输入信号作为计数器的重置输入,使计数器只有在使用者按下按键,且在输入信号等于0时间足够长的一次时使重置无动作,而计数器开始倒数计数,自然可将输入信号在短时间内变为0的情况滤除掉。其 VHDL 程序如下,元件符号如图 6-52 所示。

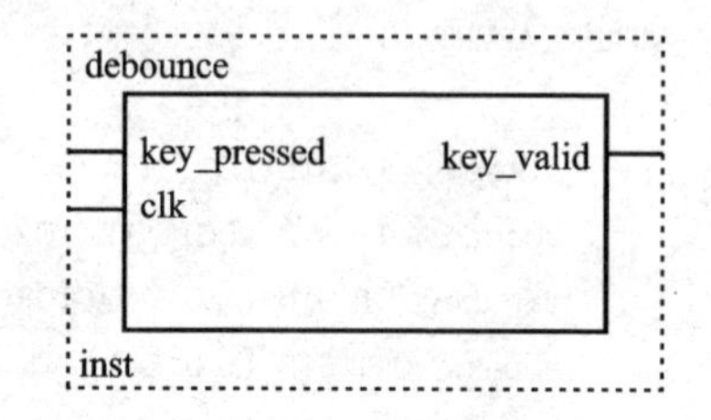

图 6-52 按键抖动消除模块元件符号

```
LIBRARY IEEE; -- 按键抖动消除模块 VHDL 程序
USE IEEE.STD_LOGIC_1164.ALL;
USE IEEE.STD_LOGIC_UNSIGNED.ALL;
ENTITY debounce IS
PORT(
key_pressed:IN STD_LOGIC; -- KEY_PRESSED
clk: IN STD_LOGIC; -- CLOCK FOR SYNCHRONY
key_valid: OUT STD_LOGIC); -- KEY_VALID
END debounce;
ARCHITECTURE BEHAVE OF DEBOUNCE IS
BEGIN
PROCESS(CLK)
VARIABLE DBNQ:STD_LOGIC_VECTOR(5 DOWNTO 0);
BEGIN
IF (key_pressed = '1')THEN
DBNQ: = "111111"; -- UNKEY_PRESSED,COUNTER RESET AT 63
ELSIF(clk'EVENT AND clk = '1')THEN
IF DBNQ/ = 1 THEN
DBNQ: = DBNQ - 1; -- KEY_PRESSED NOT ENOUGH ALONG TIME
END IF;          -- COUNTER STILL SUBTRACT ONE
END IF;
IF DBNQ = 2 THEN
key_valid< = '1'; -- KEY_VALID AFTER KEY_PRESSED 63
ELSE
key_valid< = '0'; -- KEY_INVALID
END IF;
END PROCESS;
END BEHAVE;
```

3. 实验仪器

① 计算机(预装 Quartus II 软件)。

② EDA 技术实验箱。

4. 实验内容

设计一个小时、分钟可调并可在整点前报警的数字钟。

① 在 Quartus II 软件中新建数字电子钟的工程项目 time。

② 在 Quartus II 软件 VHDL 文本编辑器中,分别完成秒 second、分 minute、时 hour 等各模块的设计,并生成相应的元件符号。

③ 在 Quartus II 软件中新建原理图文件 time,按图 6－45 连接数字钟的顶层原理图,编译、仿真,锁定引脚并下载到目标芯片。

④ 将秒计时时钟 CLK 接 1 Hz,扬声器驱动时钟 clkspk 接 1 024 Hz,数码管动态扫描时钟 CKDSP 接 32 768 Hz。RESET 为清零端。SETHOUR、SETMIN 分别为小时调节、分钟调节按键,只能加调节。数码管 SM6～SM1 分别显示小时、分钟、

秒。当数字钟计时至 XX 时 59 分 51 秒时,喇叭开始鸣叫报时。其中 51 秒、53 秒、55 秒、57 秒为低音,59 秒为高音。LED1～LED9 在 51～59 秒时依次闪烁。观察实验结果。

5. 实验报告

叙述所设计数字钟的工作原理,并画出整个电路的结构框图。

6.3.3 实验 18——8 位数字频率计的设计

1. 实验目的

① 熟悉数字时序逻辑电路综合应用。

② 熟悉频率计测频原理。

③ 掌握 CPLD/FPGA 的层次化设计方法。

2. 实验原理

本实验是在前面 2 位频率计的基础上进行扩展成 8 位频率计的设计。所设计的频率计由 3 个模块组成:测频控制信号发生器 TESTCTL、8 个有时钟使能的十进制计数器 CNT10 和一个 32 位锁存器 REG32B。

测频控制信号发生器的设计要求:频率测量的基本原理是计算每秒钟内待测信号的脉冲个数。这就要求测频控制信号发生器 TESTCTL 的计数使能信号 TSTEN 能产生一个 1 s 脉宽的周期信号,并对频率计每一计数器 CNT10 的使能端 ENA 进行同步控制。当 TSTEN 为高电平时,允许计数;为低电平时停止计数,并保持其计数结果。在停止计数期间,首先需要一个锁存信号 LOAD 的上升沿将计数器在前一秒钟的计数值锁存进 32 位锁存器 REG32B 中,由外部的 7 段译码器译出,并稳定显示。设置锁存器的好处是,显示的数据稳定,不会由于周期性的清零信号而不断闪烁。锁存信号之后,必须有一个清零信号 CLR_CNT 对计数器进行清零,为下一秒钟的计数操作做准备。测频控制信号发生器的工作时序如图 6-53 所示。

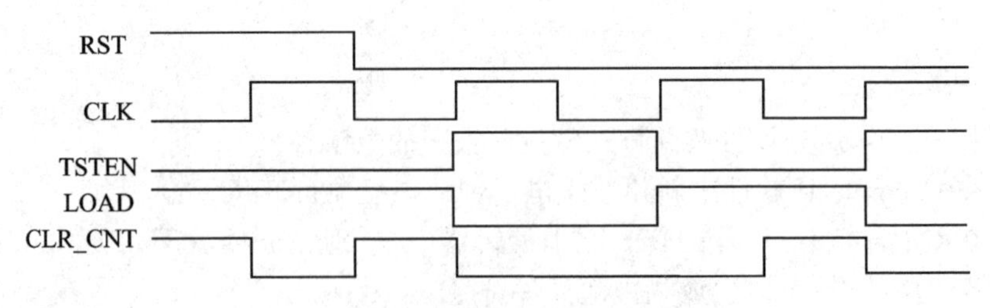

图 6-53　测频控制信号发生器的工作时序

图 6-53 中控制信号时钟 CLK 的频率取 1 Hz,那么信号 TSTEN 的脉宽恰好为 1 s,可以用作计数闸门信号。然后根据测频的时序要求,可得出信号 LOAD 和 CLR_CNT 的逻辑描述。由图 6-53 可见,在计数完成后,即计数使能信号 TSTEN 在 1 s 的高电平后,利用其反相值的上升沿产生一个锁存信号 LOAD,0.5 s 后 CLR_CNT 产

生一个清零信号上升沿。

寄存器 REG32B 设计要求是：若已有 32 位 BCD 码存在于此模块的输入口，在信号 LOAD 的上升沿后即被锁存到寄存器 REG32B 的内部，并由 REG32B 的输出端输出，然后由 7 段译码器译成能在数码管上显示输出的相应数值。

计数器 CNT10 设计要求：有一时钟使能输入端，用于锁定计数值。高电平时计数允许，低电平时禁止计数。

3. 实验仪器

① 计算机(预装 Quartus II 软件)。

② EDA 技术实验箱。

4. 实验内容

① 为 8 位数字频率计建立一个工程项目，并保存在文件夹 E:\fry。

② 在 Quartus II 的 VHDL 文本编辑窗口，分别建立并保存测频控制信号发生器 TESTCTL、32 位锁存器 REG32B、有时钟使能的十进制计数器 CNT10、显示控制模块 SELTIME、输出显示译码电路 DELED 的 VHDL 文本文件，分别保存于工程目录 fry 中，并分别生成元件符号如图 6－54、图 6－55、图 6－56、图 6－57、图 6－58 所示。

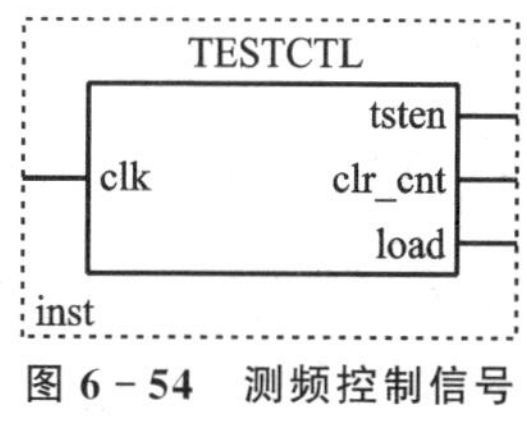

图 6－54　测频控制信号发生器 TESTCTL 元件符号

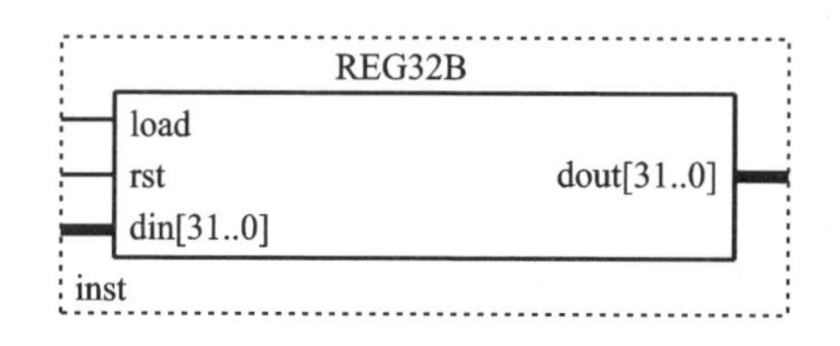

图 6－55　32 位锁存器 REG32B 元件符号

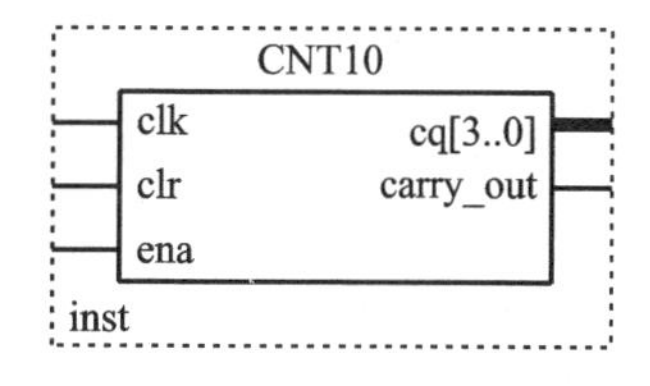

图 6－56　十进制计数器 CNT10 元件符号

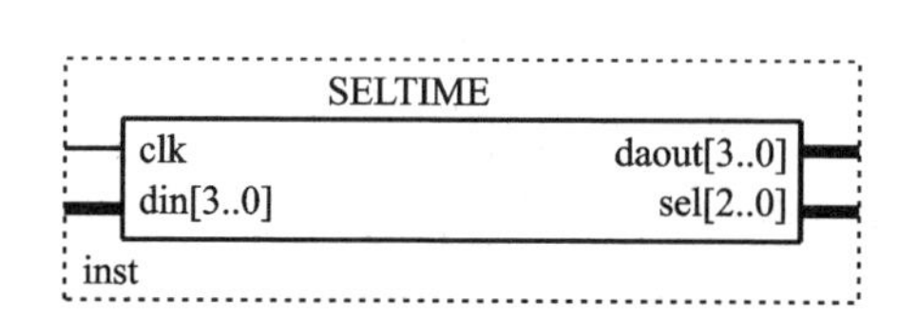

图 6－57　显示控制模块 SELTIME 元件符号

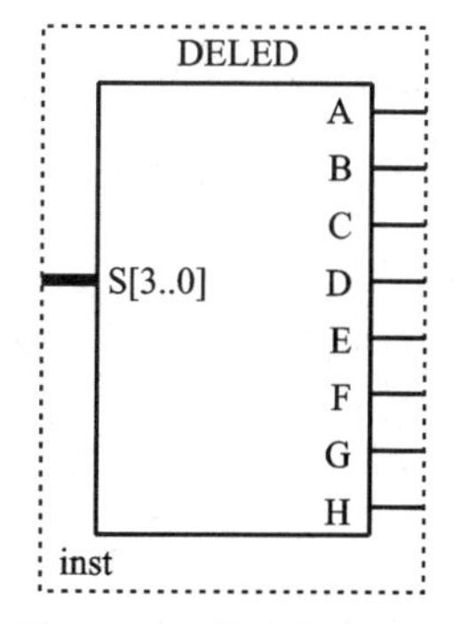

图 6－58　输出显示译码电路 DELED 元件符号

(1) 测频控制信号发生器的 VHDL 程序 TESTCTL. vhd

```
LIBRARY IEEE;
USE IEEE.STD_LOGIC_1164.ALL;
USE IEEE.STD_LOGIC_UNSIGNED.ALL;
ENTITY  TESTCTL  IS
PORT(
  CLK : IN STD_LOGIC;
  TSTEN : OUT STD_LOGIC;
  CLR_CNT : OUT STD_LOGIC;
  LOAD : OUT STD_LOGIC);
END TESTCTL;
ARCHITECTURE BEHAV OF TESTCTL IS
SIGNAL DIV2CLK : STD_LOGIC;
BEGIN
PROCESS(CLK)
BEGIN
IF(CLK'EVENT AND CLK = '1') THEN
DIV2CLK< = NOT DIV2CLK;
END IF;
END PROCESS;
PROCESS(CLK,DIV2CLK)
BEGIN
IF(CLK = '0' AND DIV2CLK = '0') THEN
CLR_CNT< = '1';
ELSE
CLR_CNT< = '0';
END IF;
END PROCESS;
LOAD< = NOT DIV2CLK;
TSTEN< = DIV2CLK;
END BEHAV;
```

(2) 32 位锁存器的 VHDL 程序 REG32B

```
LIBRARY IEEE;
USE IEEE.STD_LOGIC_1164.ALL;
ENTITY  REG32B IS
PORT( LOAD : IN STD_LOGIC;
      RST: IN STD_LOGIC;
      DIN: IN STD_LOGIC_VECTOR(31 DOWNTO 0);
      DOUT:OUT STD_LOGIC_VECTOR(31 DOWNTO 0));
END REG32B;
```

```
ARCHITECTURE BEHAV OF REG32B IS
SIGNAL DATA:STD_LOGIC_VECTOR(31 DOWNTO 0);
BEGIN
PROCESS(RST,LOAD)
BEGIN
IF RST = '1' THEN
    DATA<=(OTHERS=>'0');
ELSIF(LOAD'EVENT AND LOAD = '1') THEN
    DATA<=DIN;
END IF;
DOUT<=DATA;
END PROCESS;
END BEHAV;
```

(3) 十进制计数器的 VHDL 程序 CNT10. vhd

```
LIBRARY IEEE;
USE IEEE.STD_LOGIC_1164.ALL;
ENTITY  CNT10  IS
PORT(CLK:  IN STD_LOGIC;
     CLR:  IN STD_LOGIC;
     ENA:  IN STD_LOGIC;
     CQ :  OUT INTEGER RANGE 0 TO 9;
     CARRY_OUT: OUT STD_LOGIC);
END CNT10;
ARCHITECTURE BEHAV OF CNT10 IS
SIGNAL CQI: INTEGER RANGE 0 TO 9;
BEGIN
PROCESS(CLR,CLK,ENA)
BEGIN
IF(CLR = '1') THEN
CQI<=0;
ELSIF(CLK'EVENT AND CLK = '1') THEN
  IF(ENA = '1') THEN
    IF(CQI = 9) THEN
        CQI<=0;
        CARRY_OUT<='1';
    ELSE
        CQI<=CQI + 1;
        CARRY_OUT<='0';
    END IF;
  END IF;
```

```
END IF;
END PROCESS;
CQ<=CQI;
END BEHAV;
```

(4) 显示控制模块的 VHDL 程序 SELTIME. vhd

```
LIBRARY IEEE;
USE IEEE.STD_LOGIC_1164.ALL;
USE IEEE.STD_LOGIC_UNSIGNED.ALL;
ENTITY  SELTIME  IS
PORT(
     CLK : IN STD_LOGIC;
     DIN : IN STD_LOGIC_VECTOR(31 DOWNTO 0);
     DAOUT: OUT STD_LOGIC_VECTOR(3 DOWNTO 0);
     SEL : OUT STD_LOGIC_VECTOR(2 DOWNTO 0));
END SELTIME;
ARCHITECTURE BEHAV OF SELTIME IS
SIGNAL SEC : STD_LOGIC_VECTOR(2 DOWNTO 0);
BEGIN
PROCESS(CLK)
BEGIN
  IF(CLK'EVENT AND CLK='1') THEN
    IF(SEC="111") THEN
      SEC<="000";
    ELSE
      SEC<=SEC+1;
    END IF;
  END IF;
END PROCESS;
PROCESS(SEC,DIN(31 DOWNTO 0))
BEGIN
CASE SEC IS
WHEN "000"=>DAOUT<=DIN(3 DOWNTO 0);
WHEN "001"=>DAOUT<=DIN(7 DOWNTO 4);
WHEN "010"=>DAOUT<=DIN(11 DOWNTO 8);
WHEN "011"=>DAOUT<=DIN(15 DOWNTO 12);
WHEN "100"=>DAOUT<=DIN(19 DOWNTO 16);
WHEN "101"=>DAOUT<=DIN(23 DOWNTO 20);
WHEN "110"=>DAOUT<=DIN(27 DOWNTO 24);
WHEN "111"=>DAOUT<=DIN(31 DOWNTO 28);
WHEN OTHERS=>NULL;
```

```
END CASE;
END PROCESS;
SEL<=SEC;
END BEHAV;
```

(5) 输出显示译码电路的 VHDL 程序 DELED. vhd

```
LIBRARY IEEE;
USE IEEE.STD_LOGIC_1164.ALL;
ENTITY  DELED  IS
PORT(
      S: IN STD_LOGIC_VECTOR(3 DOWNTO 0);
      A,B,C,D,E,F,G,H: OUT STD_LOGIC);
END DELED;
ARCHITECTURE BEHAV OF DELED IS
SIGNAL DATA:STD_LOGIC_VECTOR(3 DOWNTO 0);
SIGNAL DOUT:STD_LOGIC_VECTOR(7 DOWNTO 0);
BEGIN
DATA<=S;
PROCESS(DATA)
BEGIN
CASE  DATA IS
WHEN "0000" =>DOUT<="00111111";
WHEN "0001" =>DOUT<="00000110";
WHEN "0010" =>DOUT<="01011011";
WHEN "0011" =>DOUT<="01001111";
WHEN "0100" =>DOUT<="01100110";
WHEN "0101" =>DOUT<="01101101";
WHEN "0110" =>DOUT<="01111101";
WHEN "0111" =>DOUT<="00000111";
WHEN "1000" =>DOUT<="01111111";
WHEN "1001" =>DOUT<="01101111";
WHEN "1010" =>DOUT<="01110111";
WHEN "1011" =>DOUT<="01111100";
WHEN "1100" =>DOUT<="00111001";
WHEN "1101" =>DOUT<="01011110";
WHEN "1110" =>DOUT<="01111001";
WHEN "1111" =>DOUT<="01110001";
WHEN OTHERS =>DOUT<="00000000";
END CASE;
END PROCESS;
H<=DOUT(7);
```

```
G<=DOUT(6);
F<=DOUT(5);
E<=DOUT(4);
D<=DOUT(3);
C<=DOUT(2);
B<=DOUT(1);
A<=DOUT(0);
END BEHAV;
```

③ 在 Quartus II 原理图编辑窗口建立原理图顶层文件 fry. bdf,如图 6-59 所示,并进行编译、仿真,锁定引脚并下载到目标芯片。

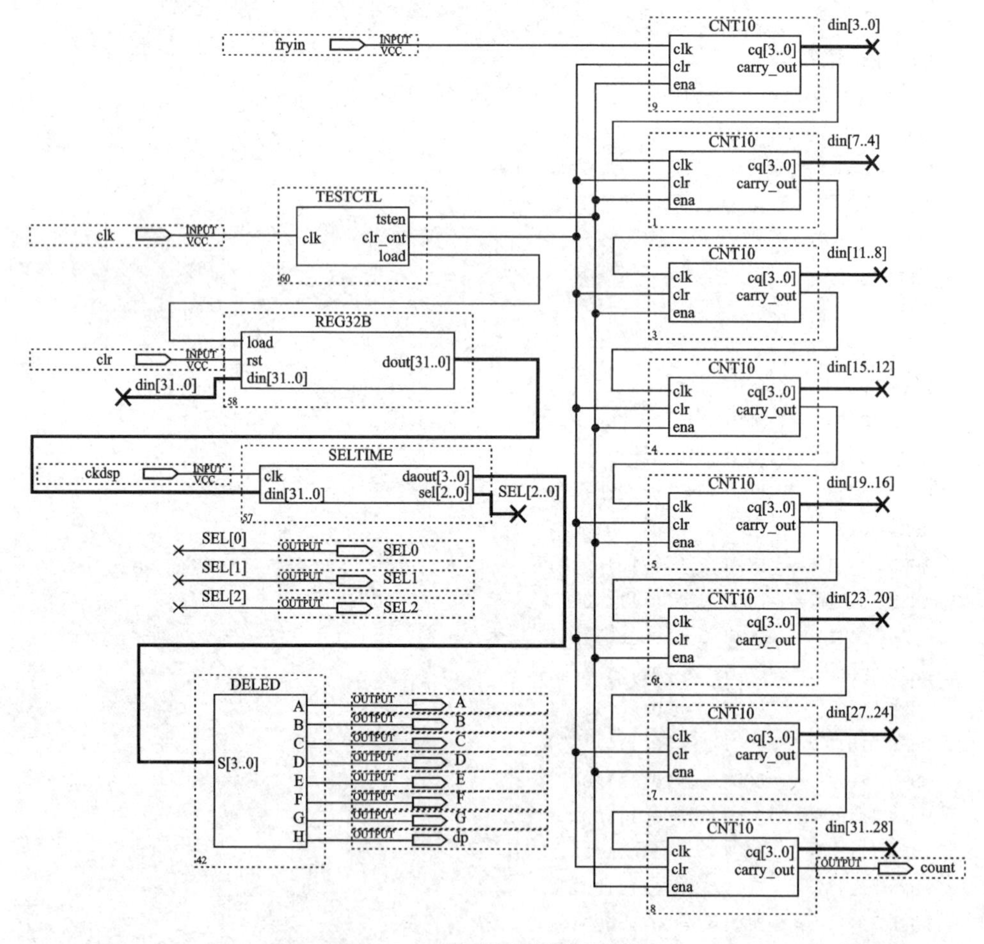

图 6-59 8 位频率计顶层电路图

④ 将时钟脉冲 CLK 接 1 Hz(作为闸门信号),fryin 作为待测频率输入,ckdsp 接 32 768 Hz,将 fryin 接不同频率方波信号,数码管 SM8~SM1 显示所测的频率值,测频范围为 1 Hz~100 MHz,频率较高时有误差。

5. 实验报告

根据实验内容写出实验报告，画出整个电路的结构框图。

6.3.4　实验19——8人电子抢答器的设计

1. 实验目的

① 熟悉组合时序逻辑电路综合应用。

② 掌握抢答器的工作原理。

2. 实验原理

本实验要实现的8人抢答器的功能如下：

① 可供8人同时参赛，编号为1～8号。每人均有一个抢答按钮，开始抢答时，第一个按下抢答器的参赛者，数码管将显示其号码，喇叭报警，获得抢答机会。

② 主持人拥有一个控制开关，用于控制抢答系统的清零和启动抢答状态。

③ 抢答器具有数据锁存和显示的功能。抢答开始后，若有参赛者按下抢答按钮，其编号立即锁存，显示在数码管上，同时喇叭发声提示。另外，在最先按下抢答按钮后，需要封锁输入电路，禁止其他选手抢答。最先抢答者的编号一直保持，直到主持人将系统清零为止。

一般说来，多路竞赛抢答器的组成框图如图6-60所示。

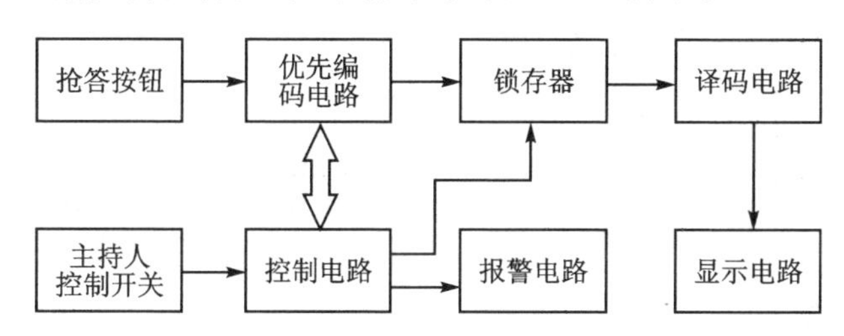

图6-60　多路竞赛抢答器的组成框图

本实验的工作流程是：竞赛开始时，主持人将系统清零，此时抢答器处于禁止工作状态，数码管全部不亮。当主持人宣布抢答开始并将开关置于开始位置时，抢答器处于工作状态，当有选手按键抢答时，优先编码器立即分辨出抢答器的编号，并由锁存器锁存，然后由编码显示电路显示其编号。同时，控制电路对输入编码进行封锁，避免其他选手再次进行抢答。当选手将问题回答完毕时，主持人将系统清零，以便进行下一轮的抢答。

3. 实验仪器

① 计算机（预装Quartus II软件）。

② EDA技术实验箱。

4. 实验内容

① 为 8 人抢答器建立一个工程项目,并保存在文件夹 E:\qiangdaqi。

② 在 Quartus II 的原理图编辑窗口,建立 8 人抢答器的顶层文件并保存为 qiangdaqi. bdf,如图 6-61 所示,其中 HB1. vhd 是编码数码管显示程序,SPK. vhd 是扬声器驱动程序,分别建立并生成元件符号如图 6-62、图 6-63 所示。

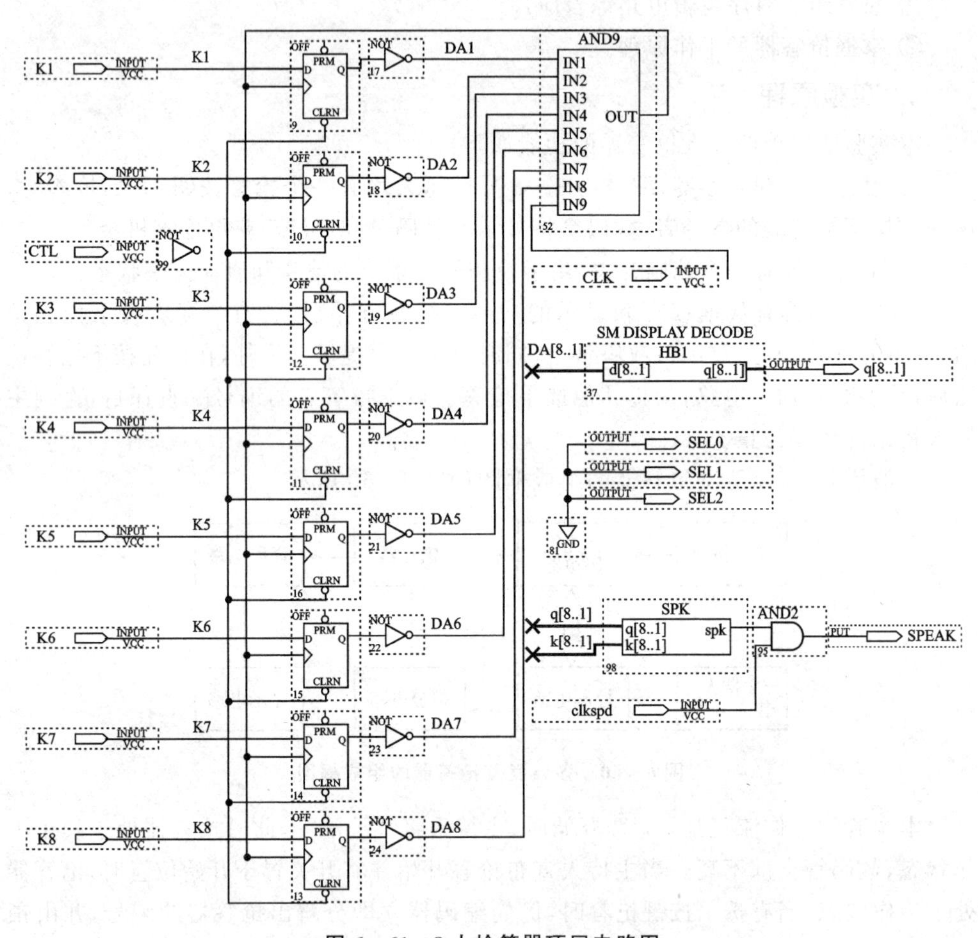

图 6-61 8 人抢答器顶层电路图

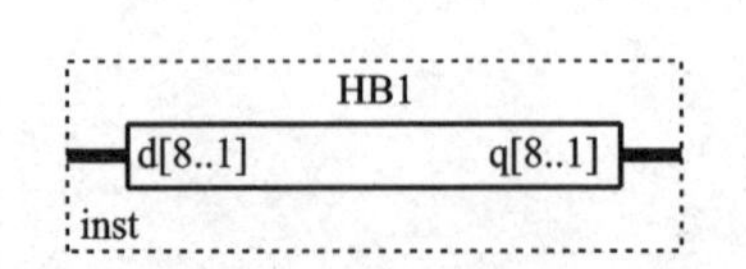

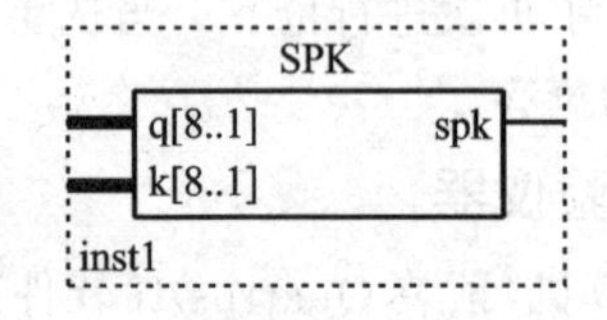

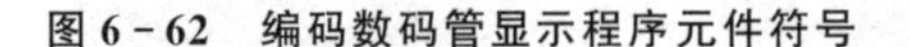
图 6-62 编码数码管显示程序元件符号　　图 6-63 扬声器驱动程序元件符号

(1) 编码数码管显示程序 HB1. vhd

```
LIBRARY IEEE;
USE IEEE.STD_LOGIC_1164.ALL;
ENTITY HB1 IS
PORT(
D : IN STD_LOGIC_VECTOR(8 DOWNTO 1);
Q : OUT STD_LOGIC_VECTOR(8 DOWNTO 1));
END HB1;
ARCHITECTURE BEHAV OF HB1 IS
BEGIN
PROCESS(D)
BEGIN
CASE D IS
WHEN "11111110" = >Q< = "00000110";
WHEN "11111101" = >Q< = "01011011";
WHEN "11111011" = >Q< = "01001111";
WHEN "11110111" = >Q< = "01100110";
WHEN "11101111" = >Q< = "01101101";
WHEN "11011111" = >Q< = "01111101";
WHEN "10111111" = >Q< = "00000111";
WHEN "01111111" = >Q< = "01111111";
WHEN OTHERS = >Q< = "00000000";
END CASE;
END PROCESS;
END BEHAV;
```

(2) 扬声器驱动程序 SPK. vhd

```
LIBRARY IEEE;
USE IEEE.STD_LOGIC_1164.ALL;
ENTITY SPK IS
PORT(
Q: IN STD_LOGIC_VECTOR(8 DOWNTO 1);
K: IN STD_LOGIC_VECTOR(8 DOWNTO 1);
SPK : OUT STD_LOGIC);
END SPK;
ARCHITECTURE BEHAV OF SPK IS
SIGNAL DATA : STD_LOGIC_VECTOR(15 DOWNTO 0);
BEGIN
DATA< = Q&K;
PROCESS(Q,K)
BEGIN
```

```
CASE DATA IS
WHEN "0000011000000001" = >SPK< = '1';
WHEN "0101101100000010" = >SPK< = '1';
WHEN "0100111100000100" = >SPK< = '1';
WHEN "0110011000001000" = >SPK< = '1';
WHEN "0110110100010000" = >SPK< = '1';
WHEN "0111110100100000" = >SPK< = '1';
WHEN "0000011101000000" = >SPK< = '1';
WHEN "0111111110000000" = >SPK< = '1';
WHEN OTHERS = >SPK< = '0';
END CASE;
END PROCESS;
END BEHAV;
```

③ 将工作时钟 CLK 接 32 768 Hz,将扬声器驱动时钟 clkspd 接 1 024 Hz。编程下载成功后,系统处于禁止抢答状态,数码管 SM1 不亮,将控制按键 CTL 按钮按一下以启动抢答状态。此时,用按键 K1～K8 作为 8 位参赛者(编号分别为 1～8)的抢答器,当 K1～K8 任意一个按键按下时,数码管 SM1 将显示其编号,喇叭鸣叫,表示该编号参赛者抢答有效,并且禁止其他抢答。在进行下一轮抢答时,需先按一下按键 CTL 启动抢答。

5. 实验报告

画出系统的原理图,总结设计思路,记录实验结果。

6.3.5 实验 20——交通信号灯的设计

1. 实验目的

① 熟悉数字时序逻辑电路综合应用。

② 熟悉交通信号灯控制电路原理。

2. 实验原理

十字路口的交通信号灯控制系统,用实验平台上的发光二极管显示车辆通过的方向(东西(A)和南北(B)各一组),用数码管显示该方向的剩余时间。要求:工作顺序为东西方向红灯亮 45 s,前 40 s 南北方向绿灯亮,后 5 s 黄灯亮。然后南北方向红灯亮 45 s,前 40 s 东西方向绿灯亮,后 5 s 黄灯亮。依次重复。有紧急事件时两方向均为红灯,车辆禁行,如十字路口恶性交通事故时,东西、南北两个方向均有两位数码管停止工作。表 6－6 中给出了交通信号灯控制器的 4 种状态和紧急情况 M,当 M=0 时交通信号灯正常工作,正常工作时 4 种状态如图 6－64 所示。

表6-6 4种控制状态和紧急情况M

东西走向(A)					南北走向(B)			
状态0	红	绿	黄	100	红	绿	黄	010
状态1	红	绿	黄	100	红	绿	黄	001
状态2	红	绿	黄	010	红	绿	黄	100
状态3	红	绿	黄	001	红	绿	黄	100
M	红	绿	黄	100	红	绿	黄	100

经分析该交通信号灯控制系统采用模块层次化设计，将此设计分为5个模块：分频模块、计时模块、状态控制模块、信号灯显示模块和数码扫描显示模块。将5个模块再分别用VHDL语言编写，生成元件符号，再用原理图输入法将整个电路连接形成顶层文件。状态控制模块实现逻辑和时序控制，外部晶体振荡器的频率选为100 MHz的信号，分频得到的信号用于显示模块的扫描，1 Hz信号用作倒计时模块的计数脉冲控制模块的时钟。M为紧急状态的控制端。系统总体框图如图6-65所示，其中AR、AG、AY分别表示东西(A)方向的红、绿、黄灯；BR、BG、BY分别表示南北(B)方向的红、绿、黄灯；LED1、LED2、LED3、LED4分别代表东西和南北方向倒计时的数码管。

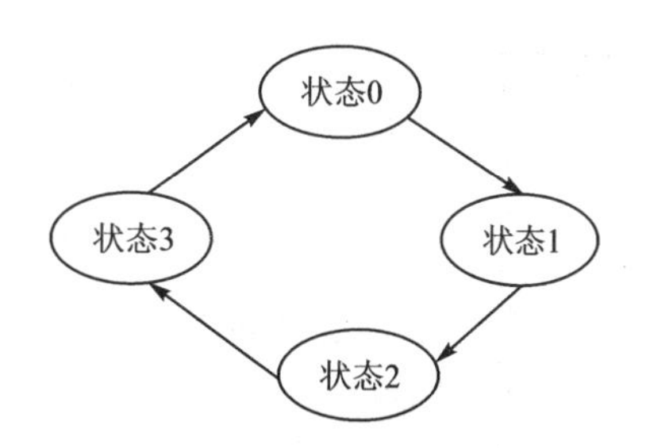

图6-64 正常工作时4种状态图

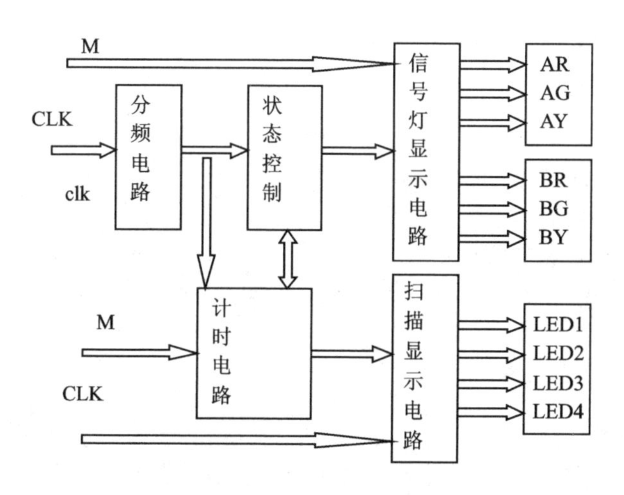

图6-65 系统总体方框图

顶层原理图设计可以依据系统框图进行，由分频模块(fenpin)、反馈控制模块

(JTD_CTRL)、倒计时模块(JTD_TIME)、数码管显示模块(JTD_XS)和信号灯显示模块(JTD_LIGHT)五部分组成。顶层原理图如图 6-66 所示。

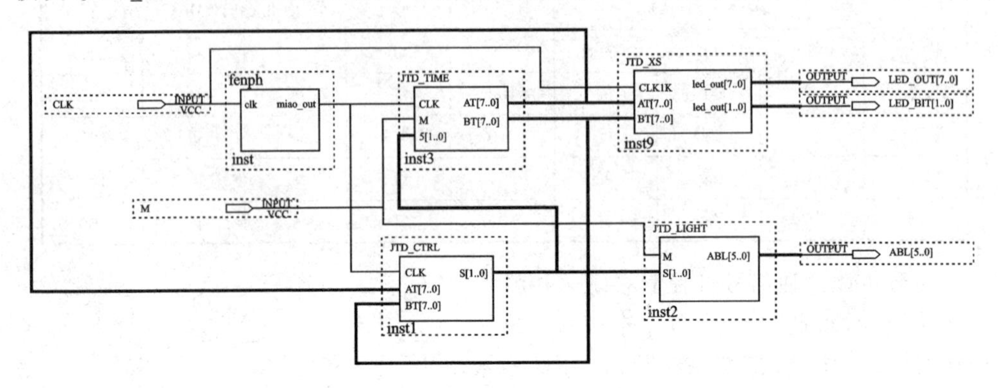

图 6-66 顶层原理图

(1) 各个模块硬件电路设计

1) 分频模块

分频模块实现的是将高频时钟信号转换成低频时钟信号,clk 作为经分频器的输入端将 100 MHz 时钟分频为 1 Hz 的信号由 miao_out 输出提供给倒计时模块和状态控制模块共同使用,如图 6-67 所示。

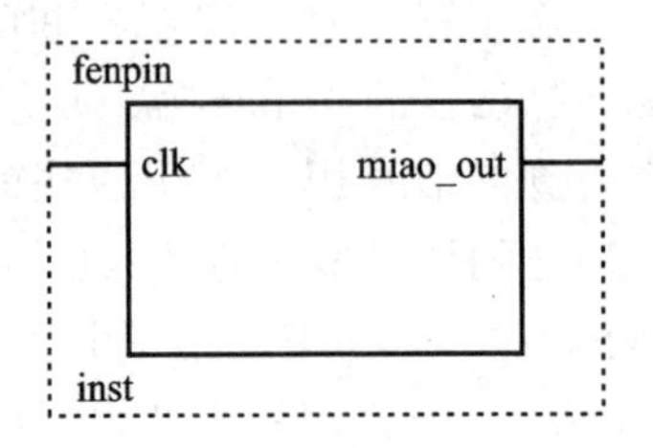

图 6-67 分频模块元件符号

100 MHz 信号的周期为 10 ns,分频后的 1 Hz 信号周期为 1 s,因此当 clk 信号出现 50 MHz 个周期时,miao_out 才变换一次状态。分频模块程序 fenpin.vhd 如下:

```
LIBRARY IEEE;
USE IEEE.STD_LOGIC_1164.ALL;
ENTITY fenpin IS
PORT(clk        : IN STD_LOGIC;                    -- 输入系统时钟
        miao_out :OUT STD_LOGIC);                  -- 输出 1 Hz 时钟信号
   END;
ARCHITECUTRE miao OF fenpin IS
BEGIN
 PROCESS(clk)
VARIABLE cnt:INTEGER RANGE 0 to 49999999;    -- 分频系数为 49 999 999
VARIABLE ff:STD_LOGIC;
BEGIN
     IF clk'EVENT AND clk = '1' THEN
        IF cnt<49999999   THEN
```

```
          cnt: = cnt + 1;
        ELSE
          cnt: = 0;
          ff: = not ff;
        END IF;
    END IF;
    miao_out <=   not ff ;
END PROCESS ;
END miao ;
```

2）状态控制模块

状态控制模块根据倒计时模块的输出信号和 1 Hz 的时钟信号，产生系统的状态机，控制倒计时模块和信号灯显示模块的协调工作。其中 CLK 为 1 Hz 信号输入端，AT[7..0]、BT[7..0]为倒计时模块的输出信号作为状态控制的输入信号进行反馈控制，S[1..0]为状态控制输出端，如图 6－68 所示。

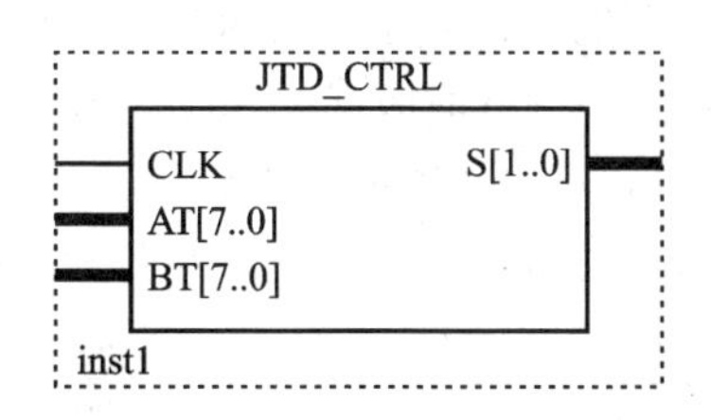

图 6－68　状态控制模块元件符号

状态控制模块是由倒计时模块的输出信号反馈控制的，当 CLK 出现一个上升沿时倒计时时间减少 1 s，由 AT、BT 的时间决定输出 S 的状态。状态控制模块程序 JTD_CTRL.vhd 如下：

```
LIBRARY IEEE;
USE IEEE.STD_LOGIC_1164.ALL;
USE IEEE.STD_LOGIC_UNSIGNED.ALL;
ENTITY  JTD_CTRL  IS
  PORT ( CLK :IN STD_LOGIC;
           AT,BT : IN STD_LOGIC_VECTOR(7 DOWNTO 0);
          S: OUT STD_LOGIC_VECTOR(1 DOWNTO 0));
END JTD_CTRL;
ARCHITECTURE JTD OF JTD_CTRL IS
SIGNAL Q :STD_LOGIC_VECTOR (1 DOWNTO 0);
BEGIN
PROCESS(CLK,AT,BT)
BEGIN
IF CLK'EVENT AND CLK = '1' THEN
     IF(AT = X"01")OR (BT = X"01")  THEN Q<= Q + 1; -- 通过 AT、BT 的反馈信号控制倒
                                                      计时模块和信号显示 JTD_
                                                      LIGHT 模块的工作
  ELSE Q<= Q;
END IF;
```

```
END IF;
END PROCESS;
S<=Q;
END JTD;
```

3) 倒计时模块的设计

倒计时模块用来设定 A 和 B 两个方向计时器的初值,并为数码管显示模块提供倒计时时间。其中 M 为紧急情况输入端(M=0 时正常工作),CLK 为 1 Hz 信号时钟,S[1..0]为状态控制输入端,进行倒计时的控制,AT[7..0]、BT[7..0]为倒计时时间输出端,如图 6-69 所示。

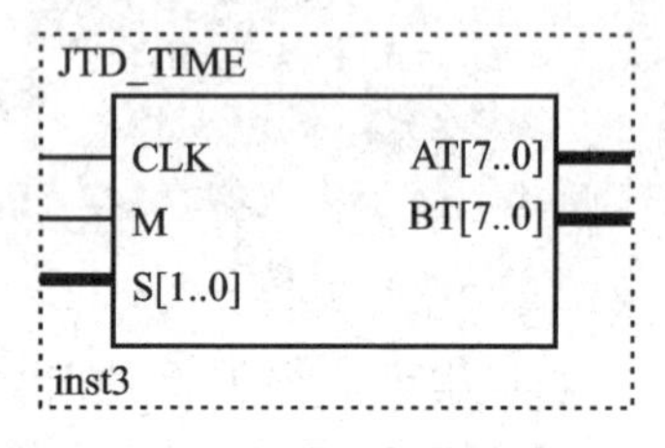

图 6-69 倒计时模块元件符号

当 M=0 时,正常工作,AT、BT 分别进行东西、南北方向的倒计时;当 M=1 时,停止倒计时。倒计时模块程序 JTD_TIME.vhd 如下:

```
LIBRARY IEEE;
USE IEEE.STD_LOGIC_1164.ALL;
USE IEEE.STD_LOGIC_UNSIGNED.ALL;
ENTITY JTD_TIME IS
    port( CLK : IN STD_LOGIC;
     M : IN STD_LOGIC;
    S :IN STD_LOGIC_VECTOR(1 DOWNTO 0);
    AT,BT :OUT STD_LOGIC_VECTOR(7 DOWNTO 0));
END JTD_TIME;
ARCHITECTURE JTD_1 OF JTD_TIME IS
SIGNAL ATI : STD_LOGIC_VECTOR(7 DOWNTO 0):= X"01";
SIGNAL BTI : STD_LOGIC_VECTOR(7 DOWNTO 0):= X"01";
SIGNAL ART,AGT,AYT : STD_LOGIC_VECTOR(7 DOWNTO 0);
SIGNAL BRT,BGT,BYT : STD_LOGIC_VECTOR(7 DOWNTO 0);
BEGIN                -- 设定各个红绿黄灯的工作时间
ART<= X"45";
AGT<= X"40";
AYT<= X"05";
BRT<= X"45";
BGT<= X"40";
BYT<= X"05";
  PROCESS (CLK,M,S)
BEGIN
  IF  M = '1' THEN   ATI<= ATI; BTI<= BTI;
ELSE
IF CLK'EVENT AND CLK = '1' THEN
```

```
IF (ATI = X"01") OR (BTI = X"01") THEN
CASE S IS                          -- 通过 S 的变化控制各个状态,给倒计时显示灯赋值
 WHEN "00" = >ATI< = ART; BTI< = BGT;
 WHEN "01" = >BTI< = BYT;
 WHEN "10" = >ATI< = AGT; BTI< = BRT;
 WHEN "11" = >ATI< = AYT;
 END CASE;
END IF;
IF ATI = X"01" THEN                     -- A 方向(东西方向)倒计时
IF ATI(3 DOWNTO 0) =  "0000" THEN
  ATI(3 DOWNTO 0)< = "1001";
   ATI(7 DOWNTO 4)< = ATI(7 DOWNTO 4) - 1;
ELSE ATI(3 DOWNTO 0)< = ATI(3 DOWNTO 0) - 1;
     ATI(7 DOWNTO 4)< = ATI(7 DOWNTO 4);
END IF;
END IF;
IF BTI/ = X"01" THEN                    -- B 方向(南北方向)倒计时
IF BTI(3 DOWNTO 0) = "0000" THEN
   BTI(3 DOWNTO 0)< = "1001";
   BTI(7 DOWNTO 4)< = BTI(7 DOWNTO 4) - 1;
ELSE BTI(3 DOWNTO 0)< = BTI(3 DOWNTO 0) - 1;
     BTI(7 DOWNTO 4)< = BTI(7 DOWNTO 4);
END IF;
END IF;
END IF;
END IF;
END PROCESS;
AT< = ATI;
BT< = BTI;
END JTD_1;
```

4) 数码管显示模块的设计

显示模块用来显示倒计时时间。采用动态扫描显示,通过分位程序,控制 4 个数码管的显示时间。其中 CLK1K 为 100 MHz 时钟输入端,经分频后进行数码管扫描,AT[7..0]、BT[7..0]输入端与倒计时模块输出端连接,输出端 led_out[7..0]、led_bit[1..0]分别连接数码管的段选和位选,如图 6-70 所示。

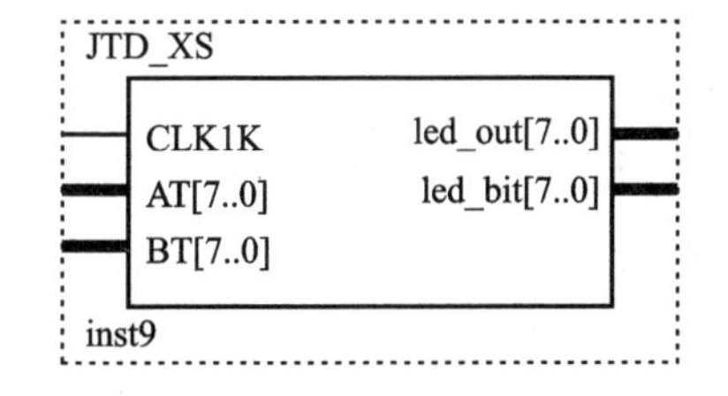

图 6-70　数码管显示模块元件符号

CLK1K 分频后进行数码管扫描,分频后的时钟信号必须比 1 Hz 的时钟信号大很多;输出端 led_out、led_bit 由 AT、BT 决定,

进行数码管的段选和位选进行显示。数码管显示模块程序 JTD_XS. vhd 如下：

```
library IEEE;
use IEEE.STD_LOGIC_1164.ALL;
use IEEE.STD_LOGIC_ARITH.ALL;
use IEEE.STD_LOGIC_UNSIGNED.ALL;
ENTITY JTD_XS IS
PORT ( CLK1K :IN STD_LOGIC;     -- 系统时钟 100 MHz
       AT,BT :IN std_logic_vector(7 DOWNTO 0);
       led_out    : OUT std_logic_vector(7 DOWNTO 0); -- 数码管各段数据输出端
       led_bit    : OUT std_logic_vector(1 DOWNTO 0)); -- 数码管的位选择端
END JTD_XS;
ARCHITECTURE arch OF JTD_XS IS
SIGNAL  div_cnt : std_logic_vector(49 downto 0 );
SIGNAL  data4 :    std_logic_vector(3 downto 0);
SIGNAL  dataout_xhdl1 : std_logic_vector(7 downto 0);
SIGNAL  en_xhdl : std_logic_vector(1 downto 0);
BEGIN
  led_out<= dataout_xhdl1;
  led_bit<= en_xhdl;
PROCESS(clk1K)                                    -- 时钟分频
BEGIN
   IF(CLK1K'EVENT AND CLK1K = '1') THEN
   div_cnt<= div_cnt + 1;
   END IF;
END PROCESS;
PROCESS(CLK1k,div_cnt(19 DOWNTO 18))              -- 位选
 BEGIN
  IF (CLK1K'EVENT AND CLK1K = '1') THEN
    CASE div_cnt(19 DOWNTO 18) IS
    WHEN"00" => en_xhdl<= "00";
    WHEN"01" => en_xhdl<= "01";
    WHEN"10" => en_xhdl<= "10";
    WHEN"11" => en_xhdl<= "11";
    END CASE;
END IF;
END PROCESS;
PROCESS(en_xhdl,AT,BT)
BEGIN
 CASE en_xhdl IS
   WHEN "00" => data4<= BT(3 DOWNTO 0);
```

```
    WHEN "01" => data4<= BT(7 DOWNTO 4);
   WHEN "10" => data4<= AT(3 DOWNTO 0);
   WHEN "11" => data4<= AT(7 DOWNTO 4);
  WHEN OTHERS   => data4<="1010";
  END CASE;
END PROCESS;
PROCESS(data4)
BEGIN
 CASE data4 is
   WHEN "0000" =>
               dataout_xhdl1 <= "00111111";
         WHEN "0001" =>
               dataout_xhdl1 <= "00000110";
         WHEN "0010" =>
               dataout_xhdl1 <= "01011011";
         WHEN "0011" =>
               dataout_xhdl1 <= "01001111";
         WHEN "0100" =>
               dataout_xhdl1 <= "01100110";
         WHEN "0101" =>
               dataout_xhdl1 <= "01101101";
         WHEN "0110" =>
               dataout_xhdl1 <= "01111101";
         WHEN "0111" =>
               dataout_xhdl1 <= "00000111";
         WHEN "1000" =>
               dataout_xhdl1 <= "01111111";
         WHEN "1001" =>
               dataout_xhdl1 <= "01101111";
         WHEN "1010" =>
               dataout_xhdl1 <= "01111111";
         WHEN "1011" =>
               dataout_xhdl1 <= "01101111";
         WHEN "1100" =>
               dataout_xhdl1 <= "10011100";
         WHEN "1101" =>
               dataout_xhdl1 <= "01111010";
         WHEN "1110" =>
               dataout_xhdl1 <= "10011110";
         WHEN "1111" =>
               dataout_xhdl1 <= "10001110";
         WHEN OTHERS =>
```

```
            dataout_xhdl1 <= "11111100";
        END CASE;
    END PROCESS;
END arch;
```

5）信号灯显示模块的设计

通过控制模块输出的状态控制信号，控制 6 个信号灯的亮灭。其中 M 为紧急情况输入端，输入端 S[1..0]连接状态控制模块的输出，对 6 个信号灯进行状态控制显示，输出端 ABL[5..0]分别连接东西、南北方向的红、绿、黄信号灯，如图 6－71 所示。

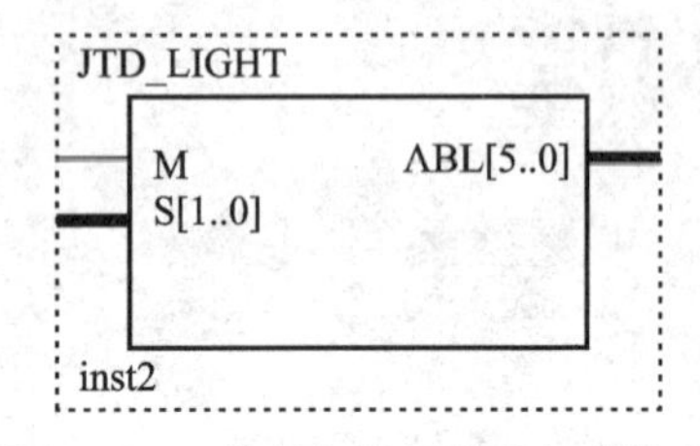

图 6－71　信号灯显示模块元件符号

交通信号灯工作的一个周期，当 M＝1 时出现紧急情况，东西、南北方向（ABL[5]～ABL[0]）显示红、绿、黄分别为 100100；当 M＝0 时出现 4 种状态，状态为 00 时东西、南北方向（ABL[5]～ABL[0]）显示红、绿、黄分别为 100010；状态 01 时显示 100001；状态 10 时显示 010100；状态 11 时显示 001100。

信号灯显示模块程序如下：

```
LIBRARY IEEE;
USE IEEE.STD_LOGIC_1164.ALL;
USE IEEE.STD_LOGIC_UNSIGNED.ALL;
ENTITY JTD_LIGHT IS
PORT (M :IN STD_LOGIC;
      S : IN STD_LOGIC_VECTOR(1 DOWNTO 0);
      ABL :OUT STD_LOGIC_VECTOR(5 DOWNTO 0));
END JTD_LIGHT;
ARCHITECTURE JTD_2 OF JTD_LIGHT IS
SIGNAL LT: STD_LOGIC_VECTOR (5 DOWNTO 0);
BEGIN
PROCESS (S,M)
BEGIN
IF M = '1' THEN LT<= "100100";
ELSE
CASE S IS          -- 通过控制模块输出的状态控制信号灯(红绿黄)的亮灭
  WHEN "00" =>LT<= "100001";
  WHEN "01" =>LT<= "010100";
  WHEN "10" =>LT<= "001100";
  WHEN "11" =>LT<= "100010";
END CASE;
END IF;
END PROCESS;
```

```
ABL<=LT;
END JTD_2;
```

3. 实验仪器

① 计算机(预装 Quartus II 软件)。

② EDA 技术实验箱。

4. 实验内容

① 在 Quartus II 软件中为交通信号灯电路设计建立一个工程项目 JTD,并保存在文件夹 E:\JTD 里。

② 在 Quartus II 软件中,根据交通信号灯的原理完成顶层电路的设计,并进行编译、引脚锁定和下载实现。电路外接口包括时钟输入 CLK 为 100 MHz、6 个流水灯表示交通信号灯东西方向和南北方向的红绿黄等,4 个数码管分别显示东西方向和南北方向的剩余时间。

5. 实验报告

叙述交通信号灯控制电路的原理,并画出交通灯控制电路的框图。

第 7 章

Verilog HDL 语言

Verilog HDL 和 VHDL 都为描述硬件电路设计的语言，而前者与 C 语言风格有许多相似之处，因此只要有 C 语言的编程基础，就非常容易掌握。本章阐述了 Verilog HDL 语言的一些基本知识、数据类型和语句结构，并介绍最基本、最典型的数字逻辑电路的 Verilog HDL 描述。

7.1 Verilog HDL 模块结构

模块是 Verilog HDL 的基本描述单位，用于描述某个设计的逻辑功能及其与其他模块通信的外部端口。Verilog 结构位于在 module 和 endmodule 声明语句之间，每个 Verilog 程序包括 4 个主要部分(见图 7-1)：端口定义、I/O 说明、内部信号声明和功能定义。

图 7-1 Verilog HDL 程序模块结构图

下面举例说明，图 7-2 是模块结构组成图。

图 7-2(a)中的程序模块旁边有图 7-2(b)所示的电路图的符号，程序模块和电路图符号都能实现位“或”功能。在许多方面，程序模块和电路图符号是一致的，这是因为电路图符号的引脚也就是程序模块的接口。而程序模块描述了电路图符号所能实现的逻辑功能。上面的 Verilog 设计中，程序模块的第 2、3 行说明接口的信号流

```
module or1 (a,b,c);
input a,b;
output c;
assign c=a|b;
endmodule
```

(a) 程序模块

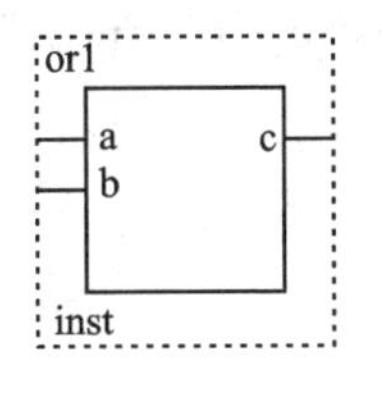

(b) 电路图符号

图7-2 模块结构组成图

向，第4行说明了模块的逻辑功能。以上就是Verilog设计一个简单的程序模块所需的全部内容。

7.1.1 模块端口的定义

模块端口定义用来声明设计电路模块的输入输出端口，端口定义格式如下：

module 模块名(端口1，端口2，端口3，…)；

在端口定义的圆括弧中，是设计电路模块与外界联系的全部输入/输出端口信号或引脚，它是设计实体对外的一个通信界面，是外界可以看到的部分(不包含电源和接地端)，多个端口名之间用“,”分隔。例如，用halfadder作为1位半加器的Verilog HDL设计模块名，sum是求和输出，a和b是两个加数的输入，则halfadder模块的端口定义为：

```
module halfadder(sum,a,b);
```

7.1.2 模块内容

模块内容包括I/O说明、内部信号类型声明和功能描述。

1. 模块的I/O说明

模块的I/O说明用来声明模块端口定义中各端口数据流动方向包括输入(input)、输出(output)和双向(inout)。I/O说明格式如下：

```
input  [信号位宽-1:0]    端口1，端口2，端口3，…；//声明输入端口
output  [信号位宽-1:0]   端口1，端口2，端口3，…；//声明输出端口
inout  [信号位宽-1:0]    端口1，端口2，端口3，…；//声明双向端口
```

例如：

```
input  [2:0] ina,inb;
output  [3:0] inc;
inout [4:0]   sum;
```

2. 内部信号类型声明

内部信号类型声明用来说明设计电路的功能描述中,所用的信号的数据类型以及函数声明。信号的数据类型主要有连线(wire)、寄存器(reg)、整型(integer)、实型(real)和时间(time)等类型。例如:

reg[width−1:0] 变量 1,变量 2, …;声明寄存器变量

wire[width−1:0] 变量 1,变量 2, …;声明连线变量

3. 功能描述

功能描述是 Verilog HDL 程序设计中最主要的部分,用来描述设计模块的内部结构和模块端口间的逻辑关系,在电路上相当于器件的内部电路结构。

功能描述可以用 assign 语句、元件例化(instantiate)、always 块语句、initial 块语句等方法来实现,通常把确定这些设计模块描述的方法称为建模。

(1) assign 语句建模

用 assign 语句建模的方法很简单,只需要在“assign”后面再加一个表达式即可。assign 语句一般适合对组合逻辑进行赋值,称为连续赋值方式。

【例 7.1】 1 位全加器的设计。

```
module adder1(sum,cin,a,b,c);
input      a,b,c;
output     sum,cin;
assign     {cin,sum} = a + b + c;
endmodule
```

例 7.1 用“assign”描述了一个全加器的设计,用“assign {cin,sum} = a+b+c;”实现本位的 a、b 信号和来自低位的进位 c 信号相加,输出结果是向高位的进位 cin 信号和本位和 sum。用并接符{}即花括号将 cin 和 sum 这两个 1 位操作数并接为一个 2 位操作数。

(2) 元件例化(instantiate)方式建模

元件例化方式建模是利用 Verilog HDL 提供的元件库实现的,像在电路图输入方式下调入库元件一样,输入元件的名字和相连的引脚即可。例如,用“与”门例化元件定义一个 2 输入端“与”门可以写为“and　　U1(z, x, y);”,设计中用到一个跟“与”门(and)一样的名为 U1 的“与”门,其输入端为 x、y,输出为 z,注意每个实例元件的名字(可以省略)必须是唯一的,以避免与其他调用“与”门的实例混淆。

(3) always 块语句建模

“always”块既可用于描述组合逻辑,也可描述时序逻辑。模块可以包含一个或多个 always 语句。下面的例子用“always”块生成了一个同步清零的 D 触发器。

【例 7.2】 同步清零 D 触发器的设计。

```
module sync_D(d, clk,reset,q);
input   clk,reset,d;
    output   q;
    reg   q;
    always @(posedge clk)
    begin
      if (clk)
        begin
          if(reset)
            q = 0;
          else
            q = d;
          end
    end
endmodule
```

例7.2用“always”块生成了同步清零D触发器的设计，其逻辑符号如图7-3所示，其中q是输出端，clk是时钟控制输入端，reset是同步法清零输入端，d为数据输入端。always @(posedge clk 一直重复执行，由敏感表(always语句括号内的变量)中的变量触发。每当时钟上升沿来临时，语句always块的全部语句就执行一遍。当时钟上升沿来临且reset=1时，D触发器被复位q=0；当时钟上升沿来临且reset=0时，q=d。

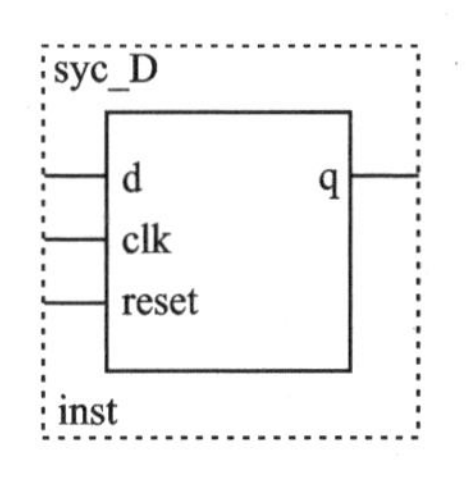

图7-3 同步清零D触发器

(4) initial块语句建模

initial块语句与always语句类似，不过在程序中它只执行1次就结束了。

Verilog HD设计模块结构小结：

① Verilog HDL程序是由模块构成的。每个模块的内容都嵌在module和endmodule两语句之间，每个模块实现特定的功能，模块是可以进行层次嵌套的。

② 每个模块首先要进行端口定义，并说明输入(input)、输出(output)或双向(inout)，然后对模块的功能进行逻辑描述。

③ Verilog HDL程序的书写格式自由，一行可以有一条或多条语句，一条语句也可以分为多行写。

④ 除了end或含end(如endmodule)语句外，每条语句后必须要有分号“;”。

⑤ 可以用“/ * …… * /”或“//……”对Verilog HDL程序的任何部分作注释。一个完整的源程序都应当加上需要的注释，以加强程序的可读性。

7.2 Verilog HDL 语言要素

7.2.1 空白符和注释

Verilog HDL 的空白符是用来分隔各种不同的词法符号。空白符包括换行、换页、空格和 tab 符号。空白符如果不是出现在字符串中,编译源程序时将被忽略。

注释是为了方便源程序的阅读和理解,编译源程序时被忽略。注释分为行注释和块注释两种方式。行注释用符号//(两个斜杠)开始,注释到本行结束。例如:

```
module adder1(sum,cin,a,b,c); //这是一个 1 位全加器的源程序
```

是行注释。

块注释用"/ * "开始,用" * /"结束。块注释可以跨越多行,但它们不能嵌套。例如:

```
input     a,b,c;
output    sum,cin;
/ * a,b,c 是输入端
Sum,cin 是输出端 * /
```

是块注释。

7.2.2 常　数

Verilog HDL 的常数包括高阻 z、未知 x、数字 3 种。数字可以用十六进制、十进制、八进制和二进制等 4 种不同数制来表示,完整的数字格式如下:

＜位宽＞'＜进制符号＞＜数字＞

其中,位宽表示数字对应的二进制数的位数宽度;进制符号包括 b 或 B(表示二进制数),d 或 D(表示十进制数),h 或 H(表示十六进制数),o 或 O(表示八进制数)。

例如:

```
8'b00100001  //表示位宽为 8 位的二进制数
8'he8        //表示位宽为 8 位的十六进制数
```

当然,数据的位宽也可以缺省。例如:

```
'b00100001  //表示位宽为 8 位的二进制数
'he8        //表示位宽为 8 位的十六进制数
```

十进制数的位宽和进制符号可以缺省。例如:

```
75 //表示十进制数 75
```

高阻 z、未知 x，它们可以出现在除了十进制数以外的数字形式中。 z 和 x 的位数由所在的数字格式决定。在二进制数格式中，一个 z 或 x 表示 1 位未知或 1 位高阻位；在十六进制数中，一个 z 或 x 表示 4 位未知或 4 位高阻位；在八进制数中，一个 z 或 x 表示 3 位未知或 3 位高阻位。例如：

```
8'b1110xxxx     //等价 8'hex
8'b1100zzzz     //等价 8'hcz
```

7.2.3 字符串

字符串是用双引号括起来的字符序列，它必须包含在同一行中。例如“1AC”、“abce.”、“e”、“5234”，这些都是字符串。

7.2.4 标识符

标识符是编程者为端口、连线、示例、变量、常量、模块和 begin - end 块等元素定义的名称。标识符可以是数字、字母、下划线“_”等符号组成的任意序列。定义标识符时应遵循如下规则：首字符不能是数字；不要与关键字同名；大小写字母是不同的；字符数不能多于 1 024 个。例如：ifa、dder1、name_9、_98a 都是正确的标识符；而 2hg、# b 是错误的标识符。

Verilog HDL 允许使用转义标识符。转义标识符中可以包含任意的可打印字符，转义标识符从空白符开始，以反斜扛“\”作为开始标记，到下一个空白符号结束，反斜扛“\”不是标识符的一部分。下面是转义标识符的示例：\740，\a。

7.2.5 关键字

关键字是 Verilog HDL 预先定义的单词，它们在程序中有不同的使用目的。例如，用 module 和 endmodule 来指出源程序模块的开始和结束；用 assign 来描述一个逻辑表达式等。

Verilog HDL 的关键字有 102 个(见表 7 - 1)。

表 7 - 1 Verilog HDL 的关键字

always	and	Assign	Begin	buf
bufif0	Bufif1	case	casex	casez
coms	deassign	default	defparam	desable
edge	else	end	endcase	endfunction
endmodule	endprimitive	endspecify	endtable	endtask
event	for	force	forever	fork
function	Highz0	Highz1	if	initial

续表 7-1

inout	input	integer	join	large
macromodule	medium	module	nand	negedge
nmos	nor	not	Notif0	Notif1
or	output	parameter	pmos	posedge
primitive	Pull0	Pull1	pulldown	pullup
rcmos	real	realtime	reg	release
repeat	rnmos	rpmos	rtran	Rtranif0
Rtranif1	scalared	small	specify	specparam
strength	Strong0	Strong1	Supply0	Supply1
table	task	time	tran	Tranif0
Tranif1	tri	Tri0	Tri1	triand
trior	trirg	vectored	wait	wand
Weak0	Weak1	while	wire	wor
xnot	xor			

7.2.6 操作符

操作符也称为运算符，是 Verilog HDL 预定义的函数名字，这些函数对被操作的对象(即操作数)进行规定的运算，并得到一个结果。

操作符通常由 1～3 个字符组成，例如，“＋”表示加操作，“＞＝”(两个字符＞＝)表示逻辑大于或等于操作，“＝＝＝”(3 个＝字符)表示全等操作。有些操作符的操作数只有 1 个，称为单目操作；有些操作符的操作数有 2 个，称为双目操作；有些操作符的操作数有 3 个，称为三目操作。

1. 算术操作符(Arithmetic operators)

常用的算术操作符：＋(加)、－(减)、*(乘)、/(除)、%(求余)。其中%是求余操作符，在两个整数相除的基础上，取出其余数。

例如：1%2 的值为 1；15%5 的值是 0。

2. 逻辑操作符(Logical operators)

逻辑操作符包括：&&(逻辑“与”)、||(逻辑“或”)、!(逻辑“非”)。例如，a&&b 表示 a 和 b 进行逻辑“与”运算；a||b 表示 a 和 b 进行逻辑“或”运算；! a 表示对 a 进行逻辑“非”运算。

3. 位运算(Bitwise operators)

位运算是将两个操作数按对应位进行逻辑操作。位运算操作符包括：～(按位取反)、&(按位“与”)、|(按位“或”)、^(按位“异或”)、^～或～^(按位“同或”)。例如：

设 a＝'b00111000,b＝'b00100111,则

```
~a = b'11000111; a&b = 'b00100000; a | b = 'b00111111; a^b = 'b00011111; a^~b = '
b11100000;
```

在进行位运算时,若两个操作数的位宽不同,则计算机会自动将两个操作数按右端对齐,位数少的操作数会在高位用0补齐。

4. 关系操作符(Pelational operators)

关系操作符是对两个操作数进行比较的运算符,关系运算的结果是1位逻辑值,比较结果为逻辑真或逻辑假,逻辑真用1来表示,逻辑假用0来表示。有:＜(小于)、＜＝(小于等于)、＞(大于)、＞＝(大于或等于)。其中,＜＝也是赋值运算的赋值符号。例如:设 a＝'b00111000,b＝'b00100111,则“y＝(a＜＝b);”,其中 a＜＝b 关系运算的结果为逻辑假,是0。

如果某个操作数的值不定,则计算结果不定(未知),表示结果是模糊的。

5. 等式操作符(Equality operators)

等式操作符包括:＝＝(等于)、!＝(不等于)、＝＝＝(全等)、!＝＝(不全等)。

等式运算的结果也是1位逻辑值,当运算结果为真时,返回值1;为假时则返回值0。相等操作符(＝＝)与全等操作符(＝＝＝)的区别是:当进行相等运算时,两个操作数必须逐位相等,其比较结果的值才为1(真),如果某些位是不定或高阻状态,其相等比较的结果就会是不定值;而进行全等运算时,对不定或高阻状态位也进行比较,当两个操作数完全一致时,其结果的值才为1(真),否则结果为0(假)。例如:设 a＝'b00111xx0,b＝'b00111xx0,则 a＝＝b 运算的结果为 x(未知);a＝＝＝b 运算的结果为1(真)。

6. 转移操作符(Shift operators)

转移操作符包括:＞＞(右移)、＜＜(左移)。

```
操作数>> n;    //将操作数的内容右移n位,同时从左边开始用0来填补移出的位数
操作数<< n;    //将操作数的内容左移n位,同时从右边开始用0来填补移出的位数
```

例如:设 a ＝ 'b01000001,则 a＞＞4 的结果是 a ＝'b00010000;而 a＜＜4 的结果是 a＝'b00010000。

7. 缩减操作符(Reduction operators)

缩减操作符包括:&(“与”)、~&(“与非”)、|(“或”)、~|(“或非”)、^(“异或”)、^~“或”~^(“同或”)。

缩减操作运算法则与逻辑运算操作相同,但操作的运算对象只有一个。在进行缩减操作运算时,对操作数进行“与”、“与非”、“或”、“或非”、“异或”、“同或”等缩减操作运算,运算结果有1位1或0。例如,设 a＝'b01010001,则 &a＝0(在“与”缩减运算中,只有a中的数字全为1时,结果才为1);|a＝1(在或缩减运算中,只有a中的数

字全为 0 时,结果才为 0)。

8. 条件操作符(Conditional operators)

条件操作符为“?:”。条件操作符的操作数有 3 个,其使用格式为:

操作数=条件? 表达式 1:表达式 2;

即当条件为真(条件结果值为 1)时,操作数=表达式 1;为假(条件结果值为 0)时,操作数=表达式 2。例如:“y=a? b:c;”,表示当 a 为 1 时,y=b;当 a 为 0 时,y=c。

9. 并接操作符(Concatenation operators)

并接操作符为“{}”。并接操作符的使用格式为:

{操作数 1 的某些位,操作数 2 的某些位,…,操作数 n 的某些位};

即将操作数 1 的某些位与操作数 2 的某些位与…与操作数 n 的某些位并接在一起。例如,将 1 位全加器进位 cin 与和 sum 并接在一起使用,它们的结果由两个加数 a、b 及低位进位 c 相加决定的表达式为:

```
{cin,sum} = a+b+c;
```

10. 操作符优先级

操作符的优先级见表 7-2。表中由上至下操作符优先级从高至低,在同一行的操作符优先级相同。所有的操作符(操作符“?”:除外),在表达式中都是从左向右结合的。为避免出错,同时增加程序的可读性,对操作符的优先级不能确定时,可以使用圆括号来解决。

表 7-2 操作符优先级

<table>
<tr><th>优先级序号</th><th>操作符</th><th>操作符名称</th></tr>
<tr><td rowspan="13">↓</td><td>!、~</td><td>逻辑非、按位取反</td></tr>
<tr><td>*、/、%</td><td>乘、除、求余</td></tr>
<tr><td>+、-</td><td>加、减</td></tr>
<tr><td><<、>></td><td>左移、右移</td></tr>
<tr><td><、<=、>、>=</td><td>小于、小于或等于、大于、大于或等于</td></tr>
<tr><td>==、!=、===、!==</td><td>等于、不等于、全等、不全等</td></tr>
<tr><td>&、~&</td><td>缩减“与”、缩减“与非”</td></tr>
<tr><td>^~、^</td><td>缩减“同或”、缩减“异或”</td></tr>
<tr><td>|、~|</td><td>缩减“或”、缩减“或非”</td></tr>
<tr><td>&&</td><td>逻辑“与”</td></tr>
<tr><td>||</td><td>逻辑“或”</td></tr>
<tr><td>?:</td><td>条件操作符</td></tr>
</table>

7.2.7 Verilog HDL 数据对象

Verilog HDL 数据对象是指用来存放各种类型数据的容器，包括常量和变量。

1. 常 量

常量是一个恒定不变的值数，一般在程序前部定义。常量定义格式为：

parameter 常量名1 = 表达式，常量名2 = 表达式，…，常量名 n = 表达式；

其中，parameter 是常量定义关键字，常量名是用户定义的标识符，表达式是为常量赋的值。例如：

```
parameter Vcc = 5,fbus = 8'b11010001;
```

2. 变 量

变量是在程序运行时其值可以改变的量。在 Verilog HDL 中，变量分为网络型(nets type)和寄存器型(register type)两种。

(1) 网络型变量(nets type)

nets 型变量是输出值始终根据输入变化而更新的变量，它一般用来定义硬件电路中各种物理连线。Verilog HDL 提供的 nets 型变量如表 7-3 所列。

表 7-3 nets 型变量

类 型	功能说明
wire、tri	连线类型(两者功能完全相同)
wor、trior	具有线“或”特性的连线(两者功能一致)
wand、triand	具有线“与”特性的连线(两者功能一致)
tri1、tri0	分别为上拉电阻和下拉电阻
supply1、supply0	分别为电源(逻辑 1)和地(逻辑 0)

(2) 寄存器型变量(register type)

register 型变量是一种数值容器，不仅可以容纳当前值，也可以保持历史值，这一属性与触发器或寄存器的记忆功能有很好的对应关系。

register 型变量也是一种连接线，可以作为设计模块中各器件间的信息传送通道。register 型变量与 wire 型变量的根本区别在于，register 型变量需要被明确地赋值，并且在被重新赋值前一直保持原值。register 型变量是在 always、initial 等过程语句中定义，并通过过程语句赋值。常用的 register 型变量及说明如表 7-4 所列。

表 7-4 常用的 register 型变量及说明

类 型	功能说明
reg	常用的寄存器型变量
integer	32 位带符号整数型变量
real	64 位带符号实数型变量
time	无符号时间型变量

integer、real 和 time 等 3 种寄存器型变量都是纯数学的抽象描述,不对应任何具体的硬件电路,但它们可以描述与模拟有关的计算。例如,可以利用 time 型变量控制经过特定的时间后关闭显示等。

reg 型变量是数字系统中存储设备的抽象,常用于具体的硬件描述,因此是最常用的寄存器型变量。

reg 型变量定义的关键字是 reg,定义格式如下:

reg [位宽]   变量 1,变量 2,…,变量 n;

用 reg 定义的变量有一个范围选项(即位宽),默认的位宽是 1。位宽为 1 位的变量称为标量,位宽超过 1 位的变量称为向量。标量的定义不需要加位宽选项,例如:

```
reg    a,b;                //定义两个 reg 型变量 a、b
```

向量定义时需要位宽选项,例如:

```
reg[7:0]      data;     //定义 1 个 8 位寄存器型变量,最高有效位是 7,最低有效位是 0
reg[0:7]      data;     //定义 1 个 8 位寄存器型变量,最高有效位是 0,最低有效位是 7
```

向量定义后可以采有多种使用形式(即赋值):

```
data = 8'b00000000;data[5:3] = 3'B111;data[7] = 1;
```

(3) 数 组

若干个相同宽度的向量构成数组。在数字系统中,reg 型数组变量即为 memory(存储器)型变量。

存储器型可以用如下语句定义:

```
reg[7:0]         mymemory[1023:0];
```

上述语句定义了一个 1 024 个字存储器变量 mymemory,每个字的字长为 8 位。在表达式中可以用下面的语句来使用存储器:

```
mymemory[7] = 75;     //存储器 mymemory 的第 7 个字被赋值 75
```

7.3 Verilog HDL 的语句

语句是构成 Verilog HDL 程序不可缺少的部分。Verilog HDL 的语句包括赋值语句、条件语句、循环语句、结构说明语句和编译预处理语句等类型，每一类语句又包括几种不同的语句。在这些语句中，有些语句属于顺序执行语句，有些语句属于并行执行语句。

7.3.1 赋值语句

1. 逻辑门赋值语句

逻辑门赋值语句格式为：

逻辑门关键字 （门输出，门输入 1，门输入 2，…，门输入 n）；

逻辑门关键字是 Verilog HDL 预定义的逻辑门，包括 and、or、not、xor、nand、nor 等；圆括弧中内容是被描述门的输出和输入信号。例如，具有 a、b、c 三个输入和 y 为输出"或"门的赋值语句为"or(y,a,b,c);"。

2. 连续赋值语句

连续赋值语句的关键词是 assign，赋值符号是"＝"，赋值语句格式：

assign 赋值变量＝表达式；

例如具有 a、b、c 三个输入和 y 为输出"或"门的连续赋值语句为：

```
assign    y = y = a or b or c;
```

连续赋值语句的"＝"号两边的变量都应该是 wire 型变量。在执行中，输出 y 的变化跟随输入 a、b、c 的变化而变化，反映了信息传送的连续性。连续赋值语句用于逻辑门和组合逻辑电路的描述。

【例 7.3】 3 输入端"或"门的 Verilog HDL 源程序。

```
module    example_3 (y,a,b,c);
output    y;
input   a,b,c;
assign    y = a | b | c;
endmodule
```

3. 过程赋值语句

过程赋值语句出现在 initial 和 always 块语句中，赋值符号是"＝"，格式为：

赋值变量 ＝ 表达式；

在过程赋值语句中,赋值号"="左边的赋值变量必须是 reg(寄存器)型变量,其值在该语句结束即可得到。如果一个块语句中包含若干条过程赋值语句,那么这些过程赋值语句是按照语句编写的顺序由上至下一条一条地执行,前面的语句没有完成,后面的语句就不能执行,就像被阻塞了一样。因此,过程赋值语句也称为阻塞赋值语句。

4. 非阻塞赋值语句

非阻塞赋值语句也是出现在 initial 和 always 块语句中,赋值符号是"<=",格式为:

赋值变量<= 表达式;

在非阻塞赋值语句中,赋值号"<="左边的赋值变量也必须是 reg 型变量,其值不像在过程赋值语句那样,语句结束时即刻得到,而在该块语句结束才可得到。

例如,在下面的块语句中包含 4 条赋值语句:

```
always      @(posedge clock)
a = 90;
b= 72;
b <= a;
p = b;
```

语句执行结束后,p 的值是 72,而不是 90,因为第 3 行是非阻塞赋值语句"b <= a",该语句要等到本块语句结束时,b 的值才能改变。块语句中的"@(posedge clock)"是定时控制敏感函数,表示时钟信号 clock 的上升沿到来的敏感时刻。过程赋值和非阻塞赋值语句常用于数字系统的触发器、移位寄存器、计数器等时序逻辑电路的描述。

【例 7.4】 4 位加法计器的源程序。

```
module cnt4(q,cout,d,load,cin,clk,clr);
input [3:0]     d;
    input           load,cin,clk,clr;
    output [3:0] q;
    output     cout;
    reg   [3:0]     q;
always @(posedge clk)
    begin
    if (load)     q  = d;
        else if (clr)     out = 'b0000;
            else     q  = q+1+cin;
end
    assign cout = &q;
endmodule
```

q是触发器的输出，属于reg型变量；d和clock是输入，属于wire型变量（由隐含规则定义）。

7.3.2 条件语句

条件语句包含if语句和case语句，它们都是顺序语句，应放在always块中。

1. if语句

完整的Verilog HDL的if语句结构如下：

```
if (表达式)
  begin
      语句;
  end
else if (表达式)
begin
      语句;
 end
      else
         begin
         语句;
         End
```

根据需要，if语句可以写为另外两种变化形式。

```
① if (表达式)
      begin
      语句;
       end
```

```
② if (表达式)
  begin
语句;
 end
        else
           begin
语句;
 end
```

【例7.5】 8线-3线优先编码器的设计。

8线-3线优先编码器的功能表如表7-5所列。b0～b7是8个信号输入端，b7

优先级最高,b0 优先级最低。当 b7 有效时(低电平 0),其他输入信号无效,编码输出 y2y1y0=000;如果 b7 无效,而 b6 有效,则 y2y1y0=001。以此类推。

表 7-5 8 线-3 线优先编码器的真值表

输入								输出		
b0	b1	b2	b3	b4	b5	b6	b7	y0	y1	y2
X	X	X	X	X	X	X	0	0	0	0
X	X	X	X	X	X	0	1	1	0	0
X	X	X	X	X	0	1	1	0	1	0
X	X	X	X	0	1	1	1	1	1	0
X	X	X	0	1	1	1	1	0	0	1
X	X	0	1	1	1	1	1	1	0	1
X	0	1	1	1	1	1	1	0	1	1
0	1	1	1	1	1	1	1	1	1	1

8 线-3 线优先编码器 Verilog HDL 源代码如下:

```
module    example6(y,b);
input[7:0]     b;
output[2:0]     y;
reg[2:0]     y;
always     @(b)
    begin
        if(~b[7])           y<= 3'b000;
        else if(~b[6])      y<= 3'b001;
        else if(~b[5])      y<= 3'b010;
        else if(~b[4])      y<= 3'b011;
        else if(~b[3])      y<= 3'b100;
        else if(~b[2])      y<= 3'b101;
        else if(~b[1])      y<= 3'b110;
        else              y<= 3'b111;
    end
endmodule
```

2. case 语句

case 语句是一种多分支的条件语句,完整的 case 语句格式为:

```
case (表达式)
选择值 1 :          语句 1;
选择值 2 :          语句 2;
           …
```

选择值 n :　　　语句 n;
　　default :　语句 n+1;
endcase

例 7.6 是一个用 case 语句描述的 4 选 1 多路选择器的 Verilog HDL 程序。此例的逻辑图如图 7-4 所示,其逻辑功能见表 7-6。在表 7-6 中,数据选择器在控制输入信号 s0、s1 的控制下,使输入信号 d、c、b 和 a 中的一个被选中传送到输出。s0 和 s1 有 4 种组合值,可以用 case 语句实现其功能。

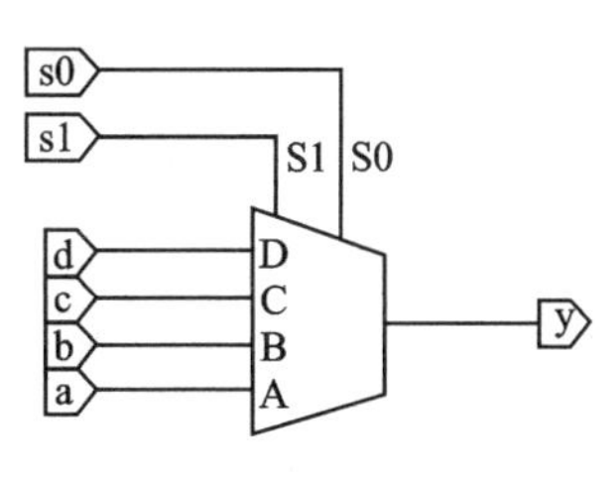

图 7-4　4 选 1 多路选择器

表 7-6　4 选 1 多路选择器的真值表

S1	s0	y
0	0	a
0	1	b
1	0	c
1	1	d

【例 7.6】 用 case 语句描述 4 选 1 数据选择器。

```
module    example_4_7(y,a,b,c,d,s0,s1);
input        s0,s1;
input        a,b,c,d;
output        y;
reg            y;
always    @(s0,s1)
  begin
    case ({s1,s0})
        2'b00:    z = a;
        2'b01:    z = b;
        2'b10:    z = c;
        2'b11:    z = d;
        endcase
  end
endmodule
```

case 语句还有两种变体语句形式,即 casez 和 casex 语句。casez 和 casex 语句与 case 语句的格式完全相同,它们的区别是:在 casez 语句中,如果分支表达式某些位的值为高阻 z,那么对这些位的比较就不予以考虑,只关注其他位的比较结果。在 casex 语句中,把不予考虑的位扩展到未知 x,即不考虑值为高阻 z 和未知 x 的那些位,只关注其他位的比较结果。

7.3.3 循环语句

循环语句包含for、repeat、while和forever语句4种。

1. for语句

for语句的语法格式为：

for(循环指针 = 初值；循环指针<终值；循环指针 = 循环指针 + 步长值)
  begin
语句；
  End

for语句可以使一组语句重复执行，语句中的循环指针、初值、终值和步长值是循环语句定义的参数，这些参数一般属于整型变量或常量。语句重复执行的次数由语句中的参数确定，即

循环重复次数=(终值－初值)/步长值

【例7.7】 8位奇偶校验器的Verilog HDL描述。

本例用b表示输入信号，它是一个长度为8位的向量。在程序中，用for语句对b的值逐位进行模2加(即“异或”xor)运算，循环指针变量m控制模2加的次数。循环变量的初值为0，终值为8，因此控制循环共执行了8次。8位奇偶校验器的Verilog HDL源程序如下：

```
module     example8(b,q);
input[7:0] b;
output               q;
reg                  q;
integer              m;
always      @(b)
    begin
    q = 0;
   for (m = 0; m<8; m = m + 1)
q = qt ^ b[m];
    end
endmodule
```

2. repeat语句

repeat语句的语法格式：

repeat(循环次数表达式)　　语句；

用repeat语句实现8位奇偶校验器verilog HDL源程序：

```
module    example9_1(b,q);
  parameter     size = 7;
  input[7:0]     b;
  output         q;
  reg            q;
  integer        m;
always     @(b)
    begin
        q = 0;
        m = 0;
        repeat(size)
            begin
                q = q ^b[m];
                m = m + 1;
            end
    end
endmodule
```

3. while 语句

while 语句的语法格式为：

```
while(循环执行条件表达式)
    begin
      重复执行语句;
      修改循环条件语句;
      end
```

while 语句在执行时，首先判断循环执行条件表达式是否为真。若为真，则执行其后的语句；若为假，则不执行。为了使 while 语句能够结束，在循环执行的语句中必须包含一条能改变循环条件的语句。

7.3.4 结构声明语句

Verilog HDL 的任何过程模块都是放在结构声明语句中的，结构声明语句包括 always、initial、task 和 function 等 4 种结构。

1. always 块语句

在一个 Verilog HDL 模块(module)中，always 块语句的使用次数是不受限制的，块内的语句也是不断重复执行的。always 块语句的语法结构为：

```
always @(敏感信号表达式)
begin
```

```
    // 过程赋值语句;
    // if 语句,case 语句;
        // for 语句,while 语句,repeat 语句;
        // tast 语句、function 语句;
end
```

在 always 块语句中,敏感信号表达式(event－expression)应该列出影响块内取值的所有信号(一般指设计电路的输入信号),多个信号之间用 or 连接。当表达式中任何信号发生变化时,就会执行一遍块内的语句。块内语句可以包括过程赋值、if、case、for、while、repeat、tast 和 function 等语句。

敏感信号表达式中用 posedge 和 negedge 这两个关键字来声明事件是由时钟的上升沿或下降沿触发。

always @(posedge clk)表示事件由 clk 的上升沿触发;always @(negedge clk)表示事件由 clk 的下降沿触发。

2. initial 语句

initial 语句的语法格式为:

```
initial
  begin
    语句 1;
    语句 2;
    …;
  end
```

initial 语句的使用次数也是不受限制的,但块内的语句仅执行一次,因此 initial 语句常用于仿真中的初始化。

3. task 语句

task 语句用来定义任务。任务类似于高级语言中的子程序,用来单独完成某项具体任务,并可以被模块或其他任务调用。利用任务可以把一个大的程序模块分解成为若干小的任务,使程序清晰易懂,而且便于调试。

可以被调用的任务必须事先用 task 语句定义,定义格式如下:

```
task   任务名;
    端口声明语句;
    类型声明语句;
begin
语句;
 end
```

endtask

任务定义与模块定义的格式相同，区别在于没有端口名列表。

例如 8 位加法器任务的定义如下：

```
task adder8;
    output[7:0]     sum;
    output          cin;
    input[7:0]      a,b;
    input           c;
    assign {cin,sum} = a + b + c;
endtask
```

任务调用的格式如下：

任务名(端口名列表)；

例如 8 位加法器任务调用如下：

```
adder8(sum,cin,a,b, c);
```

4. function 语句

function 语句用来定义函数，其定义格式如下：

function [最高有效位:最低有效位] 函数名；
    端口声明语句；
    类型声明语句；
        begin
        语句；
        end
endfunction

在函数定义语句中，“[最高有效位:最低有效位]”是函数调用返回值的位宽或类型声明。

【例 7.8】 求最小值的函数。

```
function [7:0]     min;
    input[7:0]         a,b;
    begin
        if (a< = b) min = a;
        else        min = b;
end
endfunction
```

函数调用的格式如下：

函数名(关联参数表);

函数调用一般出现在模块、任务或函数语句中。通过函数的调用来完成某些数据的运算或转换。例如,调用例 7.8 编制的求最小值的函数“S<=min(Q,K);”,其中,Q 和 K 是与函数定义的两个参数 a、b 关联的关联参数。通过函数的调用,求出 Q 和 K 中的最小值,并用函数名 min 返回。

7.4 不同抽象级别的 Verilog HDL 模型

Verilog HDL 具有行为描述和结构描述功能。行为描述是对设计电路的逻辑功能的描述,并不用关心设计电路使用哪些元件以及这些元件之间的连接关系。行为描述属于高层次的描述方法,在 Verilog HDL 中,行为描述包括系统级(System Level)、算法级(Algorithm Level)和寄存器传输级 RTL(Register Transfer Level)等 3 种抽象级别。

结构描述是对设计电路的结构进行描述,即描述设计电路使用的元件及这些元件之间的连接关系。结构描述属于低层次的描述方法,在 Verilog HDL 中,结构描述包括门级(Gate Level)和开关级(Switch Level)2 种抽象级别。下面介绍一下各种不同抽象级别的 Verilog HDL 模型描述。

7.4.1 Verilog HDL 门级描述

用于门级描述关键字包括 not(“非门”)、and(“与”门)、nand(“与非”门)、or(“或”门)、nor(“或非”门)、xor(“异或”门)、xnor(“异或非”门)、buf(缓冲器)以及 bufif1、bufif0、notif1、notif0 等各种三态门。

门级描述语句格式为:

门类型关键字<例化门的名称>(端口列表);

其中,“例化门的名称”是用户定义的标识符,属于可选项;端口列表按(输出,输入,使能控制端)的顺序列出。例如:

```
and myand(y,a,b);           //2 输入端“与”门
xor myxor(y,a,b);           //“异或”门
bufif0 mybuf(y,a,en);       //低电平使能的三态缓冲器
```

【例 7.9】 采用结构描述方式描述如图 7-5 所示的硬件电路。

为了方便结构描述,电路中增加了 a1、a2、a3 信号连线,用结构描述方式的 Verilog HDL 源程序如下:

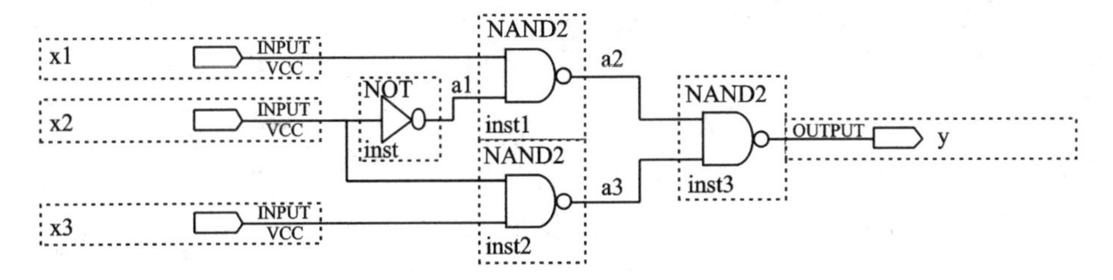

图7-5 例7.9的硬件实现电路图

```
module    example11(y,x1,x2,x3);
input        x1,x2,x3;
output    y;
wire         a1,a2,a3;
not         (a1,x2);
nand         (a2,a1,x1);
nand         (a3,x3,x2);
nand         (y,a2,a3);
endmodule
```

7.4.2 Verilog HDL 的行为级描述

Verilog HDL 的行为级描述是最能体现 EDA 风格的硬件描述方式，它既可以描述简单的逻辑门，也可以描述复杂的数字系统乃至微处理器；既可以描述组合逻辑电路，也可以描述时序逻辑电路。

【例 7.10】 二-十进制译码器的设计。

二-十进制码是指用 4 位二进制码来表示 1 位十进制数中的 0～9 这十个数码，简称 BCD 码。二-十进制译码器是实现 8421-BCD 码至十进制译码的电路，输出为高电平有效。

```
module    example12(a,b,c,d,y,en);
input        a,b,c,d,en;
output[9:0]    y;
reg[9:0]    y;
always @(en or a or b or c or d)
    begin
        if (en)     y = 8'b11111111;
        else
           begin
            case({d,c,b,a})
    4'b0000:     y<=10'b0000000001;
            4'b0001:     y<=10'b0000000010;
```

```
                4'b0010:    y<=10'b0000000100;
                4'b0011:    y<=10'b0000001000;
                4'b0100:    y<=10'b0000010000;
                4'b0101:    y<=10'b0000100000;
                4'b0110:    y<=10'b0001000000;
                4'b0111:    y<=10'b0010000000;
                4'b1000:    y<=10'b0100000000;
                4'b1001:    y<=10'b1000000000;
        endcase
      end
   end
   endmodule
```

【例 7.11】 异步清零十进制加法计数器的设计。

带有异步清零和进位输出端的十进制加法计数器,当计数器 clr 有效时,计数器清零,而当计数器 clr 无效时,若时钟上升来临,则计数器计数,当计数值为“1001”时,进位输出端 co 为‘1’,计数器清零。

```
module    example14(clr,clk,co,q);
input       clr,clk;
output[3:0]    q
output    co;
reg[3:0]    q;
reg         co;
always     @(posedge clk or posedge clr)
   begin
       if (clr)
       begin
           q<=4'b0000; co<=0;
           end
     else if (q==4'b1001)
      begin
              q<=4'b0000; co<=1;
              end
     else
              begin
              co=0;q=q+1;
              end
   end
endmodule
```

7.4.3 用结构描述实现电路系统设计

任何用 Verilog HDL 描述的电路设计模块(module),均可用模块例化语句,例化一个元件来实现电路系统的设计。

模块例化语句格式与逻辑门例化语句格式相同,具体如下:

设计模块名＜例化电路名＞(端口列表);

其中“设计模块名”是用户设计的电路模块名;“例化电路名”是用户为系统设计定义的标识符,相当于系统电路板上为插入设计模块元件的插座;“端口列表”用于描述设计模块元件上引脚与插座上引脚的连接关系。

端口列表的方法有两种:

(1) 位置关联法

位置关联法要求端口列表中的引脚名称应与设计模块的输入/输出端口一一对应。例如:设计模块名为 fku 的输入/输出端口为 a、b,而例化电路名的两个输入/输出引脚名分别是 x、y,那么位置关联法的模块例化语句格式为“fku A1(x,y);”。

(2) 名称关联法

名称关联法的格式如下:

(.设计模块端口名(插座引脚),.设计模块端口名(插座引脚名,)…);

例如,用名称关联法完成模块 fku 的例化语句格式为“fku A1(.a(x),.b(y));”。

【例 7.12】 用模块例化方式设计 BCD 数加法译码器电路系统。

第一步:设计一个 BCD 数加法器模块 BCD_F 模块和一个 7 段数码显示器的译码器 dec7s 模块。BCD_F 的 Verilog HDL 源程序如下:

```
module BCD_F (a,b,c,q,cin);
    input [3:0]    a,b;
    input          c;
    output [3:0]   q;
    output    cin;
    reg   [3:0]    q;
    reg   cin;
    reg [4:0] temp;
always @(a,b,c)
    begin
        temp< = a + b + c;
        if(temp>9)
        {cin,q} = temp + 6;
        else
        {cin,q} = temp;
    end
endmodule
```

Dec7s 的 Verilog HDL 源程序如下：

```
module Dec7s(b,q);
   input [3:0]        b;
   output [7:0]    q;
   reg   [7:0]        q;
always @(b)
    begin
    case(b)
    0:q = 8'b00111111; 1:q = 8'b00000110;
        2:q = 8'b01011011; 3:q = 8'b01001111;
        4:q = 8'b01100110; 5:q = 8'b01101101;
        6:q = 8'b01111101; 7:q = 8'b00000111;
        8:q = 8'b01111111; 9:q = 8'b01101111;
        10:q = 8'b01110111;     11:q = 8'b01111100;
        12:q = 8'b00111001;     13:q = 8'b01011110;
        14:q = 8'b01111001;     15:q = 8'b01110001;
    endcase
    end
endmodule
```

第二步：设计 BCD 数加法译码系统电路。计数译码系统电路的结构图如图 7－6 所示，其中 u1 是两个 BCD_F 元件的例化模块名，相当于 BCD_F 系统电路板上的插座；u2 是 dec7s 元件的例化模块名，相当于 dec7s 在系统电路板上的插座。X、Y 是电路中的连线。

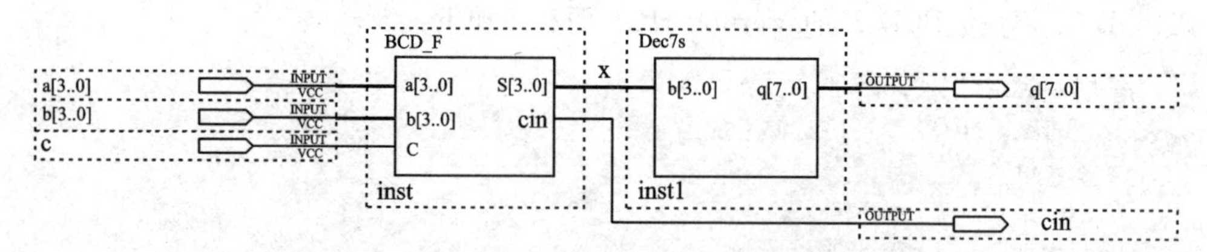

图 7－6　BCD 数加法译码系统电路的结构图

BCD 数加法译码系统电路的源程序如下：

```
module BCD(a,b,c,cin,q);
    input[3:0] a,b;
    input     c;
    output       cin;
    output[7:0]    q;
    wire    [7:0]    q;
    wire         cin;
    wire   [3:0]     X;
```

```
    BCD_F    u1(a[3:0],b[3:0],c,X,cin);  //模块例化
    Dec7s    u2(X,q[7:0]);
    Endmodule
```

BCD数加法器的设计电路仿真波形如图7-7所示。其中,a+b+c=2+9+0=11,低位数据1送到送七段译码管q[7..0]显示"06",高位数据1由进位cin输出1;a+b+c=3+9+0=12,低位数据2送到送七段译码管q[7..0]显示"5B",高位数据1由进位cin输出1;a+b+c=4+3+0=7,低位数据7送到送七段译码管q[7..0]显示"07",高位数据0由进位cin输出0;以此类推。仿真结果正确,设计是正确的。

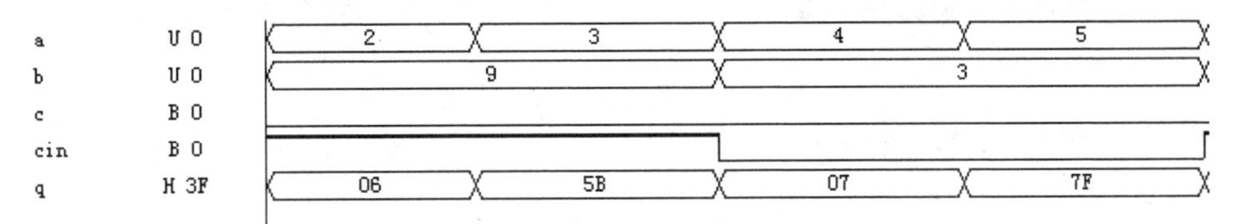

图7-7 BCD数加法器设计电路的仿真波形

习 题

7.1 判断下列Verilog HDL标识符是否合法,若有错误,则指出原因。

_a_b_c,a_b_c,1_2_3,_1_2_3,74LS234,\74LS234;73HC77,\88HC77\;CLC/RS,\N7/SCLC\,A20%。

7.2 用结构描述法编写1位全加器的Verilog HDL源程序。

7.3 用行为描述法编写4位全加器的Verilog HDL源程序。

7.4 用Verilog HDL设计同步清除的8位二进制加法计数器。

7.5 分析下面Verilog HDL源程序,说明该代码描述的电路功能。

```
module fg(cout,ca,cb);
    input[8:1] ca,cb;
    output[16:1] cout;
    reg[16:1] cout;
  reg[8:1]  ca_reg,cb_reg;
  integer n;
  always @(ca or cb)
begin
    cout = 0;
    ca_reg = ca;
    cb_reg = cb;
    for(n = 1;n< = 8;n = n + 1)
    begin
```

```
if(cb_reg[1])
begin
cout = cout + ca_reg;
ca_reg = ca_reg<<1;
cb_reg = cb_reg>>1;
end
else
begin
ca_reg = ca_reg<<1;
cb_reg = cb_reg>>1;
end
end
end
endmodule
```

7.6 根据图 7-8 所示的原理图,用 Verilog HDL 程序来描述其功能。

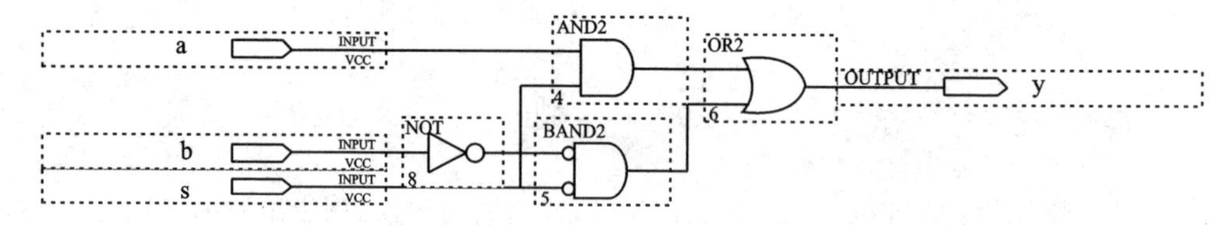

图 7-8　习题 7.6 的原理图

7.7 用 Verilog HDL 分别描述下列器件的功能:

① 3-8 译码器。

② 8 选 1 数据选择器。

7.8 用 Verilog HDL 设计 4 位二进制加减可控计数器。

7.9 用 Verilog HDL 设计具有三态输出的 8D 锁存器。

7.10 用 Verilog HDL 设计 4 位全减器,然后采用结构描述法用 4 位全减器来实现 16 位全减。

附录 A

Altera DE2－70 EDA 开发板简介

Altera DE2－70(以下简称 DE2－70)实验/开发两用板是友晶科技公司研制的 PLD/SOPC 开发板,可以完成可编程逻辑器件、EDA、SOPC、Nios II 嵌入式系统等方面技术的开发与实验。

A.1 DE2－70 开发板的结构

DE2－70 开发板的结构如图 A－1 所示。DE2－70 开发板上包含有 Altera 公司 Cyclone@II 系列 2C70 型 FPGA 芯片 EP2C70F896C6、18 只电平开关(Toggle Switches)SW0～SW17、4 只按钮开关(Push-button Switches)KEY0～KEY3、18 只红色发光二极管(Red LEDs)LEDR0～LEDR17、9 只绿色发光二极管(Greed LEDs)LEDG0～LEDR8、8 只七段数码管(7－Segment Displays)HEX0～HEX7、16×2 的 LCD 液晶显示器(16×2LCD Module)、2 MB 的 SSRAM、2 个 32 MB 的 SDRAM 和 8 MB 的 Flash,还有 USB、VGA、RS－232、PS2 等各种接口。

图 A－1　DE2－70 开发板的结构

A.2　DE2－70 开发板目标芯片的引脚分布

DE2－70 开发板上的目标芯片(Cyclone@II EP2C70F896C6)的引脚与开发板上的PIO(开关、按键、LED、LCD 等)的连接是固定的,分别如表 A－1～表 A－7 所列。

表 A－1　电平开关 SW 与目标芯片引脚的连接表

PIO 名称	芯片引脚号	PIO 名称	芯片引脚号
SW[0]	PIN_AA23	SW[9]	PIN_AE27
SW[1]	PIN_AB26	SW[10]	PIN_W5
SW[2]	PIN_AB25	SW[11]	PIN_V10
SW[3]	PIN_AC27	SW[12]	PIN_U9
SW[4]	PIN_AC26	SW[13]	PIN_T9
SW[5]	PIN_AC24	SW[14]	PIN_L5
SW[6]	PIN_AC23	SW[15]	PIN_L4
SW[7]	PIN_AD25	SW[16]	PIN_L7
SW[8]	PIN_AD24	SW[17]	PIN_L8

表 A－2　按钮开关 KEY 与目标芯片引脚的连接表

PIO 名称	芯片引脚号	PIO 名称	芯片引脚号
KEY[0]	PIN_T29	KEY[2]	PIN_U30
KEY[1]	PIN_T28	KEY[3]	PIN_U29
KEY[2]	PIN_U30	Pushbutton[2]	
KEY[3]	PIN_U29	Pushbutton[3]	

表 A－3　红色 LED 与目标芯片引脚的连接表

PIO 名称	芯片引脚号	PIO 名称	芯片引脚号
LEDR[0]	PIN_AJ6	LEDR[9]	PIN_AD14
LEDR[1]	PIN_ AK5	LEDR[10]	PIN_AC13
LEDR[2]	PIN_AJ5	LEDR[11]	PIN_AB13
LEDR[3]	PIN_AJ4	LEDR[12]	PIN_AC12
LEDR[4]	PIN_AK3	LEDR[13]	PIN_AB12
LEDR[5]	PIN_AH4	LEDR[14]	PIN_AC11
LEDR[6]	PIN_AJ3	LEDR[15]	PIN_AD9
LEDR[7]	PIN_AJ2	LEDR[16]	PIN_AD8
LEDR[8]	PIN_AH3	LEDR[17]	PIN_AJ7

表 A-4　绿色 LED 与目标芯片引脚的连接表

PIO 名称	芯片引脚号	PIO 名称	芯片引脚号
LEDG[0]	PIN_W27	LEDG[5]	PIN_ Y23
LEDG[1]	PIN_ W25	LEDG[6]	PIN_ AA27
LEDG[2]	PIN_ W23	LEDG[7]	PIN_ AA24
LEDG[3]	PIN_ Y27	LEDG[8]	PIN_ AC14
LEDG[4]	PIN_ Y24		

表 A-5　七段数码管与目标芯片引脚的连接表

数码管	七段数码管显示器引脚分布							
	a	b	c	d	e	f	g	dp
HEX0	PIN_AE8	PIN_AF9	PIN_AH9	PIN_AD10	PIN_AF10	PIN_AD11	PIN_AD12	PIN_AF12
HEX1	PIN_ AG13	PIN_ AE16	PIN_ AF16	PIN_AG16	PIN_AE17	PIN_AF17	PIN_AD17	PIN_ AC17
HEX2	PIN_AE7	PIN_AF7	PIN_AH5	PIN_AG4	PIN_AB18	PIN_AB19	PIN_AE19	PIN_AC19
HEX3	PIN_P6	PIN_P4	PIN_N10	PIN_N7	PIN_M8	PIN_M7	PIN_M6	PIN_M4
HEX4	PIN_P1	PIN_P2	PIN_P3	PIN_N2	PIN_N3	PIN_M1	PIN_M2	PIN_L6
HEX5	PIN_M3	PIN_L1	PIN_L2	PIN_L3	PIN_K1	PIN_K4	PIN_K5	PIN_K6
HEX6	PIN_H6	PIN_H4	PIN_H7	PIN_H8	PIN_G4	PIN_F4	PIN_E4	PIN_K2
HEX7	PIN_K3	PIN_J1	PIN_J2	PIN_H1	PIN_H2	PIN_H3	PIN_G1	PIN_G2

表 A-6　系统时钟与目标芯片引脚的连接表

PIO 名称	芯片引脚号	引脚说明
CLK_28	PIN_E16	28 MHz clock input
CLK_50	PIN_AD15	50 MHz clock input
CLK_50_2	PIN_D16	50 MHz clock input
CLK_50_3	PIN_R28	50 MHz clock input
CLK_50_4	PIN_R3	50 MHz clock input
EXT_CLOCK	PIN_R29	External (SMA) clock input

表 A-7　液晶显示器 LCD 引脚与目标芯片引脚的连接表

LCD 引脚名称	芯片引脚号	引脚说明
LCD_DATA[0]	PIN_E1	LCD Data[0]
LCD_DATA[1]	PIN_E3	LCD Data[1]
LCD_DATA[2]	PIN_D2	LCD Data[2]

续表 A-7

LCD引脚名称	芯片引脚号	引脚说明
LCD_DATA[3]	PIN_D3	LCD Data[3]
LCD_DATA[4]	PIN_C1	LCD Data[4]
LCD_DATA[5]	PIN_C2	LCD Data[5]
LCD_DATA[6]	PIN_C3	LCD Data[6]
LCD_DATA[7]	PIN_B2	LCD Data[7]
LCD_RW	PIN_F3	LCD Read/Write Select, 0 = Write, 1 = Read
LCD_EN	PIN_E2	LCD Enable
LCD_RS	PIN_F2	LCD Command/Data Select, 0 = Command, 1 = Data
LCD_ON	PIN_F1	LCD Power ON/OFF
LCD_BLON	PIN_G3	LCD Back Light ON/OFF

附录 B

ZY11EDA13BE 型 EDA 技术实验箱简介

ZY11EDA13BE 型 EDA 技术实验箱是众友科技公司开发的 EDA 实验系统。实验箱采用 Altera 公司 ACEX 系列 3 万门的 FPGA 器件 EP1K30QC208-2 为核心处理芯片。配置模块由核心芯片下载接口和配置芯片 EPC2 下载接口两部分组成，主要完成对核心芯片下载或配置芯片 EPC2 的下载功能。

开关按键模块包含拨位开关 KD1～KD16，按键 K1～K16 以及开关按键指示灯 KL1～KL16。

LED 显示模块是常用的数字系统输出模块，即用 LED 的亮与灭观察输出电平的高与低。

数码管显示模块是常用的数字系统输出模块，该模块选择共阴数码管。8 个数码管 SM1～SM8 的对应段码接在一起，即 SM1～SM8 的 A 段接在一起，以此类推。SM1～SM8 的片选接 3-8 译码器的输出端。因此，本模块共需要控制信号 3 个，作为 3-8 译码器输入，数据信号 8 个，作为数码管段码输入。

A/D、D/A 转换模块包含 1 个 8 位高速 A/D 转换器件 TLC5510、一个 8 位高速 D/A 转换器件 TLC7524。插孔 ADIN 是 A/D 的输入，A/D 的输出接核心芯片I/O12～I/O14。插孔 DAOUT 和 GND 是 D/A 的输出，D/A 的输入接核心芯片 I/O27～I/O20。

EDA 实验箱通过外分频电路将 100 MHz 晶振分频为 24 种常用频率(1 Hz～100 MHz)作为核心芯片 EP1K30 全局时钟 GCLK1、GCLK2、GCLK3 的输入。核心芯片的时钟分布情况如表 B-1 所列，以后各实验用到时钟源时，可按需要输入相应频率信号。

表 B-1　核心芯片的时钟分布情况表

时钟信号名	核心芯片 EPF1K30QC208-2	
	引脚号	引脚名
GCK1(可调)	79	Global CLK
GCK2(可调)	183	Global CLK
GCK3(可调)	80	Ded. Input
32 768 Hz(固定)	78	Ded. Input
4.194 304 MHz(固定)	182	Ded. Input
100 MHz(固定)	184	Ded. Input

EDA 实验箱主板资源连接引脚分布如表 B－2 所列。

表 B－2　EDA 实验箱主板资源连接引脚分布

板系统信号命名	器件名称	器件信号	兼容器件名	兼容器件信号	核心芯片 EPF1K30QC208－2 引脚号
I/O0	74LS138 1 块 (NU1)	A	液晶 1 块 (NU2)	D7	7
I/O1		B		D6	8
I/O2		C		D5	9
I/O3	数码管 8 个 SM1～SM8	a		D4	10
I/O4		b		D3	11
I/O5		c		D2	12
I/O6		d		D1	13
I/O7		e		D0	14
I/O8		f		A0	15
I/O9		g		$\overline{CS2}$	16
I/O10		h	A/D TLC5510 1 块 (JU1)	$\overline{CS1}$	17
I/O11	发光二极管 16 个 (LED1～LED16)			CLK	18
I/O12		LED1		D1	19
I/O13		LED2		D2	24
I/O14		LED3		D3	25
I/O15		LED4		D4	26
I/O16		LED5		D5	27
I/O17		LED6		D6	28
I/O18		LED7		D7	29
I/O19		LED8	D/A TLC7524 1 块 (JU2)	D8	30
I/O20		LED9		DB0	31
I/O21		LED10		DB1	36
I/O22		LED11		DB2	37
I/O23		LED12		DB3	38
I/O24		LED13		DB4	39
I/O25		LED14		DB5	40
I/O26		LED15		DB6	41
I/O27		LED16		DB7	44

续表 B-2

板系统信号命名	器件名称	器件信号	兼容器件名	兼容器件信号	核心芯片 EPF1K30QC208-2 引脚号
I/O28	拨位开关16个（KD1～KD16）微动开关16个（K1～K16）开关指示灯16个（KL1～KL16）	KD1/K1/KL1			45
I/O29		KD2/K2/KL2			46
I/O30		KD3/K3/KL3			47
I/O31		KD4/K4/KL4			53
I/O32		KD5/K5/KL5			54
I/O33		KD6/K6/KL6			55
I/O34		KD7/K7/KL7			56
I/O35		KD8/K8/KL8			57
I/O36		KD9/K9/KL9	4×4小键盘16个（K17～K32）	—V1—	58
I/O37		KD10/K10/KL10		—V2—	60
I/O38		KD11/K11/KL11		—V3—	61
I/O39		KD12/K12/KL12		—V4—	62
I/O40		KD13/K13/KL13		—H1—	63
I/O41		KD14/K14/KL14		—H2—	64
I/O42		KD15/K15/KL15		—H3—	65
I/O43		KD16/K16/KL16		—H4—	67
I/O44	喇叭1个	SPK			68

参考文献

[1] 江国强. EDA 技术与应用[M]. 3 版. 北京：电子工业出版社，2010.
[2] 潘松，黄继业. EDA 技术实用教程[M]. 3 版. 北京：科学出版社，2006.
[3] 聂小燕. 数字电路 EDA 设计与应用[M]. 北京：人民邮电出版社，2010.
[4] 焦素敏. EDA 应用技术[M]. 北京：清华大学出版社，2005.
[5] 赵立民. 可编程逻辑器件与数字系统设计[M]. 北京：机械工业出版社，2003.
[6] 宋万杰，罗丰，吴顺君. CPLD 技术及其应用[M]. 西安：西安电子科技大学出版社，1999.
[7] 江国强. 现代数字逻辑电路[M]. 北京：电子工业出版社，2002.
[8] 王道宪. CPLD/FPGA 可编程逻辑器件应用与开发[M]. 北京：国防工业出版社，2005.
[9] 江国强. SOPC 技术与应用[M]. 北京：机械工业出版社，2006.
[10] 万隆，巴奉丽. EDA 技术及应用[M]. 北京：清华大学出版社，2011.
[11] 朱正伟. EDA 技术及应用[M]. 北京：清华大学出版社，2012.
[12] 孙志雄，谢海霞，杨伟，等. EDA 技术与应用[M]. 北京：机械工业出版社，2013.